signer 100 +86

U0231294

+86 Designer 100

食物设计

池伟
（意）弗朗西丝卡·赞波洛　Francesca Zampollo　主编

化学工业出版社
·北京·

内容简介

本书收集了食物设计领域100位全球设计师和主厨的设计思维及创新作品，这些创新者们从产品设计、材料创新、服务策略、品牌包装、餐饮体验等各方面对食物设计进行了新的探索。通过设计介入可循环食物经济，以食物为媒介激发创新思维，研发新的饮食方式，策划新的食物商业形态。食物设计是系统设计，需要考虑食物与人和环境的关系，进而通过创新去影响人的思维和生活方式，这是食物设计师被赋予的新方向。

本书适合从事餐饮和食品领域管理、研发、设计以及对食物设计感兴趣的读者阅读参考。

图书在版编目（CIP）数据

+86 Designer100食物设计/池伟，（意）弗朗西丝卡·赞波洛（Francesca Zampollo）主编. —北京：化学工业出版社，2023.9
ISBN 978-7-122-43677-1

Ⅰ.①8… Ⅱ.①池…②弗… Ⅲ.①食品-设计 Ⅳ.①TS972.114

中国国家版本馆CIP数据核字（2023）第111413号

责任编辑：陈 喆　　　　文字编辑：陈 雨　　　　特邀策划：廖宏欢
责任校对：张茜越　　　　美术编辑：王晓宇

出版发行：化学工业出版社（北京市东城区青年湖南街13号　邮政编码100011）
印　　装：天津图文方嘉印刷有限公司
889mm×1194mm　1/16　印张26¼　字数683千字
2023年11月北京第1版第1次印刷

购书咨询：010-64518888
售后服务：010-64518899
网　　址：http://www.cip.com.cn
凡购买本书，如有缺损质量问题，本社销售中心负责调换。

定　　价：398.00元　　　　　　　　　　　版权所有　违者必究

编写人员名单

主　编
池　伟　（意）弗朗西丝卡·赞波洛

副主编
秦玉龙　牛津妍　简　艺

顾　问
柳冠中　邢　颖　董克平　曹涤非　范海燕

统　筹
津　禾

设　计
毕浩群　刘　帝

主编寄语一

我从事工业设计和策展有20多年，从2019年转入到观念设计。我个人提出了用设计来改变人的观念，解决社会问题，促进社会变革的设计方向。同时期我发现食物设计是一种系统性设计，包含了从农业到食品加工业、到餐饮服务业，也就是包含了从物质到精神的全部层面，而且关系到了我们每一个人，到社会整体，地球的面貌乃至自然生态系统。因此从食物设计切入做观念设计成为了我重要的工作。从Future Food国际食物设计节，到其他与食物相关的社会活动策展，到今天《+86 Designer 100 食物设计》这本书，都是我食物观念设计的探索和实验。

食物是生命的源泉，食物是财富，食物是人类走向太空的基础，世界上没有比吃饭更重要的事。我们今天吃到的东西和四十年前不同，和四百年前不同，和四千年前不同，和四万年前更不同。食物设计在于了解食物的内在属性和文化关系，进行探索和创新，通过设计创造出新的饮食体验。食物设计对于我而言，不是生意，不是从工业设计换成了给食品企业做几个产品，它是一场运动，让我们一起用食物设计改变这个世界，推动社会更健康、更公平，更加可持续地发展吧！

食物设计是系统设计，每个元素之间相互关联，又相互催生变化，我们可以从吃的动作入手，也可以从食物的制作加工入手，更可以从产品和品牌入手。食物设计不是工业时代为了提升效率的设计分工，而是产业与设计的结合。作为一个食物设计师，要清楚食物设计和其他设计的最大区别就是，不是只是用来服务甲方的，食物设计是系统设计，因此食物设计师是社会创新的引领者。

本书包含了全球大部分活跃的食物设计艺术家、创意主厨和一些与食物设计相关的人，他们在从不同的角度探索食物的可能性，创造出新的饮食体验。本书内容的多样性也是令我着迷的地方，就像生命的最初，各种不同的物质混沌在一起，发酵、运动、交融着。一锅好的食物也是这样诞生的吧！希望这本书能带来全球食物设计的交融和创新，诞生更多有趣的事情。

感谢我的家人，以及所有书中的和书外的朋友，因为你们的支持本书才得以出版。

池伟

食物设计师
Designer 100 系列丛书主编

池伟

食物设计师、观念设计艺术家、策展人

+86食物设计联盟发起人
Future Food LAB未来食物实验室创始人
Future Food国际食物设计节策展人
食物设计全球100人主编
清华大学创新创业教育企业导师

从2000年中国工业设计服务行业发展初期，创建中国领先的产品设计咨询公司致翔创新开始，获得德国if、红点奖、2020北京市科委专项支持杰出设计人才等荣誉。到在798艺术区建立＋86design store，中国的第一家设计师集成店，为300多个设计师品牌服务的销售平台。集合800多个中国高端设计师企业家的俱乐部+86设计共享平台，并于近几年开始聚焦食物设计领域，发起了＋86食物设计联盟，作为designer100中国设计红宝书主编今年即将出版第三本食物设计百人系列书籍。创建了Future Food Lab未来食物实验室，策划了Future Food国际食物设计节，发布了中国第一份未来食物设计趋势报告，发起+86国际食物设计大赛等活动。服务于淮扬菜集团、玛氏等餐饮食品企业。从一名屡获殊荣的产品设计师，到成为专注食物设计领域的观念设计师、策展人，历经20多年的风雨，一直致力于用设计改变社会观念和建立新的价值观。

主编寄语二

设计师有能力带给世人从未见过的事物，设计师有能力改变那些需要改进的，修正那些需要被定义的，研发那些需要阐述清晰的，修复那些需要清理的事物，设计师有这些能力是因为他们有工具、技能和相关的设计知识的加持。

我认为食物是最能激发设计灵感的材料，因为它是被用来消费的，很快就会被享用而消失。大多数设计师使用有形材料做出的设计可以持续数年甚至几个世纪。可使用可食用材料的食物设计师则不然。他们只能为记忆而设计，因为这些是唯一有持续性的元素。

我认为食物设计是最令人兴奋的设计学科，因为设计出来的结果具有多样性。同时也是因为食物设计涵盖了不同的设计领域：食物设计（food product design）是为了工业化生产的食物做的设计；为食物做设计（design for food）是指为备餐、烹饪、出餐、包装和运输等产品做的设计；用食物做设计（design with food）是直接用食材来设计，包括食物的纹理、外观、风味、颜色等（例如美食烹饪和食物科学）。食物空间设计（food space design）是设计用餐和烹饪的空间。食用设计（eating design）可以泛指涉及所有吃的场景（eating situation）的设计，也即是当有人在吃任何东西的场景，例如各类晚宴及更多用餐活动等的场景。食物服务设计（food service design）是指针对食物消费场景的服务体验设计，例如餐厅、咖啡厅、超市、食物快餐车、热狗车等。思辨性食物设计（critical food design）可称为 speculative food design 的目的，是就一些与我们有关联性或者紧迫性的社会议题来做的"能引发思考的"设计。食物系统设计（food system design）是我们就身边的现有的食物体系进行的干预性设计。当然还有可持续性食物设计（sustainable food design），这对我而言并不是食物设计的不同细分领域，而就是食物设计本身。在当下社会，不考虑可持续性的任何设计都是没有意义的，因此可持续设计就是我们食物设计项目核心的参照镜。

我认为食物设计是最令人兴奋的设计学科，因为食物是每个人每天生活的组成部分，如果我们摄入的食物是真正从经济、社会和环境上来说为可持续的，那我们将可以改变明天的世界。如果我们设计的食品、服务和系统是真正在经济、社会和环境上可持续，我们将改变世界的明天。

我认为食物设计是最令人兴奋的设计学科，更是因为在我看来它最有可能给那些根深蒂固的人类核心问题指出光明方向。食物是我们最基本的需求之一，是我们的一种最基本的人权，但很遗憾并且也是不可置信的是，并不是每一个地球上的人都能获得它。在这个星球上，我们都需要它，但我们并不都能拥有它。我们都应该有机会能种植自己的粮食，但我们并不都有这个机会。对食物的依赖似乎已经传导出越来越多的食物个人和群体独立性。

今天我们看到并认识到在这个问题上涉及了广阔的地域，在生理、心理和社会深度等方面想为之努力实施变化，今天我们也看到更多关于食物主权的模式设计，本书的出现将帮助我们推动这场改革运动。

你手中的这本书是思想和梦想的容器。希望本书包括的项目和这些项目背后的设计师形成的影响力能带给你灵感和动力，一起携手共创一个更公平、美好的世界。

Francesca Zampollo 博士

设计与食物设计顾问、教师、研究员

食物设计思维方法论作者

在线食物设计学院创始人

（意）Francesca Zampollo

设计师、食物设计师、食物设计思维研究员、顾问和教师，也是在线食物设计学院的创始人和首席灵感师。

Francesca沉浸在设计和食物设计的世界里近20年了。她从设计的背景，特别是从设计理论来研究食物设计，并开发了食物设计思维方法论，这是一个有52种方法的整个创意过程。Francesca 拥有应用于食物设计的设计理论博士学位、食物设计项目硕士学位、工业设计学士学位和高等教育教学研究生证书。她是《国际食物设计杂志》的创始编辑。2009年，她成立了国际食物设计学会，并在伦敦、纽约等地组织了食物设计国际会议，曾与不同的客户、机构和哈佛大学、斯坦福大学、康奈尔大学等多所大学共事。

目录

aäå /A,Æ,O:/ 工作室 ·································· 002

Adelaide Lala Tam ······························· 006

Alberto Arza ····································· 010

Alexa Trilla ······································ 014

Alexander Ong ··································· 018

Anita Mu-jiuan Lo ······························· 022

Anna Keville Joyce ······························ 026

Arabella Parkinson ······························ 030

Blanch & Shock工作室 ··························· 034

Bompas & Parr工作室 ··························· 038

陈林 ··· 042

陈庆 ··· 046

陈小曼 ··· 050

陈晓东 ··· 054

池伟 ··· 058

Chloé Rutzerveld ································ 062

Cuchara工作室 ·································· 066

豆否设计工作室 ·································· 070

Elsa Yranzo ····································· 074

Enora Lalet ····································· 078

Escaparatech工作室 ···························· 082

范纯 ··· 086

Francesca Valsecchi ····························· 090

郭江龙 ··· 094

郭强 ··· 098

Giulia Soldati ···································· 102

瀚唐风景设计 ····································· 106

何颂飞 ··· 110

何为 ··· 114

胡朝晖 ··· 118

胡传建 ··· 122

胡方 ··· 126

黄蔚 ··· 130

Hopla工作室 ···································· 134

Inés Lauber ····································· 138

简艺 ··· 142

江振诚 ··· 146

姜恩泽 ··· 150

景斯阳 ··· 154

桔多淇 ··· 158

Jashan Sippy ···································· 162

Jasper Udink Ten Cate ···························· 166

Juan Manuel Umbert ····························· 170

Julia Schwarz ···································· 174

Justin Horne ····································· 178

Kate Jenkins ···································· 182

Katinka Versendaal ······························ 186

Katja Gruijters ··································· 190

李景元 ··· 194

李岩 ··· 198

廖青 ··· 202

林敏怡 ··· 206

刘柏煦	210		镡路	314
刘道华	214		Talib Hudda	318
刘芳	218		The Center for Genomic Gastronomy工作室	322
刘禾森	222		Toolsoffood工作室	326
Less Table工作室	226		Viktorija Stundyte	330
Lucas Posada Quevedo	230		王斌	334
Maham Anjum	234		王宸阳	338
Mai Pham	238		王浩然	342
Marije Vogelzang	242		王琨	346
Martí Guixé	246		王杨	350
Maud de Rohan Willner	250		伍星源	354
Megha Kohli	254		Wild & Root工作室	358
Michelle Adrillana	258		谢雨	362
Miit工作室	262		邢蓬华	366
Namliyeh (A+M) 工作室	266		杨敏	370
Nicole Vindel Barrera	270		杨晓斐	374
Obscura	274		姚聪	378
Paul Pairet	278		于进江	382
Peggy Chan	282		余勇浪	386
秦玉龙	286		袁思亮	390
Rick Schifferstein	290		钟锦荣	394
宋悠洋	294		周晓	398
Sahar Madanat	298		周子铃	402
Sharp & Sour工作室	302		周子洋	406
Stefano Citi	306			
Steinbeisser工作室	310			

Designer 100

aäå /A,Æ,O:/ 工作室
June Seo & Su Park & Sana Park

aäå 工作室在食物设计中的目标并不是食物呈现的外观，而是通过简单的、可接近的、多感官参与的艺术实践，发现日常生活中食物和人的关系。她们致力于芬兰和韩国之间的文化交流，作品曾参选2016年芬兰韩国文化周、赫尔辛基艺术周、2019韩国首尔"好玩的公共艺术节 Playful Public Art Festival"参与式艺术工坊以及米兰设计周等。

芬兰FINLAND

LEIPÄSAARI
面包岛屿

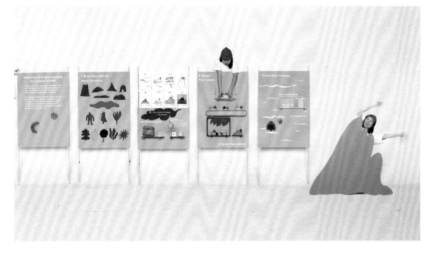

Leipäsaari 是芬兰语 leipä 和 saari 的组合，意思是面包和岛屿。Leipäsaääri 是体验式设计项目，参与者在制作面包的过程中能够可视化自己内心的岛屿，同时通过每个人制作的不同的面包分享内心的景观。

岛屿，是孤立和连通的隐喻。这个项目最初的想法来自设计团队乘坐渡轮前往赫尔辛基芬兰堡岛的旅行。每个人都觉得"我是一个漂浮在不同文化上的岛屿"，大小不一、形状各异的岛，在水面上是孤立的，但在水下是相连的。三位设计师畅谈岛屿的孤立与联系，她们在渡轮上提出了用岛屿隐喻人心的想法，并一拍即合建立了设计组合，名为aäå，象征着北欧三国——她们探索的地方，也代表她们三位成员。

设计师邀请参与者以岛屿的形式创作想象中的自画像，预示每个心理景观，随后对应独特的面包。人们制作面包，然后观察、嗅尝，面包是反映内心的可食用的自我。参与者首先会在指导下回答一份问卷小册子，可视化自己的内在声音，每个人用问卷换取独特的面包岛食谱，画则是用来塑造面包形状的。不同的画换取不同数量的烘焙原料，例如画大岛的人比画小岛的有更多的面粉。所有面包酵母都是由 aäå 制作的野生酵母，但每个面包岛都是不同的。普通酵母在低温下会停止发酵，重新回到温暖的地方，酵母活性会减弱，而野生酵母任何时候重新开始都会保持活力。自然发酵是由当地微生物（酵母＋细菌孢子）在空气中发生的，因此面包在烘烤之前是"活"的，它包含周围的环境，酵母是人和空间的物理纽带，酵母也是空气、面粉、水这三样生命基本要素的集合。最后，所有人都能在分享面包的过程中从他们的岛屿到达其他岛屿，不同口味和形状的岛屿，却有着相同的构成元素并连接在同一个地方。

Leipäsaääri探究了绘画和食物在自我探索、表达想象力、多感官讲故事、分享方面的表现。从2016年赫尔辛基设计周期间首次向公众展示以来，已完成6个小型工坊和2个大型工坊，曾在首尔东大门设计广场，有200多名随机参与者进行了体验。aää工作室在芬兰和韩国都举办了一系列讲习，分享她们来自内心世界的感悟，帮助人们提高自我意识。

ALONE & TOGETHER
独行 & 在一起

Alone & Together 是由韩国基金会与韩国驻芬兰大使馆组织和支持的赫尔辛基韩国文化周里的一个活动。aää创建了这个美食活动，作为韩国美食书*Bap*的发布仪式。

Bap 是韩国驻芬兰大使馆出版的第一本芬兰语韩国美食菜谱。这本菜谱讲述了韩国文化中有关人生的重要时刻：如出生、结婚和死亡的故事，介绍了 22 种韩国美食。为了更完整地以及更便利地向芬兰人描述韩国饮食文化，照片部分结合了韩国食物和典型的芬兰食物：桦树枝、烤香肠、蓝莓、烧柴与采集工具，原材料也都是芬兰常见的。aää参与了艺术指导、布局设计、插图和食物造型。

Alone & Together，就是一起制作"拌饭"的意思。拌饭是韩国最受欢迎的食物之一，将米饭、不同种类的蔬菜和辣椒酱混合在一个碗里。韩国古代国王每逢春季，便为诸侯赠予拌饭。这次活动意在协调不同的政党，尽管他们有不同的观点也可以像拌饭一样，拌饭有不同颜色的食材，每种食材本身就已经很美味，但当它们混合在一起时，又会产生全新的味道。aää呼吁人们发现，我们一个人很美，在一起更美。

活动中有84位不同背景的参与者，入场时会在6种不同颜色的卡片中随机抽取1张，并坐在与卡片颜色相同的座位。卡片上有关于拌饭配料的不同信息和韩国文化中有趣的故事。每个人自己的碗里只有拌饭需要的6种成分中的一种，他们需要用自己日常使用的碗或盘子，与他人分享他们的那一部分。大多数参与者与陌生人围坐在同一张桌子旁，会自然而然地合作和分享，因为他们必须合作才能完成食物。每张桌子上都有一个盛有米饭和辣椒酱的大碗，将所有成分混合。从同一个碗里分享意味着成为家人，*Bap*代表了韩国人超越了食物意义的饮食方式，aäå希望人们通过食物体验韩国人温暖和谐的文化。

LAAVU
避难所

Laavu是aäå在2017年米兰设计周期间，为阿尔托大学设计系举办的名为"Nakuna"的设计展览而创作的美食活动，也是庆祝芬兰独立一百周年的活动之一。当观众进入新艺术风格的Circolo Filologico Milanese场地时，他们首先对亮黄色的高大意大利建筑留下了初步印象。随后来到大厅，二层天花板的玻璃洒下明亮的自然光。古老的建筑里环绕着鸟儿叫声、水流声。在大厅中央有一个森林模样的白色立方体，穿着白色长袍的主持人轻轻地走过来。这个互动食物装置为大约1200名游客提供了三种野生食品：天然木枝做成的芬兰纯水冰棒、冷冻浆果棒棒糖和腌野生蘑菇黑麦饼干。并且由主持人向观众讲述，一本关于芬兰人采集野生食物的故事书。

每个人的权利：Laavu在芬兰语中意为森林中的避难所，是一个交互式的食物装置，向观众提供芬兰野生食物。基于芬兰的法律，任何留在芬兰的人都有权进入森林收集野生食物、享受户外活动，只要他们不对公共财产或自然造成任何伤害。这体现了生活中的那些非物质的价值，如平等、自由、教育和环境保护意识。展览上的这些野生食品就来自普通芬兰人，那些大自然采集者们的冰箱，而关于他们的故事都收录在了绘本里。

食物链系统：对于食物设计师来说，食物链系统是观察食物在社会中如何循环的工具。Laavu以食物链系统为基础，强调食物与人类之间的关系。系统由三个基本要素组成：作为供应商的受访者、分销商和零售商、作为消费者的访客，这与当前更复杂的全球食物链系统相比差异显著。

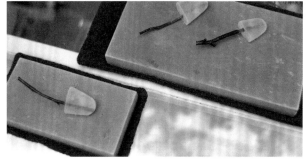

参与式设计过程：访谈是 Laavu 的主要过程和设计方法，谈话不仅能引导受访者思考自己的价值观，也能传播知识。提问者需要考虑清楚传递给受访者的信息，以便给他们一个清晰的思路。因此受访者首先要清楚地了解，与工业食品链系统相比，他们在自然食品链中承担了供应商的角色。于是在采访过程中，他们分享了自己作为普通采集者的故事，并提供了他们的成果。这也让受访者能体验整个设计旅程，而不是被动地被询问观察。

在米兰设计周期间的大约 1700 个展览中，Nakuna 被提名为米兰设计奖竞赛的前 40 个展览之一。该美食项目被公认是 2017 年 Fuorisalone 的三大难忘美食体验之一。

与食物设计 100 的对话

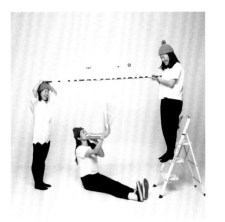

AÄÅ /A,Æ,O:/ 工作室

"我们提供一小口可以吃掉的体验，设计过程中人们的参与是最重要的因素之一。"

FD100："你的食物设计方法是什么？"

aää： 食物设计是多感官的，我们的设计包含触觉、听觉、视觉、嗅觉、味觉和情感。设计产出的不仅是美味的盘中食物，而是由食物传递，不被过度修饰的故事。参与者分享食物，并用所有的感官将故事融入他们的身体。

FD100："对你来说食物设计最令人兴奋的方面是什么？"

aää： 食物设计令人兴奋的是每个人都有大量的"吃"的经验，对吃进嘴里的东西都有特定的品味、习惯和看法。即使吃不熟悉的食物，人们也会依照经验体会，这是只有食物才能拥有的特征。客人吃了我们设计的味道、气味以及食物背后的故事，会立刻产生新的认知和意识，这是其他设计元素都不具备的。

FD100："你的可持续发展方法是什么？"

aää： 我们相信食物体验是可持续发展的。但更有意义的是，因为饮食是多感官的，即使吃完食物，我们的记忆也是永恒的。童年的食物被印在记忆里，一口食物便可以让我们立即回想起当年。食物也因此影响着人们的思考。在社会层面，我们希望食物能够作为艺术和设计的表达形式，让人们了解自身和环境。

Adelaide Lala Tam
谭君妍
Romie Design 工作室

谭君妍的设计将人们与食物的来源联系起来，扮演着食物和设计之间的中介角色。从研究开始，社会背景就是每个项目的重点。她探索了土著村庄、农场和食品生产设施，探究大型系统中的具体细节。她的设计过程不局限于特定的方法论，因而设计结果就是她的观察。她的作品曾获 2018 年未来食品设计大奖及观众奖、2018 年梅尔克韦格奖提名、2019 年 Award 360° 年度设计奖。出展 2019 年香港 Microwave International Media 艺术节、2019 年米兰设计周。

中国香港 HONG KONG，CHINA

0.9 GRAMS OF BRASS
0.9 克重黄铜

常年身在海外的 Adelaide 时常想念家乡的港式家常牛杂汤。当她在荷兰寻找提供动物内脏的屠夫时，脑海中出现了一系列问题：内脏去哪儿了？屠宰过程是怎样的？牛的感觉如何？

在埃因霍温设计学院的第二年，Adelaide 参观了荷兰的一家屠宰场，目睹了工业屠宰过程，手术精度般的机械电击枪给她留下了深刻的印象。她对大型动物的瞬间死亡和环境感到惊讶，虽然人类可能处于食物链的顶端，但普通消费者对肉类生产过程一无所知。肉类行业中生命的"价值"是模糊的。这些动物的死亡仍然是不被重视的，而消费者的看法经常被扭曲，并且充满误解。于是 Adelaide 开始了 0.9 Grams Of Brass（0.9 克重黄铜）这个项目，希望触动到更多消费者。

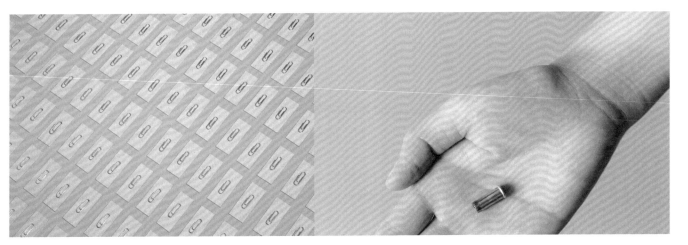

Adelaide改造了电击枪弹药筒里那个重量0.9克的黄铜片。屠夫扣动扳机后，黄铜弹壳是屠宰过程中唯一剩下的部分。尽管看起来普通得无足轻重，但每个0.9克的黄铜弹壳都代表一头被人类食用的牛的生命。Adelaide将黄铜弹壳原料改成了0.9克的黄铜回形针。被大规模生产、分配、售卖、使用的日常用品回形针，就像每天吃的肉一样，我们从来没有过多地去思考。回形针被码放进自动售货机里，不断提醒着人们动物正在失去生命。Adelaide希望人们通过购买0.9克黄铜回形针，重新思考我们与餐桌上的肉之间的关系。

THE ULTIMATE MILK COW
终极奶牛

牛，现代农业生产中被驯化和操纵程度最高的动物之一。为了迎合乳制品消费，过去25年中，一头奶牛的产奶量增加了61%。这种增加的主要原因是生长激素、高能饲料配给和选择遗传。它们的身体被改造成完美的可以无限复制的产奶机器。荷兰政府会对产奶超过10万升的奶牛授予奖项，受此启发，Adelaide参照了这种形式来奖励（想象中）未来的终极奶牛——它们的身体能迎合人类的终极乳制品消费。

三个奖杯代表三个类别的终极奶牛：

1."永远能生育always fertile"，一头奶牛受精后永远能生育。为了产奶，奶牛被安排定期受精，规律地怀孕，持续地保持生育能力。"永远能生育"奖颁发给永远能成功生育的终极奶牛。

2."永远的女性always female"，一头奶牛永远生下小母牛。
产奶行业，母牛是唯一的性别。当前的公牛精子能够将母牛的出生率提高到99%。如果奶牛有100%的母牛出生率，这个奖杯就会颁发给它们。

3."永远的增长 always increasing",一头奶牛永远增加自己的产奶量。通常奶牛的产奶量会持续增长,并在第 5 次怀孕时达到最高,然后下降。为了维持运营并降低潜在成本,奶牛在产奶量下降后将被生产线淘汰。这个奖将授予产奶量始终保持增长的奶牛。

HOW TO CONSUME ROMIE 18
如何消费罗米 18

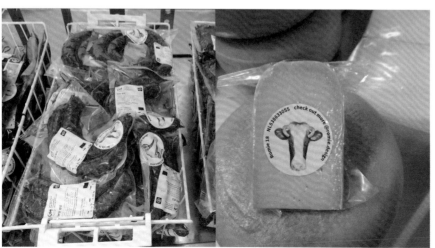

在埃因霍温的生物农场 Genneper Hoeve 工作的经历,让 Adelaide 有机会近距离接触农场动物及其日常生活。在这个项目里,Adelaide 与农场合作,让观众接近一头特定奶牛 Romie 18 的生活,了解肉类和奶制品行业背后的故事,为观众提供了一个思考我们在生态系统中的位置的视角。

Adelaide 和 Genneper Hoeve 农场都认为人类应该在农业产业中对动物有更多的责任,应该把更多动物的信息、畜牧业和农业系统的背景,以便于理解的方式告知大众。农场展现了日常食品的消费,例如商店出售的牛肉和奶酪。设计师以牛的骨头、脂肪和兽皮为原料,创造日常用品,使人们意识到产品中使用了动物性原料。动物和动物产品的消费不可避免。从肉类和奶制品,到服装和建筑材料,动物就在我们身边。然而它们又好像完全不存在。

Adelaide 将无处不在的动物产品与其隐藏的工业生产过程联系起来,从物品到视频,再到用餐体验,深入研究消费动物产品时的体验,以及这种无缝消费背后的食物链机械化的工业基础设施。

Adelaide 让更多人认识 Romie 18,从而对农业系统中的动物的内在价值和社会价值产生新的认识。了解动物产品消费背后的现实,促使我们重新思考农业系统的同理心。

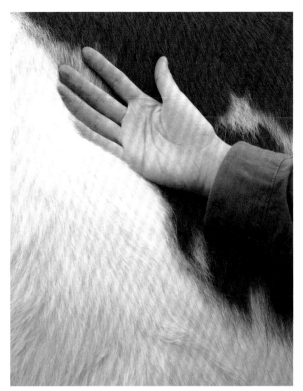

与食物设计100的对话

Adelaide Lala Tam
谭君妍

"我致力于复杂的食品生产内部系统，并期待展开这背后的故事。"

FD100："你的食物设计方法是什么？"

Adelaide： 食物设计打破了工业食品生产系统，让我们批判性地理解当代人与食物的关系。用食物体验、物品和故事，传达这种关系的复杂性和细微差别，让观众能重新连接食物生态系统。在这个过程中，我高度重视实地研究，设想用创造性的食物设计带来更透明的食物世界。

FD100："对你来说食物设计最令人兴奋的方面是什么？"

Adelaide： 在食物生产过程中探索、揭示这里背后的故事，让我非常兴奋。每种食物其实都反映了我们祖先在最早发明它们时的创造力——开发工艺、手法和口味，将原料转化为餐桌上的美食。食物设计仍然是相对较新的设计学科；它是无国界的，有很多的探索空间。这也让我很难回答："食物设计师会做什么？"我相信每个食物设计师都有独特的方法。我很兴奋能为这个多样化的设计生态系统做出贡献。

FD100："你的可持续发展方法是什么？"

Adelaide： 可持续性不是一夜之间发生的。这取决于我们为这个集体愿景付出的努力。俗话说，种一棵树的最佳时间是20年前，其次是现在。作为食物设计师，我以设计发声，严格地、透明地报道食品生产的起源，诚实地讲故事。我希望能激励社会，尤其是年轻人，让可持续根植是我们自身而不仅仅是事后的想法。

Alberto Arza
阿尔贝托·阿尔扎
Papila工作室

Papila是一家专门从事食物设计的工作室，工作包括调研、设计和创新与饮食体验相关的内容。工作室成立于2009年，客户包含Valencia、Lékué、Fegreppa、BDW、Miele、Lidl等公司和机构，作品曾入选2010年米兰设计周，巴塞罗那设计博物馆，产品收录于纽约MOMA艺术中心商店。荣获马德里设计节Best Design and Technological Innovation Award最佳技术创新奖。

西班牙 SPAIN

CHOCOLATE BONBONS
巧克力 BONBONS

在第11届巴塞罗那设计周上，Papila以"享受巧克力的新方式"为主题，与巴塞罗那的Miele体验中心举办了一个研讨会，以巧克力为灵感创造了一个新的食物概念。

Bonbons最早的记录来源于17世纪，当时是法国王室中的专享。名字源于bon一词的重复，bon在法语中的意思是"好的"。

原本的bonbons通常里面只有蜜饯，没有其他东西，新的设计里包含了各种水果，菠萝、草莓、橘子等。

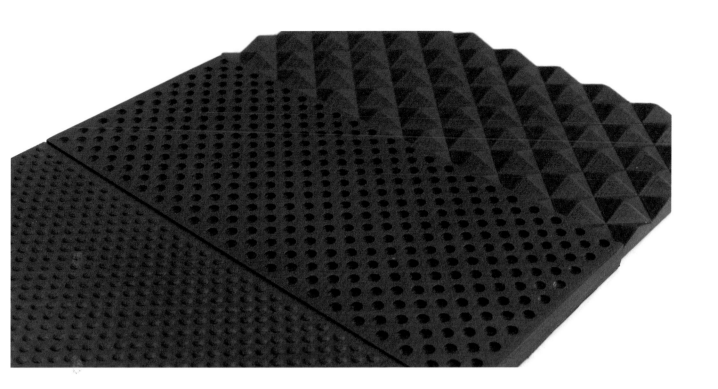

CITRUS SPRAY

柑橘喷雾

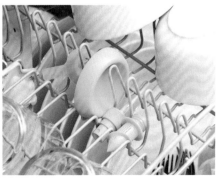

Papila工作室的第一个厨房概念设计产品是水果喷嘴，柑橘类水果本身就是果汁容器。用途包括调味沙拉和菜肴，调味饮料和鸡尾酒等。它的工作原理是在柑橘类水果上切下一片，将螺旋状管子部分插入水果。这套产品包括2个尺寸；较长的用于橘子和葡萄柚，较小的用于酸橙和橘子。喷嘴能密封住水果的切口，防止空气进入，而内部过滤器能过滤掉纤维和果核，保证按下喷嘴只能得到果汁。材料由食品级铂硅胶和ABS塑料制成，可拆卸成3个部分，适合用于洗碗机。

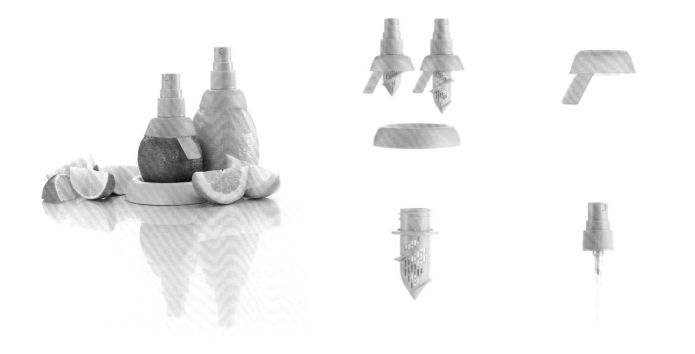

FOODSCAPE
食物景观

瓦伦西亚旅游局是一个公共机构，通过推广贸易博览会和授权当地图像符号、商标，促进当地旅游业发展。该旅游局和Karak餐厅的主厨Rakel Cernicharo共同提出了旅游美食体验的新概念，即foodscape。Papila为此设计了一套餐具，灵感来自巴伦西亚地区最具象征性的风景，将每个形状、轮廓转移到了盘子上。这三件餐具是用橡木制成的，分别名为：Montain、Huerta和Albufera；主厨Rakel也基于盘子造型创作了三款菜品，以及一个捕捉整个创意过程的视频。

与食物设计100的对话

Papila工作室

"从素食开始，探索一切可循环、可持续的饮食模式。"

FD100："你的食物设计方法是什么？"

Alberto：食物设计是一门设计学科，其中食物就像任何其他要设计的材料（木材、金属、玻璃、石头、塑料等），并采用了一种完全非传统的烹饪方法。我们的目的是创造新的食物概念，改变其形式、功能、人体工程学、沟通、互动、习惯和消费环境等。

FD100："对你来说食物设计最令人兴奋的方面是什么？"

Alberto：吃饭是一件非常基本的事情，我们每天都要做好几次，但我们很少思考它。虽然作为一门学科，它看起来相对较近，但事实是，设计和食物之间的关系从人类出现以来就一直是我们文化的一部分。从第一个狩猎和捕鱼工具或第一个炊具，到许多食物的转变，人类已经逐渐改变了我们的饮食方式。我们是唯一设计自己食物的动物，也因为设计，我们成为了现在的样子。我们希望做出有价值的事情，所以食物领域一直吸引着我们。我们相信日常行为能带来真正的解决方案，而食物设计能涉及到所有五种感官。

FD100："你的可持续发展方法是什么？"

Alberto：产品设计中最好的方法是制造尽可能长的产品寿命，以及在使用结束时废品易于回收或生物降解。就食物设计而言，趋势应是尽可能地简化包装，使用更可持续或可重复使用的材料，开发新的包装，将一次性包装减少到最低限度。

Alexa Trilla
亚历克斯·特里拉
ARCHICOOKTURE 工作室

Alexa Trilla 是一位建筑师兼厨师，食物设计工作室 Archicookture 创始人。曾于西班牙的维尔吉利大学和意大利米兰理工大学学习建筑。在意大利学习期间开始食品设计研究，并在西班牙巴塞罗那的霍夫曼学校学习烹饪。她拥有巴塞罗那 EPGB 的巧克力硕士学位，并在伦敦圣马丁学院学习设计，在莱里达的 EAM 学习陶瓷。Alexa 曾在由米其林三星级厨师 Niko Romito 经营的 Spazio 餐厅、澳门豪华酒店丽思卡尔顿的糕点团队、精品糕点店 Tugues、Relais Desserts 工作。她热爱设计，热衷于将时尚、工业产品与美食融合，这也是她与 Castañer、cervezas Alhambra、Badia、BCD、Sorigué 等各种品牌合作的原因，她还登上了 Design Milk、Elle Deco、Dulcypas 等杂志。她热爱每一种文化，提出了厨房建筑师"archicooktect = architect + cook"的概念。

西班牙 SPAIN

THE ZERO WASTE DINNERS
零浪费晚餐

the zero waste dinners（零浪费晚餐）是食物、建筑与创意烹饪结合的菜单，参与者通过感官来制作他们的独属菜肴。零浪费晚餐活动在多地举办过，旨在让人们在一餐中只使用必要的材料和配料，以此意识到气候和环境问题，并在日常生活中尽量减少塑料的使用。场景设计、家具和配件用到的都是回收材料（木材、镜子、玻璃、纸箱等）。在食物方面，设计师精心策划了包含可供分享的小食和主菜的菜单。

结合不同国家文化，通过颜色、气味、触感来呈现出浓郁而独特的风味，灯光流转中参与者可以完全随心地选择食材，创造自己的原创美食，并在彩色餐桌上与他人分享。

TABLEWARE
餐具

食物和平面之间的接触点就是吃饭的地方，Alexa设计研究了使美食艺术家（厨师）的创作与桌子、家具或餐具联系起来的方式，tableware系列餐具囊括了不同厨师的需求，设计师进行大量材料测试，力求餐具既能表达美食，又能代表材料和空间之间的结合。

根据美食来源、餐厅或厨师的服务和菜单需求，tableware餐具系列有5款：

- "画家的调色板"，手工上色瓷器
- "日本屋的晚餐"，竹
- "Boisbuchet 的标志"，3D 打印陶瓷
- "牛奶"，陶瓷板加工乳制品
- "绿色生长"，天然花卉和木棍

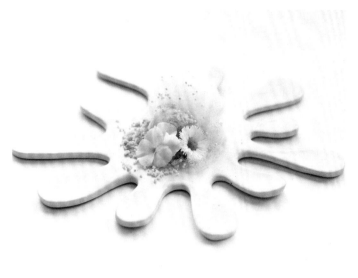

PERIMETER SPOON
永恒的勺子

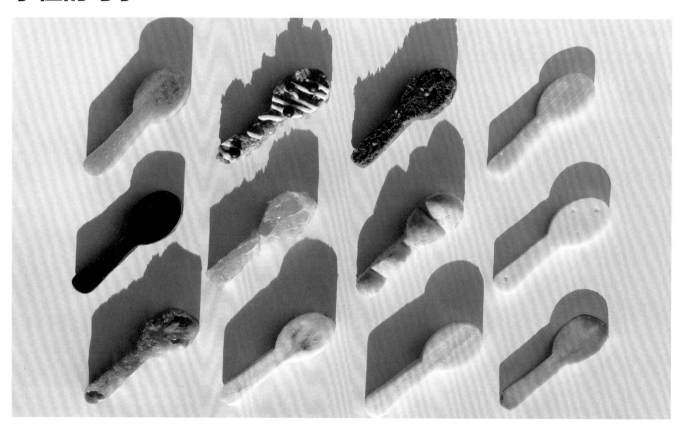

永恒的勺子是融合了功能和材料的勺子概念，表达了Alexa对现状、时空、关系和消除浪费的思考。新产品起源于消费主义和创新需求，创造与食物互动的新方法和食物代表的新社会关系，关系到我们为每项行为投入的时间以及开展活动的环境。在一个应该更具可持续性的世界中，重要的是我们始终在质疑事物的价值及其功能。

可食用的勺子不需要额外的陶器就可以满足一顿饭。我们真的需要不必要的装饰和不必要的使用吗？如其中冰勺的阴影代表消失在冰中的时间，短暂也是有力量的。

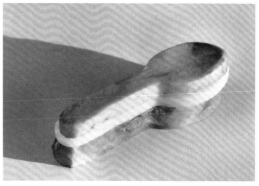

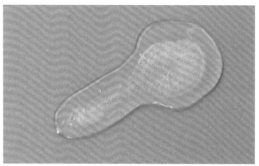

与食物设计 100 的对话

Alexa Trilla
亚历克斯 · 特里拉

"食物重新解释、探索烹饪文化，食物重新设计工具。"

FD100："你的食物设计方法是什么？"

Alexa：我喜欢为产品、生产者以及他们背后的所有工作赋予价值。所以我认为作为食物设计师，我们要让世界成为最好的美食是一项伟大的工程，要用所有的感官来寻找独特的能带来丰富体验的食材。原材料是厨房的基础，但开发它的双手和团队有能力创造无限的感官世界。这是我们的任务，分享一个超越桌子、跨越障碍，重组空间、气味和形状的舞台。

FD100："对你来说食物设计最令人兴奋的方面是什么？"

Alexa：用食物创造各种风景和新的体验。参与者在美食场景中的面孔、他们的反应，以及与他们分享这些时刻。另外我喜欢通过美食交流思想，设计中往往需要各种技术，使我能够与不同的专业人士合作，了解新的文化以及在整个过程中自由发挥艺术和创造力。将建筑与美食相结合，就像设计任何建筑过程中的笔记本、白纸、手中的铅笔……颜色、形状和艺术，协调、选择和组织一些元素……我喜欢这个过程。

FD100："你的可持续发展方法是什么？"

Alexa：尊重环境，爱护它，就像爱护自己一样。我们依靠环境，需要生活在一个绵延不绝的星球上。我认为了解所吃产品的来源，并知道我们吃的是什么非常重要。我们必须重视产品在到达手心之前的准备，所需的时间，并最大限度地利用产品的所有部分，努力减少浪费。我喜欢创造和试验成分，改变它们的形状、质地和颜色，并在这个过程中玩耍和创造。吃饭不应该只是一种在例行日程中消除饥饿感的行为，在充满技术、社交网络和并不真实的社交互动中稍作停顿，吃饭应该是人们真正交流和享受彼此的时候。我们应当意识到饮食行为中所有事物的内在价值（空间、光线、装饰、材料、成分等），从而最大限度地保护我们所居住的星球。

马来西亚 MALYSIA

Alexander Ong
亚历山大 · 翁
UMass Dining 麻省理工大学餐厅

主厨 Alexander Ong 在世界各地烹饪、品尝美食。他将旅途中的所有风味融入精心制作的食物中。他在马来西亚出生长大，在吉隆坡香格里拉大酒店开启了他的烹饪生涯，在那里他奠定了经典的法国技术的基础。作为丽思卡尔顿的厨师周游美国，在 Stars 的传奇厨师 Jeremiah Tower 的右手边，成为了从农场到餐桌的加州美食的爱好者。几十年的法国、意大利和美国的食物经验无法平息他对亚洲传统烹饪的热情。他领导了颇具影响力的法越餐厅 Le Colonial 的开业团队，然后继续掌管伯克利著名的泛亚目的地 Xanadu 的厨房。在那里，他被《旧金山纪事报》评为新星厨师，并连续多年荣登该报的百强餐厅名单，他也是米其林必比登榜单常客。目前他重点聚焦如何激励引导新一代食客，作为麻省理工大学阿默斯特分校卓越烹饪总监，该校被《普林斯顿评论》评为最佳校园餐饮已有六年。他是美国烹饪研究所亚洲美食咨询委员会的成员，纳帕谷年度健康厨房健康生活会议的定期主持人。

BOSTON PUBLIC SCHOOL PROJECT
波士顿公立学校计划

Alexander Ong 对各种形式的食物充满热情，从在地上播种到最后在盘子上呈现。正是这种热情促使他通过肯德尔基金会提供的一笔赠款，在改善波士顿公立学校的食物供应方面发挥了不可或缺的作用，以推广当地食材。通过与 UMass Dining 联系，Ong 充当了一名顾问，帮助学校将当地食材纳入菜单。在 Ong 的指导下，UMass Dining 烹饪团队在现场进行了咨询，并在不同的学校进行了12场活动，向他们展示了如何执行菜单、调查消费者、提高当地购买力。

通过在线烹饪演示，Ong 和 UMass Dining 烹饪团队与学校烹饪团队进行了一对一的会面，向他们展示如何制作高端菜肴，以吸引学生前来就餐。遵循 UMass Dining "健康、可持续、美味" 的座右铭，波士顿公立学校系统现正在寻找当地食材，购买并运送到中央厨房，这将为超过120所学校的数千名学生提供服务。

MASSACHUSETTS' CUTURAL MENU
麻省理工大学的文化菜单

根据《普林斯顿评论》，麻省理工大学阿默斯特分校连续六年获得美国最佳校园食品排名。负责学生餐饮的 UMass Culinary 强调了烹饪、文化和社区之间联系的重要性，尤其是与国际学生有关的联系。食物在尊重文化方面发挥着作用。围绕食物创造这种参与和这个社区。在这样做的过程中，促进了学生的成功，UMass 卓越烹饪总监 Alexander Ong 分享了该组织的理念"健康、可持续和美味"。他表示 UMass 确保提供的餐食的全球风味是真实和正宗的。餐厅是学生社区的聚会场所。食物充当了让他们相互接触并开始对话的渠道。学生们感受到了通过 UMass 的烹饪营造的那种联系感。文化菜单不仅满足了学生们的胃口，享用来自家乡的食物还满足了他们的文化和身份的表达，Umass 努力通过美食打造全球美食之旅，讲述美食背后的故事。

WHOLESOME CRAVE

健康的渴望

Wholesome Crave由詹姆斯·比尔德基金会获奖厨师 Michel Nischan 和他的前商业伙伴已故演员保罗·纽曼于 2007 年创立。它的使命是创造美味、营养丰富的菜肴，有助于为最需要的人提供健康的水果和蔬菜。他们与合作伙伴一起，为寻求更好营养的低收入美国人提供实用和创新的解决方案。

主厨 Michel Nischan 邀请主厨 Ong 在 Wholesome Crave Impact Board 任职。使命是成为该组织的道德指南针，并帮助学院和大学市场设计创新而有益健康的植物性食谱。作为公司的代言人，他们倡导并推荐以植物为基础的饮食。丰富的风味和营养，作为一种负担得起的生活方式对每个人，尤其是那些与粮食不安全做斗争的人来说，已经证明这是非常有益的。

2022 年 7 月，Ong 受邀加入詹姆斯·比尔德基金会的可持续发展咨询委员会。该委员会负责为北美的食品企业就如何更可持续发展提供建议。围绕着如何开展更可持续的运营，Ong 和其他成员正在为努力创建理事会的大大小小的企业提供指导。

这包括食物垃圾的处理、储存和外带容器的选择。"对很多人来说，可持续发展意味着很多事情。因此，我们试图缩小范围，以一种普通大众和食品企业经营者、各种规模的制造商都能理解的方式来理解它，"Ong 说："作为一个智囊团，我们将专业知识、常见问题和挑战结合在一起，这样就可以思考真正可行的解决方案。我们希望创建一个适用于所有人的程序，以便每个人都可以按照相同的通用标准进行操作。"

与食物设计 100 的对话

Alexander Ong
亚历山大·翁

"我的目标不是做最好的食物——那些日子已经过去了。我的目标是提供一个环境,让我的每一位员工都有能力和机会每天早上醒来并能够说'你好,世界'。"

FD100:"你的食物设计方法是什么?"

Alexander: 季节性饮食是一个关键因素。加利福尼亚是厨师的天堂,我们全年都能得到惊人的农产品。在马萨诸塞州,我们没有那种奢侈。夏季是生产农产品的最佳时间,但由于学生放暑假,食堂空无一人。所以十月中旬后,很多农产品就没有了。我设计菜单的原则是本地的!我们尽可能地为当地人提供服务。一旦当地供应用完,我们就会向全球伸出触手。在选择向谁采购时,我总是考虑那些公司的目标和愿景是什么。我们希望对财务负责,并确保我们社区的需求得到照顾。这会影响开展业务,但我们希望合作的公司遵循我们的理念,确保他们关心他们的员工,沿线各处在道德实践和碳足迹方面都是干净的。通过在全球范围内开展业务,我们也在投射我们的理念和兴趣。它使我们能够有所作为,不仅在本地,而是在全球范围内。

FD100:"对你来说食物设计最令人兴奋的方面是什么?"

Alexander: 最令人兴奋的元素是有能力做出改变。商业成本很重要,但同时我们必须非常小心处理与当地人的关系。在考虑向谁采购时,我们会研究农民、企业主如何对待他们的雇员。他们付给他们生活工资吗?是否与我们自己的可持续发展标准相符合?我们希望支持当地社区,不仅仅是企业,还有在那里工作的人。与 UMass Dining 开展业务的好处是巨大的,再生农业不仅仅是农业实践,还必须包括在那里工作的人,因为人对我们所在的社区有直接影响。

消除粮食不安全是每个人都必须参与的变革。这对我们来说很重要。

FD100:"你的可持续发展方法是什么?"

Alexander: 我想为我的孩子,为下一代做出我的贡献。我这一代人创造了许多新事物,让这个世界变得更美好,但同时也破坏了这个星球——不仅仅是产生大量塑料和废物,还有我们在工作文化中对待人类同胞的不当方式。我们应该指责普遍存在的有害的工作文化。这一代人正在反击说,"受够了,我们不能保持沉默!"新一代工人激励我思考如何改变并创造更好的工作环境。这也适用于厨房之外。我们希望与不仅生产优质产品、拥有良好可持续商业实践,而且善待员工和农民的公司合作。可持续发展倡议必须有再生方面,使这项倡议比以往任何时候都更好。

Anita Mu-jiuan Lo
罗梅娟
Tour De Forks Travel工作室

Anita是纽约市的法餐厨师。其著有烹饪书*Cooking Without Borders and Solo*，这本为一人派对准备的现代食谱，赢得了Eater's Cookbook of the Year年度食客食谱，并被提名为IACP奖。过去的17年，她经营的当代美国高级餐厅Annisa，获得了《纽约时报》的三星级评级和米其林星等荣誉，她也荣获《Food and Wine Magazine》的最佳新厨师奖。她是第一位在奥巴马政府时期，在美国白宫参加国宴的女厨师。她出现在许多电视节目和电影中，包括Top Chef Masters、Iron Chef America和The Heat，被法国政府授予Agricultural Merit农业功绩勋章。

美国 USA

TOUR DE FORKS
美食旅行团

Tour De Forks是一家美食旅游公司。Anita担任行程中的主持人，在每次旅行中，都会手把手教授烹饪课。菜单包括沿途的当地美食和时令食材，做完后厨师会和客人一同吃这些菜肴。旅游途经的每个地点都经过 Tour De Forks的考察，客人会获得无缝衔接的最佳餐厅和美食体验。旅行团都是一次不超过 12 个客户的小团，使得每一次一起出行的人们都能持久的联系。

COMMON THREADS
共同章程

Common Threads 是一家全国性非营利组织，致力于为资源贫乏社区的儿童提供烹饪和营养教育，组织定期举办烹饪课堂，提供来自世界各地的各种美食，让孩子了解食物的多样性。多年来，Anita 一直是 Common Threads 的杰出拥护者和贡献者，凭借餐饮、食品行业的丰富经验，帮助该组织实现战略目标并加深在社区中的影响力，为多元化、公平和包容性举措提供支持，同时帮助该组织与全国各地的烹饪文化和酒店专业人士建立联系。

CHEFS FOR IMPACT
厨师影响力

Chefs For Impact（Chefs4Impact）组织致力于教育儿童和成人了解可持续饮食对环境和个人的影响。Anita 与该组织合作，介绍了一个当地的牡蛎养殖场，养殖场也种植亚洲饮食中常用到的海带。2022年秋天，Anita 在东莫里切斯的 Silly Lily 钓鱼站为他们的筹款活动担任现场厨师。

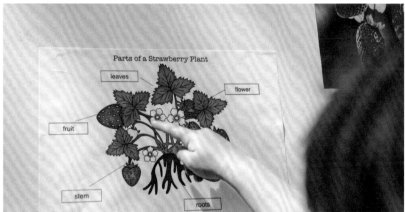

与食物设计 100 的对话

Anita Mu-jiuan Lo
罗梅娟

"吃是重点，味道胜过一切。"

FD100："你的食物设计方法是什么？"

Anita: 在设计菜肴时，必须考虑以下因素：首先，风味。这道菜必须好吃，否则就失败了。为了实现这一点，我喜欢在每道菜中加入不同的材料，但味道必须平衡。例如，味道厚重的菜需要用酸或一点苦味来减轻，但酸和苦是很有侵略性的味道，所以要十分注意量。需要使用当季最好的食材。每种成分都需要明确包含在菜肴中的充分理由。我不喜欢为了增添颜色而设计食材，我觉得应该突出主要成分。整道菜的味道应该大于其部分的总和，否则做出来的只是盘子上的食物。菜品成分应来自可持续的、合乎道德的来源。食物是文化和身份。我尝试用多元文化的视角来看待配料和准备工作。如果一种成分在美国受到谴责但在另一个国家受到重视，我想不带偏见地评判并以个人方式展示。就摆盘展示而言，我是实用主义者。如果酱汁是用来搭配某种成分的，那么重要的是它要接近盘子上的那种成分，即使它在其他地方看起来更好。

FD100："对你来说食物设计最令人兴奋的方面是什么？"

Anita: 以食物创造社区并使人们快乐。在 Annisa，这家我拥有和经营了 17 年的餐厅，客户非常多样化，这反映了食物的精神。食物有能力将不同背景的人聚集在一起。

FD100："你的可持续发展方法是什么？"

Anita: 我首先尽量减少食物浪费。显然，在美国，40% 到 50% 的食物进入了垃圾箱，占我们集体碳足迹的 10% 之多。我设计的菜单和菜肴用掉了所有的装饰，尽量突出那些经常被扔掉的成分。我还会从可持续来源购买，季节性地消费当地食物。菜肴中我尽量减少了红肉和奶制品，并重复使用包装纸和容器。

Anna Keville Joyce

安娜 · 凯维尔 · 乔伊斯
AKJ Foodstyling 工作室

Anna Keville Joyce 是食物艺术家和创意总监，工作室位于布宜诺斯艾利斯和纽约，并在全球范围内开展工作。她来自一个设计师家庭，大学研究社会文化人类学，她用平面设计和食品造型来表达她的研究成果。Anna 全职担任艺术家和导演超过 12 年，专门从事概念食物艺术。她参与过来自世界各地的摄影和电影项目，并出现在许多出版物和展览中。Anna 根据每个项目扮演食物造型师、设计师、创意总监和电影导演等角色。她的无限创意、对细节的关注和敏锐的构图使她获得了广泛的国际认可，客户包括可口可乐、Nickelodeon 国际儿童频道、达能、马提尼、威斯汀酒店和 Netflix。

美国 USA

A TRIBUTE TO BUDGIE
向小鸟致敬

这是一组全由食物元素创建的插图系列。

Anna用各种食材展现了五种鸟类的生活，包含火烈鸟、鹦鹉、猫头鹰、啄木鸟以及电线上的鸟群，它们的身体特征独特而幽默。装饰灵感来自插画家Charley Harper，使用的每个食物元素都是为了表现不同的颜色、形状和纹理。在这个项目中Anna呈现了最真实的自己。安静的创作过程，让她感受到近乎冥想的治愈和救赎。

摄影＋修饰：Agustín Nieto | HQF Studio

SUBWAY
赛百味

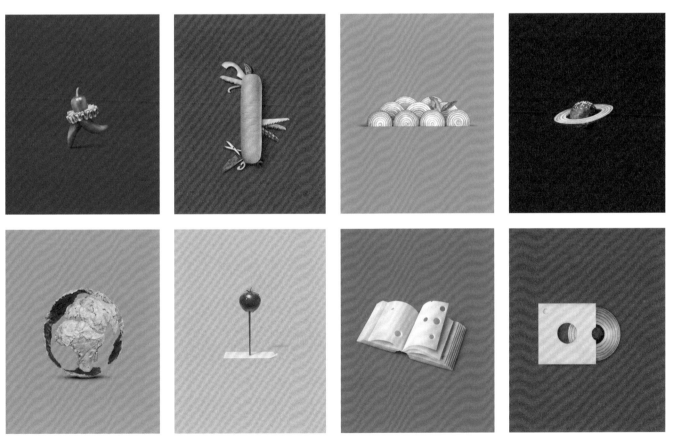

赛百味Subway视觉设计是由创意机构Turner Duckworth（NYC）和创意总监Andy Baron、奥地利摄影师Marion Luttenberger和食物造型师兼创意总监Anna Keville Joyce合作完成的。Anna为这个热狗品牌设计了充满了动感、美味、丰富多彩、引人注目的食物图像。这组作品展现了世界各地的赛百味连锁店使用的食材成分。在创作中，团队协作经历了非常多思维碰撞的美妙瞬间，他们希望客人也能体味到普通热狗中的乐趣。

摄影师：Marion Luttenberger

ARGENTINA IN ALCOHOL
阿根廷烈酒

受流行艺术启发，Anna 创作了经典阿根廷烈酒系列摄影。Anna 在阿根廷旅行期间，在黑暗的米隆加跳探戈，度过了很多美妙的夜晚。她注意到美妙的酒精和奇妙的酒瓶设计。这些"过时"的经典酒瓶，总出现在尘土飞扬的酒吧仓库或阴暗的货架上。Anna 希望重新赋予它们新鲜多彩的风格。方形的构图展现出成分和风味，这些元素暗示着草药酒独特而永恒的组成，阿根廷烹饪文化和历史的烹饪表现。

HESPERIDINA：草药橙开胃酒，创建于 1864 年。成分为黑糖、百里香、新鲜橙子、烟熏橙皮、蓖麻糖、肉桂、豆蔻、苦味剂
AMARGO OBRERO：最具阿根廷精神的草药酒，创建于 1887 年。成分为葡萄柚、粉红色胡椒、葡萄、柠檬、蓖麻糖、喜马拉雅盐、红糖、黑糖、柠檬马鞭草、丁香、苦味剂
GINEBRA：单一大麦酒（荷兰酒），阿根廷是这款酒人均消费量最高的国家。成分为蛋清、蜂蜜、蜜蜂花粉、罗勒、黄瓜、生姜、柠檬
CYNAR：洋蓟草药开胃酒，最初产自意大利，1952 年创造。成分为洋蓟、香草、白糖、葡萄柚、薰衣草、甜叶菊、柿子
CINZANO：甜苦艾酒，最初产自意大利，创建于 1757 年。成分为汽水、白砂糖、薄荷、辣椒、柠檬、石榴、柑橘、马拉奇诺樱桃

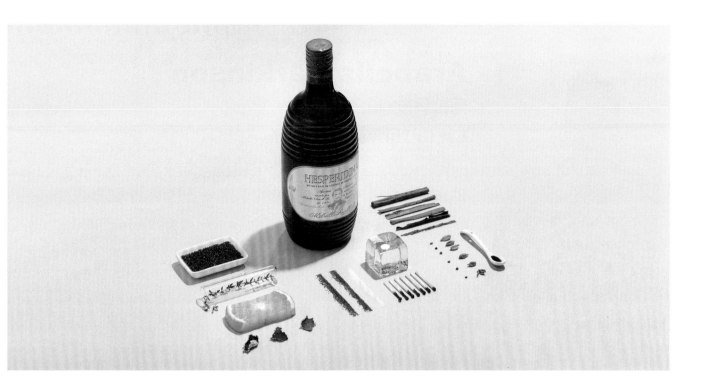

与食物设计 100 的对话

Anna Keville Joyce
安娜·凯维尔·乔伊斯

"我宁愿陷入泥泞——头脑中的泥泞，习惯上的泥泞，把我的脚放在泥里，然后被卡住。我坚持这个概念工作，它可以防止我的大脑变得枯燥。一种自我护理方法，有助于创造我想生活的世界。"

FD100:"你的食物设计方法是什么？"

Anna: 我喜欢美丽的东西，我喜欢变换视角，让看似不美丽的东西变得美丽。我喜欢笑话和好玩的想法，将事物从他们的固有内容中打破，为新的理解方式敞开大门。我相信艺术和食物设计能深刻而真诚地改变我们。我不是一个大喊大叫、参加抗议或激烈讨论政治的人。我在安静的、几乎无法察觉的微观层面上，研究细节，用不具侵略性的方法来改变人们的思想和习惯，以艺术、喜悦、幽默、游戏、感官或想象力作为变革的平台。

FD100:"对你来说食物设计最令人兴奋的方面是什么？"

Anna: 食物设计的概念元素让我非常兴奋。这是一个横向思维、创新和灵感的游乐场。我喜欢这句话，"灵感是自我意识的反面。"现在，在后新冠疫情时代，我认为食物设计是人类沟通的桥梁，美食活动和烹饪让我们团聚，让我们回归到一起打破面包的乐趣。食物设计可以满足我们感官体验的追求。

FD100:"你的可持续发展方法是什么？"

Anna: 在所有艺术形式中，食物设计是最"生态"和最可持续的形式之一。我的大多数项目都可以食用或堆肥，这在其他生产，尤其是广告创意行业中非常不寻常。在工作的商业性方面，我正在制定一项正式提案，提高我们产品的可持续性。例如为拍摄提供可重复使用的水瓶等简单的事情。小决策和小投资不仅可以改变现状，更重要的是改变我们对"废物"的习惯和心态。概念工作本身就是一种无废物哲学，看似"无用"或"一次性"的元素实际上是整体的一部分，我一直在日常创作和设计方法中贯彻这一点。我想在充满灵感和希望的地方工作。目前许多对可持续性的前景都以末日幻想为前提，当然这毫无疑问，但我喜欢在一个快乐的地方解决这个问题，例如"我堆肥的地球是多么令人惊叹和美味！""我用不锈钢水瓶而不是成堆的塑料杯拍摄的电影有多美！""用真正的可以反复清洗的盘子有多美妙！"我非常热爱大自然，所以想保护她。我们有这个美丽而狂野的世界，我们在和地球合作。视角的转变，我相信食物设计可以做到这一点。

Arabella Parkinson

阿拉贝拉·帕金森

Eat to Thrive 咨询

Arabella 是一名以植物为基础的主厨和食品活动家,《大厨宣言》(*Chef's Manifesto*) 签署者,致力于在本地食物系统中创造复原力。她在南非开普敦的烹饪学校接受法餐培训后,在伦敦的餐厅打磨技艺,成为了法国里维埃拉沿岸知名宾客的私人厨师。出于对东方哲学的渴望,Arabella 在印度南部学习,将阿育吠陀传统治疗与经典的法国美食相结合;在赞比亚设计餐厅菜单,为自由潜水旅行探险提供高碱性食物。

南非 SOUTH AFRICA

POP-UP DINING EXPERIENCES
快闪晚餐

Arabella 在城市内外举办快闪晚餐体验,将高端餐饮和食物感官体验带到偏远和狂野的环境。菜单设计得精妙且复杂,Arabella 希望客人沉浸地探索食物的味道和质地。活动展示了当地生物动力酿酒师的产品,以及他们生产的葡萄酒中保护环境的理念。Arabella 还与天文学家和其他食物设计师合作,带领客人了解宇宙的故事,菜肴与望远镜看到的地点相映成趣。用一些座位和画外音引导客人冥想,以一种新的方式与食物互动。在这种寂静的状态,客人的体验完全是自主的,不受他人影响,因此食物味道会更突出。人们会重新与童年记忆和过去的时刻联系起来,用简单的观察"吃什么"形成正念意识,发现内心宁静的那部分。快闪晚餐活动不断发展,Arabella 与不同的场所合作来诠释她的饮食理念和菜肴。她希望这样的经历让人们接受新的做事方式,分享关于食物、文化和我们是谁的故事。

EDUCATIONAL WORKSHOPS
食物教育工坊

在过去的五年里，Arabella举办了面对面和在线的植物烹饪研讨，分享食品行业的观点、营养专家的建议以及厨房技巧。Arabella会提供 6~8 种植物性食谱，并指导客人如何准备、烹饪和食用营养丰富且可持续的食物。她向客人介绍植物烹饪对健康的益处和对环境的积极影响，以及如何加入对当地食品系统有积极影响的机构。她在开普敦市及其周边地区举办了研讨会。参与者学习如何烹饪每道菜，然后彼此制作菜肴，并在晚上结束时共享盛宴。面包制作、每周饮食计划、快速、实惠的餐食，这些都可以激励人们回到厨房，将健康重新掌握在自己手中。疫情期间，每个人都待在家里，Arabella让人们把冰箱和橱柜里的东西拍照发给她，她会以此设计一顿 15 分钟的饭菜。提高了人们对多样化饮食的认识，并支持当地的粮食系统，可以一定程度抵御依赖全球化粮食系统带来的危机。Arabella目前正在研究如何让食物教育更容易，让周围的人了解容易获得且负担得起的健康食品，同时重建他们对可持续食品的认识。

MEDICINAL FOOD FOR RETREAT SPACES
空闲空间的药用食品

Arabella 在各地静修。从事瑜伽、自由潜水和心理健康方面的静修,她与广泛的从业者合作,致力于为经历倦怠、极度压力、生理疼痛和疾病的人们提供康复空间。在完成了 200 小时的瑜伽老师培训后,她受到启发,为那些在寻找营养和全食物的人寻找烹饪方法。她与从业者合作,为需要洁净、重新调整和慢食的客人提供充满活力的植物膳食。这些菜单能够帮助参与者缓解压力,重新获取充沛的精力。凭借对食物的不健康关系和疾病失衡相关的更深层次的心理方面的理解,以及 Arabella 在菜单设置上借鉴了阿育吠陀传统原则,来帮助人们与他们的自然状态保持一致。菜单专注于全食和不含加工食品、乳制品或肉类的膳食,能够对参与者所经历的生理失衡产生排毒作用。每一口都是精心设计的味道、质地和颜色。Arabella 希望设计一种美丽的方式,让人们在饮食中被治愈。

与食物设计 100 的对话

Arabella Parkinson
阿拉贝拉·帕金森

"将艺术和科学放在同一个盘子上，食物是我们与自己互动的最亲密的艺术形式。"

FD100："你的食物设计方法是什么？"

Arabella： 食物设计就是讲故事，这是对生活的艺术表达。通过语言表达自己的能力，同时为他人服务。作为一名厨师、营养师、冥想者和教育家，食物能带来发人深省的体验，让人们思考如何与食物互动。随着我接触到更多新厨师、新技术和哲学，我的烹饪方法和与食物的关系也在不断发展。怀着对食物治疗特性的深刻尊重和理解，我看到了食物设计处于文化、激进主义和自我表达之间的交叉点。食物设计为讲故事和艺术创造了一种方式，为围绕食物的新对话创造了空间。设计独特的用餐体验的机会，让人们在食物、情感和心理的交汇处进行体验。

FD100："对你来说食物设计最令人兴奋的方面是什么？"

Arabella： 界限是无止境的。食物设计不断改变我们与食物的关系、消费方式以及我们与这个行业的互动方式。通过可持续发展的视角，食物设计可以推动创新的生产和消费模式。这个艺术和创意产业通过大量系统触及每个人的生活，为食品行业的变革提供了催化剂。食物是一种通用语言，是一种可以分享的东西，是文化、传统、人类与自然世界关系的物理表现。我很兴奋，因为食物设计正在改变我们看待世界的方式，全球化和爆炸性创造力正在激发并推动我们进行创新和转型。

FD100："你的可持续发展方法是什么？"

Arabella： 可持续性是着眼于管理社会建设方式的基础设施，并寻找更具包容性和弹性的解决方案。它是了解现状并重新配置建立在无限资本主义增长和积累上的系统的过程。我们如何在全球化市场中建立有弹性的粮食系统，获取健康食品，同时使生态系统在气候变化面前不那么脆弱？我们的食品系统由少数非常强大的跨国公司控制，这些公司减少了我们与生态系统的访问权。可持续性是关于再生的议题，我们需要创造性和批判性的目光，建立生态复原系统并减少日益严重的不平等。

Blanch & Shock工作室

Michael Knowlden&Joshua Pollen

迈克尔·诺登&约书亚·波伦

Blanch & Shock 是于2009年成立的食物实验工作室。他们作为第一批在英国伦敦实践创意烹饪的工作室，将食物和艺术创意结合。Blanch & Shock 在不断学习、协作、纠错中发展。早期项目多为表演形式，包括Kindle剧院以食人族为主题的沉浸式食物表演Eat Your Heart Out，曾在英国伯明翰的一家机械店上演。他们用食物讲故事，用食物展现艺术家、讲座、博物馆或画廊的作品内容，与V&A博物馆、皇家艺术学院、Royal Shakespear公司、Secret Cinema、Wellcome Collection等机构合作，创作了近300种不同的菜单。Blanch & Shock 是厨师，制造食品和饮料。作为设计师，设计过程中调研食材来源、生产者、制作者以及食物历史背景，对每个项目都至关重要。2017年开始，工作室在伦敦南部的Artichoke Mews建立了一个美食工作室专注于烹饪工艺。

英国 UK

BRAIN BANQUET
脑力宴

现场摄影：Rita Platts

Blanch & Shock 为科学小组 Guerrilla Science 设计了一个改善大脑功能的菜单。Headway East 是一家帮助大脑受伤的人康复的慈善机构。由伦敦东部的一个废旧空间改造成装满实验装置的大脑实验室，病人会在这里进行记忆测试。厨师们根据神经科学家和心理学家的释义，为病人提供了五道菜的晚餐，帮助他们恢复大脑联觉和记忆，也帮助解释了损伤、年龄、外部干预或视觉刺激如何改变大脑功能、味觉和感知。整个菜单包括公认有助于大脑功能的"大脑食物"，瓜子面包、油鱼和发酵黄油。接下来是重新配方的经典英国菜"火腿、鸡蛋和薯条"，新加了白色蔬菜沙拉，点亮绿色和蓝色灯光，以改变其外观并改变客人对"适度"的看法。主菜是炸小牛脑，甜品则是由零陵香豆、甜三叶草和洋甘菊制成的芝士蛋糕，以清香的新草味唤起人们对夏天的回忆。

EXPLODING CAKE

爆炸蛋糕

现场摄影：Angela Moore

英国*Icon*杂志委托Blanch & Shock制作庆祝第100期的生日封面蛋糕。设计师重构了蛋糕结构，使蛋糕既是装饰，也最大限度保留了可食用部分。蛋糕被分割成小部分，由透明鱼线串联，贴在透明的支撑上。整体看起来有一种运动感，碎片向外伸展，像炸开的烟花。

蛋糕颜色和种类也像烟花一样绚烂多彩。雕塑装置一般的蛋糕由夏末的甜菜根、百香果制成海绵蛋糕，草莓和胡萝卜制成蛋白饼，再加上草莓酸奶棉花糖，金盏花、菊花花瓣，覆盆子胡萝卜酱，甜菜根，酸奶，草莓和覆盆子粉末以及黑巧克力奶油等配料。

BONE DINNER
骨头晚餐

现场摄影：Chris Keenan

伯明翰的策展人Companis委托Blanch & Shock以晚餐的形式，进行一场珠宝和声音装置展览。骨头晚餐最初是美国先驱艺术家Gordon Matta-Clark 1971年在纽约的一家餐厅创作的晚餐菜单，这里面每道菜都含有骨头。Companis试图通过用现代解释重现他的菜单，探索Matta-Clark的作品及其风格内涵。

Blanch & Shock的菜单包括七道菜。有趣的是整鸡需要客人用切肉刀自主切开，搭配骨髓面包和黄油布丁。用香草味的肉冻在陶瓷盘子上摆出脊椎的形状，用餐者需要舔食，设计师Dipa Patel为此制作了一个激光切割的脊柱模型。珠宝商Elizabeth Short也受Companis委托，把餐食里的骨头加工成碎片，再制作成装饰品，客人可以在晚宴后带走。Juneau Projects为活动设计了声音，许多骨头连接起来形成了一种乐器，客人可以将盘子里的任何骨头加进去。骨头碰撞的声音再由现场混音，播放回荡在房间中。

与食物设计 100 的对话

Blanch & Shock 工作室

"我们以实验精神看待食物与烹饪。一些厨师和感官实验餐厅对食材成分的理解和改造过程，启发着我们。我们对自然、野生成分和周围的世界充满兴趣，理念是制作充满趣味和创意的美食。"

FD100："你的食物设计方法是什么？"

M&J： 任何项目都需要根据一定的限制条件，选择指导方针。我们从所在地区的时令食物和储藏室出发，像一个调色板，转向一个项目的概念。食物成分同样重要，任何食物的生长地点、生产者、经典使用方式、味道、气味、外观、声音和感觉都非常重要。然后我们将调色板缩减为一长串重要成分，最终形成菜肴和整个菜单。在考虑视觉形式之前，我们会尝试尽可能多地做这件事，我们不喜欢将食物视为可以随意操纵的可塑性介质，不尊重成分并将成分视为纯商品很危险。一旦菜单的结构就位，我们就会实践菜肴的想法并考虑如何呈现食物。

FD100："对你来说食物设计最令人兴奋的方面是什么？"

M&J： 食物设计彰显了人们在食物方面的广泛创造力，同时也赞扬了先锋厨师。在这个术语成为固定学术概念之前，有足够多的伟大的人为此工作，我很高兴看到它被建立起来。互联网让我们以更多样的方式接触人们并了解饮食文化——我们与从未见过的人接触，并学到了很多我们未知的事情。食物令人兴奋的是它有可能以某种吃的方式吸引每个人，并鼓励每个人表达想法。食物涉及政治、历史、地理、物理、化学、生物、艺术和工艺。它是交流思想的方式，也是将人们聚集在一起的环境。

FD100："你的可持续发展方法是什么？"

M&J： 我们一直对可持续性持谨慎态度。在过去十年或更长时间里，我们一直在努力获取与食物、环境问题有关的信息，但有时我们会感到更加困惑。例如，有时来自更远地区的原料的碳足迹低于当地原料。但我们有一些坚持的指导原则：少吃肉，吃更多蔬菜；季节性采购，从我们认识的供应商处购买；避免浪费（尤其是在雕塑项目中），尽量将边角料加工成新东西。将人纳入我们的可持续发展概念，为厨师、服务员或合作者支付更多报酬，确保厨房中的社区感。我们努力营造一个不建立在等级之上的工作环境，而是让同行相互学习并共同创造美好的事物。我们工作室始终使用可再生能源或碳抵消能源。我们当然不是完美的，但在不声称有答案的情况下，非常愿意考虑这些问题。

Bompas & Parr 工作室
Sam Bompas & Harry Parr
山姆 · 邦帕斯＆哈里 · 帕尔

Bompas&Parr 工作室成立于 2007 年 6 月。他们曾做过世界上最大的果冻，50吨，围绕着 SS Great Britain 大船。超过1000万人参观过他们的作品。Bompas & Parr 知道如何讲一个好故事，通过多感官体验将设计做到最好——他们被全球公认为这个领域的领先专家。他们与艺术机构、商业品牌、私人客户和政府合作，为各种各样的观众提供引人入胜的情感体验。他们在 2008 年制作了英国首个建筑状的果冻食物设计；2009年全球首个食物快闪店——酒鬼建筑空间；2013年跨年夜全球首个伦敦多感官烟火表演；2015年出席全球首个致力于食品和饮料的文化机构——大英食物博物馆开幕式；2020 年GQ Food&Drinks 大赛，入围"Veuve Clicquot 创新者"奖项。作品 GUINNESS HERO HARPS 荣获 2020年DBA Design Effectiveness 大赛 Grand Prix 最高奖。

英国 UK

BENHAM & FROUD
手工果冻公司

Sam 和 Harry 将十多年来的果冻实验，提炼成简单的家庭装果冻糕点，为顾客带来味觉的创造力。他们为果冻，这个曾经英国最伟大的食物之一，恢复了往日在烹饪界的荣光。

果冻有着悠久而辉煌的历史，有很多引人入胜的故事。果冻曾是餐桌上最高贵的布丁菜肴。亨利八世也为果冻狂热，要求它为国宴增光添彩。当时的果冻用香槟、黄金等异域原料制成，同时还有各类数千种专门用来盛装的模具。在果冻发展鼎盛的维多利亚时代，法国厨师悄悄穿越海峡来英国学习做果冻的技巧。

最早的果冻食谱是用来制作咸味果冻的。查理五世的主厨 Tailleevent 在 1381 年的果冻配方中写到："咸鱼或肉类"。然而，果冻生产需要大量的时间和钱，提供果冻的人是非常慷慨的。

Bompas&Parr 重振了一家始于 1875 年，曾制造过被誉为"果冻中劳斯莱斯"的公司，于 2007 年成立了 Benham&Froud 手工果冻公司。他们第一个标志性的建筑状的果冻是圣保罗大教堂，同时也探索了许多有趣的美食活动，包括制作 50 吨重的世界上最大的果冻，世界上第一个果冻食物全息图，并与王室共同制作果冻。

一开始Bompas&Parr希望扩大模具收藏，在2008年呼吁世界领先的建筑师们将他们那些结构中带有摇摆的设计，作为建筑果冻设计比赛的一部分。Sam和Harry于是研究如何3D打印这些果冻模具，并得到了一些建筑巨头的支持。Foster勋爵说："他们的果冻设计致敬了他的建筑作品'Wobbly'Millennium Bridge"；Rogers Stirk Harbour团队说："他们重建了Barajas'果冻'机场"。比赛收到了100多份参赛作品，由专家小组根据创新、美学以及最重要的因素"摇摆"进行评判。

果冻很神奇：它能让人们开怀大笑，充满回忆，最重要的是，它尝起来非常美妙。人们喜欢果冻，年轻的果冻狂们的反应也让Sam和Harry开始重新评估真正的食物是什么。

COOKING WITH LAVA
用岩浆烹饪

岩浆烹饪灵感来自于一次游览日本活火山Sakurajima的经历。Sam爬过了安全屏障，发现熔岩能用来做午餐。回到英国后，他立即与Harry开始策划新点子。他们想看看有什么方法能创造合成熔岩，让更多人能够体验到以这种方式烹饪的食物的奇妙。

走进一家顶级牛排餐厅的厨房，可能会找到一个价值1.8万英镑的烤箱，厨师们喜欢它300℃的温度。但在Bompas&Parr眼中，这样的温度还不够高。2014年他们前往纽约北部的雪城大学，Robert Wysocki教授研发了一个工业青铜炉，用来制造人工火山和人造熔岩。Wysocki和火山学家利用这个熔炉来研究熔岩流。

Wysocki教授和他的团队为了艺术和科学实验倒了100次熔岩，但从未尝试用2100华氏度岩浆来烹饪食物。但这比太阳表面还热五倍的极度环境，燃起了Bompas&Parr的创造欲，他们于是尝试用极高温度烹饪。

工业青铜炉通常被用来熔化有11亿年历史的玄武岩，制作人工火山熔岩流。Bompas & Parr 把岩浆隧道壁的顶部当作传统的烧烤板，将两块牛排和两根玉米棒放在炽热的液态岩浆上方，超高温几乎可以立即烤好生肉和蔬菜。熔岩烹饪展示了烧烤、艺术装置和互动剧院碰撞的美妙时刻。

滚烫的液体岩石遇到冰裂缝和10盎司的肋排，在这样的温度下，牛排外面烧焦了，而中间仍然是完美的半熟。再在开放式的燃气、木炭或木火上烹饪，烤焦的食物不会产生任何气体，同时会产生不同的风味特征。

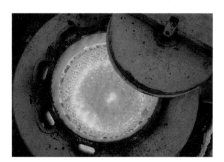

LUMEN RAMEN BAR
流光拉面酒吧

Bompas&Parr 与 Zoo As Zoo 合作，在乔治亚州亚特兰大创建了世界上第一个发光拉面酒吧。这是前所未有的沉浸式用餐体验，展示了高端的发光食物和饮料、民间传说和故事。2019 年初，他们的第一个快闪店卖出了超过 1000 碗流光拉面。The Nakamura.Ke 流光拉面酒吧首先在 Edgewood 大道上开了间快闪店，然后又去到了巴黎 Ponce 设计仓库。与《银翼杀手》的场景一样，The Nakamura.Ke 的移动厨房也融入了日本戏剧的元素、故事叙述和日本民间鬼魂的场景，使沉浸式消费体验变得越来越富有想象力。

故事讲述了 The Nakamura.Ke——一个在我们中间和睦相处的妖怪家庭，他们晚上经营他们的家族拉面生意。一些事件让他们兴隆的生意陷入混乱，让这个家庭的成员团结起来，同时继续延续他们家庭的美食。

酒吧提供以金针菇、海苔、六分钟鸡蛋、Togarashi调料和流明面条为特色的食谱。这些是 Bompas & Parr 的创新菜肴，平衡了维生素 B_2、奎宁（一种抑制脂肪的天然分子）、脂肪和水——这是工作室早期进行的一个项目，他们曾在旧金山为 MOMA 推出了世界上第一个发光的果冻甜品。

酒吧希望人们看到这个独特的创新食物，在他们的脑海中和照片里建立独特的记忆，就像传统的日本拉面店一样。食客们在离开之前只有30分钟的时间吃完白天发光的面条。

与食物设计 100 的对话

Sam Bompas & Harry Parr
山姆·邦帕斯&哈里·帕尔

"挑战现状，在食物的架构中重新定义我们的日常经验。我们让人们聚集在各种创作媒介里，许多激动人心的活动都在公共空间里。科学和文学持续支撑着我们的创造力，让我们跨越地域去到各个地方。"

FD100："你的食物设计方法是什么？"

Bompas&Parr：我们的体验设计师能够熟练地整合视觉、声音、味觉、芳香和触觉刺激，吸引来自各种背景的外部合作者协同工作，产出无与伦比的风格诠释和令人难忘的思路，具备高可讲性的因素。我们最初想发挥在果冻制作方面的专长，但公司迅速发展成为了一个成熟的创意工作室，能够创造出有趣的食品和饮料设计。除了富有想象力的食物和饮料支撑着工作室的商业和艺术活动，我们的餐饮创新团队还为品牌、餐厅和酒吧提供菜单咨询。工作室的开发厨房也用于新品开发、服务策略、培训、工具装备和研讨会。我们的厨房也能够为精致的宴会提供服务。

FD100："对你来说食物设计最令人兴奋的方面是什么？"

Bompas&Parr：反思不断变化的全球烹饪影响、技术变革、科学进步和更广泛的文化运动，这些激发了我们为美食而更加地努力，食物是一种通用语言——它可以以不同的方式与每一位食客交流。这就是使食物设计成为最具活力和令人兴奋的行业的原因。

FD100："你的可持续发展方法是什么？"

Bompas&Parr：我们有强大的可持续性资质，从我们的精神到执行，设计过程的每个部分都经过考虑和审查。我们在可能的情况下支持当地贸易，并为此监测我们的碳足迹。我们从事的项目可从可持续性出发，Floral Imaginarium 花卉想象实验、生物照明、Kill It、Eat It 工坊，都是在探讨与我们的食肉文化相关的食物可持续性的现状。

陈林
陈林装饰设计工作室

陈林，国内室内设计界领军人物。专注高档商业餐饮、娱乐空间设计。出版作品集《摩登中式》在国内外各大书店热销。代表作品有杭州玉玲珑、外婆家、知味观、粤浙会、杭州西贝、南京小厨娘、锅内锅外、上海九樽、北京宴等。曾获华语设计领袖人物、中国十大餐饮设计排名之首、中国设计品牌名人榜十大领军人物、亚太十大最具影响力设计师、CIDA中国室内设计大奖公共空间·商业空间奖、陈设中国晶麒麟奖，获评生活艺术家等荣誉。

中国 CHINA

玉玲珑

玉玲珑是杭州高端餐厅，老板兼设计师陈林联袂30位艺术家成就了2018年室内设计行业的神作。餐厅共有11个包厢，每一个包厢的风格和气质都各不相同，每间包厢都包含了数件艺术家的作品和陈林的个人收藏，进入这里仿佛走进了一场艺术展览。而大量的艺术作品并没有简单地浮挂于空间，而是被陈林"咀嚼消化"后重新呈现。艺术超越了艺术品本身，成为了空间中恰如其分的功能性的展示，或是呼应，或是冲突，或是隐喻，或是致敬。

玉玲珑体现了东方意境美学的循循善诱，这就是中国设计应该有的样子。

北京宴

北京宴位于北京金宝汇购物中心，包括4大街区、花园、玻璃房和16个不同电影主题的包厢，家具饰品不仅讲求功能，还要创造一种景观。在餐厅街区的设计中，铁皮箱、飞机、马鞭、子弹，这些20世纪50、60年代的老物件亦在特定空间内随遇而安，呈现出老电影般的独特质感。

陈林用光制造落日，用雨制造温度，用雷、风和火车的鸣笛制造声音，用闪电制造视觉，"我们想尝试用艺术空间的方式思考三维、四维、仿真、穿越以至于怀旧的意味。动态的气候和音效的配合赋予人们如造梦般的感知，而电影则可以最直接的表达，顺应情节，参与延续自己的故事。人们来到这里不仅仅是吃顿饭，还可以获得一种感受。"陈林说。

足够开放的窗户不仅是装饰品，在陈林看来那时有时无的缝隙便是生活，也还原了电影中对另一个空间充满好奇窥探的想象。

九樽艺术餐厅

九樽艺术餐厅，原址是上海百年老船厂。采用了20世纪20年代Art Deco风格，明清老家具、新古典主义风格家具、铁艺灯具、玄青石餐桌与江南园林的雕花石磴、青花瓷、太湖石、大漆根雕、包豪斯风格沙发……交相呼应，充满民国时期东西方文化交流融汇的时代风格。特别是将微缩江南湖山景观布置在每间包房的超大玻璃窗下方和茶桌底下，让自然生长的苔藓与水流浮现盎然的绿意，提醒顾客此时此刻正与四季更迭共处微妙的小宇宙。

陈林此次餐厅设计的语言非常统一，园林景观贯穿于墙面与地面的交界处，旨在虚化空间界面的硬性碰撞，延伸空间。内凹的走廊立面，深色的金属光泽，让人仿佛走在老上海的火车站月台上。进入包间，会觉得自己马上要登上一列即将驶出的列车，像一场梦，营造出一种岁月的期待感。大量的水墨拼贴成为空间装饰的主题，将现代和东方风格相结合，与环境中的大面积钢筋和玻璃形成对比。红色和黑色作为主色调，简单而有力，统一了所有的空间变化。无论是同层还是上下层的连接，整体空间都协调美观，通过层次的构造自然形成区域划分。区域之间的平滑、过渡和层次，使区域到区域的过渡自然，尤其是从外部公共空间引入内部餐厅。

陈林擅长在设计中协调丰富的变化。而九樽艺术餐厅丰富的变化，比起以往更多在于"力量"。这在设计表述的层面上，体现为一种语言的全局统一。而所有的统一，均基于明确的对比关系。如造型的概念、用色的概念、用材的概念、装饰的概念、照明的概念、空间关系的编排概念等。有概念，则意味着有创造驱动，有统一，才是专业成熟的反映。创意是天赋才能与自然欲望的表现，而统一才是后天修炼所为。统一，在设计人生中是一种退火，退火之后便见力量。除了力量，陈林设计中所表现的妖魅、野性、欲望，则是他设计更深层的核。

与食物设计100的对话

陈林

"我希望让东方艺术与西方文化在交错的时空感中自然地碰撞,通过密度和节奏的把控,让其产生出共性之美,使身处其中者感受到那种朦胧含蓄的张力。"

FD100:"你的食物设计方法是什么?"

陈林:30多年前,中国的餐饮是真正的个体户,不会通过设计师去设计餐厅,老板们不理解为什么帮我画个餐厅图会收费。但那时我认为餐厅是需要设计的,我应该是中国第一个做餐饮设计收设计费的设计师。后来,餐饮公司意识到通过设计会带来更多的消费者,所以开启了设计师来设计餐厅的时代。作为一个餐厅设计师,我最关注的应该是如何为甲方赢得市场。顾客在成长,这是理所当然的现实。为了能与不断成长的顾客保持同步,只有不断地给顾客提供惊喜,顾客才会一次次地光临。餐饮品牌的繁荣是品牌自身带来的,并不依靠室内设计戏剧性的改变。所以我不盲目跟流行,不经过深思熟虑照搬会打破品牌自身的平衡,失去原有顾客的信任。所以我宁愿慢一些,做自己。

FD100:"对你来说食物设计最令人兴奋的方面是什么?"

陈林:将自己喜欢的中国文化融入到餐厅设计里。喜欢做不一样的东西,家装、餐厅都做过,后来专注做餐饮,也是因为我比较熟悉,并且我有兴趣。其实我30年的职业生涯,整个风格是没变的,我认为一个中国设计师应该要提倡自己本国文化的底蕴。我这么多年也是不断地在提炼我们中国的文化植入到我的空间,这是我一直不变的。只不过不同的设计会使用不同的表现手法来体现。

FD100:"你的可持续发展方法是什么?"

陈林:餐厅设计应该从每一个餐厅不同的理念出发,而不是千篇一律地跟随流行,这样的设计才有经得住时间考验的内核。这就是一种以人为本的可持续的设计。

陈庆

中盐国本盐业陈庆工作室

陈庆，中国烹饪大师、世界中餐业联合会名厨委委员、世界中餐业联合会职业技能竞赛高级国际评委、孔乙己尚宴研发出品总厨。从事食物设计二十年，涉及领域广泛，曾获2011世界厨王台北争霸赛专业组冠军，以及2012年央视厨王争霸赛（中法对抗赛）冠军。他用了十五年时间专注于研究以花、果、蔬、香草、香料等调和制成的纯手工盐系列，是中国首创，同时也填补了中国盐品类上的空白。陈庆的盐在工艺、色彩、口味、口感、温度、目数、保存、包装设计上都有着特殊意义。

中国 CHINA

盐的故事

近十几年，陈庆经常参加世界各地的烹饪比赛、交流和教学活动。在活动中遇到的各国高级厨师，都会有自己的口味特点和规律，主要原因是他们都有自己本地区特别订制的盐、油或其他调味料。他们用的这些盐有湖盐、海盐、井盐、岩盐、调味盐，分成各种颜色、各种颗粒、各种口味。盐是百味之首，但中餐厨师只有普通的碘盐，没有那么多味道。陈庆想让中国的厨师也能用到更丰富的盐产品，于是着手研究调制海盐。探索的路上遇到了不少困难，例如无参考资料、无标准等。陈庆起初对食盐的知识了解不多，能看到或能买到的书籍也特别少，基本都是盐法和各种规定的书籍，找不到关于基础知识的书作为参考。陈庆还是学徒时，厨房里用的都是碘盐。自制调和盐只有三种，一是鲁菜炸品配的花椒盐，二是粤菜炸品配的广式椒盐，三是川菜炸品配的川椒盐，但这三种口味都已经有百年的历史了，从未改变过。于是他请教了师父赵仁良和其他老师傅们，他们那个年代如何用盐，如何调味，受益匪浅。

当今社会提倡健康饮食，如何让更多的人吃得健康，首先就要从盐开始。陈庆希望调制出不同口味且健康的盐。"研究盐的经历到今天就像做梦一样，我没想到大家的认可度远远超过预期效果，而且我听到周围很多朋友有心脏疾病，无法食用高钠的碘盐，但市场上很难找到一款含钠低一些且有独特味道的盐。"陈庆说道，"大家对健康吃盐有着迫切需求。如何减少食盐的摄入量，如何吃得更健康？"世界卫生组织2022年最新建议，每人每天摄取盐5克，但现在大部分人大大超过了这个标准，习惯了重盐重口味。陈庆的调和盐让更多人看到了希望。陈庆是专业厨师，又学过营养，所以在设计和调配盐的制作上区别于盐业公司的专业工程师。盐业公司注重的是价格、标准数值、储存期长，但他的设计理念是：口味丰富、色彩鲜明、营养搭配合理、保存期短、健康无添加。中盐研究院帮他设立了一个专门的实验室——中盐国本盐业陈庆工作室。经过一年和盐业公司的合作努力，陈庆手工彩盐系列量化生产，从2022年2月开始陆续上市，先后有10款彩盐面向消费者，他也计划3年内把中国人的彩盐推广到全世界，毕竟这也是一件公益事业。陈庆现在也在和世界中餐业联合会、中国烹饪杂志、中盐研究院等相关部门合作出版关于如何吃出健康、如何吃盐的系列丛书。

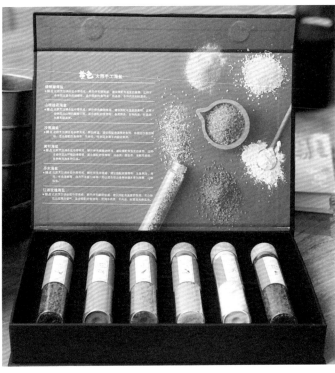

孔乙己江南菜

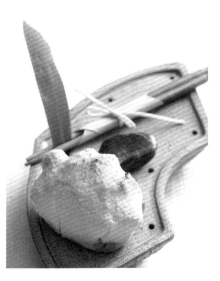

在孔乙己任职的 16 年里，陈庆一直担任出品总监的职务，负责和研发四季菜单，根据二十四节气出品养生系列。

20多年前，孔乙己算是一家高级的餐厅，时尚、有文化、有故事。在这里也是陈庆最辉煌的时代，他研发的菜品不仅客人喜欢，常常还有很多同行来学习和拜访，有时候私下也会一起讨论如何做出更酷、更独特、更让客人接受的菜品。

当然这中间也遇到过不少难题。孔乙己是江南菜系，来自于绍兴文化，是中国著名八大菜系中浙菜的重要组成部分。陈庆一直研究如何将二十四节气与食材相结合，既要使原料、食材国际化，还要使口味多元化来满足食客的味蕾。春季江南新鲜食材特别多，如刀鱼、河豚、香椿、鲜蚕豆等，特别是蔬菜类的，但几乎所有餐厅菜单都一样，没有什么特殊和新鲜的。于是陈庆就想到与他调制的盐相结合，做出一套盐焗系列的产品。在他这里传统的梅干菜扣肉变成了盐焗梅干菜扣肉后，既保留了食材的口味和新鲜，盐焗又能给菜品保温。传统做法做的肉凉了就不好吃了，但盐焗把肉、梅干菜和荷叶包裹在里面，用温度传递清香，这是另一种截然不同的体验。这次研发的新菜，让陈庆对盐的认识又增进了一步。

调和盐与老北京涮羊肉

陈庆在近两三年里，一直在研究涮羊肉火锅。火锅结合了蒙、满、回、汉多民族文化，又有着几百年文化的魅力，陈庆想区别于传统的菜品，总结另一种就餐方式和食物混搭的方式。在这个过程中他请教了行业内的前辈，像裕德孚的于爷、羊大爷涮肉的羊大爷等。他们在专业、技术方面是行业专家，传授给陈庆很多在处理肉和各种蘸料上的小窍门，这让陈庆对涮肉越发感兴趣。

传统涮肉北方以麻酱料为主，南方则要放香油、蚝油、海鲜汁。陈庆想怎么能将这些结合，让大家吃到不同但有新鲜感的调味料呢？他请教了赵仁良先生，先生说："八十年代我去日本做文化交流，在当地刺身店就餐，当时的鱼肉配的不是酱油和芥末，而是自己店里调配的调和盐，因为盐是百味之首，要想使食物更新鲜更美味，不需要过多的华丽包装，简简单单的盐就可以做到。"陈庆因此加快了对盐的研发。但如何把简单的盐与羊肉相结合，这是一个难题，没有人研究过。陈庆不断尝试，最后用基础盐做基底再配以沙葱，研发出了沙葱海盐，而沙葱和羊肉是绝配。羊肉先按部位分别改刀，再经涮、拌、蘸、撒、熏等方式烹饪，最后搭配沙葱彩色调和盐食用。这样做既能呈现出沙葱的清香、弹牙感，还能吃出羊肉的鲜度，区别于麻酱和其他调料，这样吃涮羊肉口感层次十分惊艳。陈庆亲自演示涮肉、蘸盐、搅拌，成果备受认可，所有吃过的食客都连连叫绝。彩色海盐能够在涮肉里得到充分发挥，也是一份颇有诚意的伴手礼。

中国地大物博，盐的出产量也是居世界前列的，各种类别的盐都有，岩盐、湖盐、井盐、海盐，每种盐都有着独特的属性。按照春夏秋冬的季节来收获，色彩不同、软硬不同、颗粒不同、口味不同、口感不同，每一种都有着独特的酸、甜、苦、辣、咸、鲜。不同的水源也对制盐至关重要，普通自来水、矿泉水、过滤水……最后陈庆选择用纯净水，纯净水经历了很长的时间沉淀，而盐是最具稳定性的，再和花、果、蔬菜、香料、香草等调和，增加香气。陈庆希望将盐与食物设计运用到更广的地方。

与食物设计100的对话

陈庆

"中国既是一个礼仪之邦，又是一个物产丰富的国家，民族美食历史文化遗产很多，但是所有美味都离不开味道，味道真正的灵魂就是盐，百味盐为首。"

FD100："你的食物设计方法是什么？"

陈庆：我食物设计的角度是多重化的，同时也是一种沉浸的品尝。我作为厨师可能讲究更多，食物设计来源于食品本身，从色泽、气味，到口味、口感、温度的差别，最后到颗粒大小、形状特征、文化内涵等，都离不开使用烹饪色彩学和烹饪技术。所以我的方法就是与色彩学相融合，制作和打造出不一样的"盐色"空间。

FD100："对你来说食物设计最令人兴奋的方面是什么？"

陈庆：食物设计会使品尝者感到食物入口后无比的激动快乐，例如：炭烤菠萝配咖啡盐，是有一定温度的甜品，口味从入口温和的咸鲜到深层的甜度让人欲罢不能。菠萝的本味伴着淡淡咖啡盐微酸，再带有点回味甜，口感从淡奶油的丝滑到菠萝的糯，尾部还有残留咖啡盐的垫牙感，使品尝者仿佛沉浸在一口水果味的卡布奇诺中。

FD100："你的可持续发展方法是什么？"

陈庆：对于环保可持续理念，中国是地大物博的国家，每年季节性水果和蔬菜都会有产能过剩的问题。我们可以利用过剩的水果和蔬菜制做色彩调和盐再利用。随着国家的经济发展，国民有了一定的经济实力，越来越多的人开始注重健康，少油、少盐、少糖的意识也在增强，色彩调和盐便是不错的选择。

中国台湾 TAIWAN，CHINA

陈小曼

陈小曼食物设计工作室

陈小曼于建筑事务所工作期间与伙伴成立了食物摄影工作室，负责食物的造型与企划，并独立出版了食物影像刊物 Nutty Project；后于 2015 年前往意大利米兰理工学院攻读食物设计硕士学位，毕业后至巴塞罗那食物设计师 Martí Guixé 工作室实习。

2017 年她于台湾创立公司，专案项目主要为展演、活动策划；她与不同领域的专业者合作，如厨师、调酒师、空间设计师、互动设计师、平面设计师等；以食物为载体，打造使用者的体验、发展概念与探讨食物的议题。曾参与基隆市地方创生工作营、台中市川游不息绿川展、台湾美术馆感官瑜伽、台湾文博会等。

2020 年底，团队将触角延伸至了食物产设领域，创立了保存食品牌"LOUU"，她在创作与商业间寻求最大公约数，亦试图透过趋势与市场机制探索叩问，为想要的未来提供多一点选择。2021 年 LOUU 荣获台湾设计 BEST100 - New Power Discovering 奖项。

国美馆：TABLE FOR

台湾省的台湾美术馆推出了"感官瑜伽"展览，邀请共 8 组艺术家，17 组作品参与展览。陈小曼设计师策划了"Table for Miss A"失序饮食展演计划，透过一场一个小时、七道食物的展演，以解构食物"DIS-FOOD"拆解秩序，来试着探讨这些在社会中其实普遍存在的现象，体验饮食障碍者在生活中面对的处境。碰触到这个社会中鲜为人讨论的议题，转化饮食障碍患者在社会中面对的失序与压迫，进而碰触到心因性失调背后盘根错节的当代社会结构。

整场体验共以七道菜呈现此概念，例如"Ellen's Burger"取名来自于电影 To the Bone，以纸片汉堡回应厌食症女主角 Ellen 的偏执与痛苦；或是"15 eggs a days"选取与一位专业健身教练的访谈：健美比赛前的备赛期间，选手会以非常人的方法控制饮食，例如一天直接吃掉 15 颗生鸡蛋；最后以"Cherry on a cake"请观众从蛋糕盒中"找"出藏匿的樱桃，象征性地指涉暴食症患者的迹象，除了催吐、吃东西速度快之外，也意指饮食障碍者在疗程中想找回的自我认同。

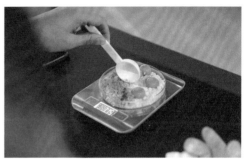

文博会：爱ㄉ合作社

2021 台湾文博会的议题厨房由食物设计师陈小曼主导，策划了"爱ㄉ合作社" ❶，与合作团队联手打造饮食展演场景，也是文博会首次将食物作为策展主题之一。此次文博会的主题为"数据庙"，意在结合当代科技与消费形式，碰触常规边界。"爱ㄉ合作社"跳脱市集活动消费模式，让参与者可以随时随地进入线上文化RPG探险，根据测验结果再从线上互动转换为线下体验，到文博现场限时限量换购餐饮商品，完成体验。

在文博会期间的十天，共十二组餐饮团队轮番上阵；跨文化的团队来自中国台湾、泰国、越南、印度、日本，透过台湾多元文化共构饮食新风貌。亦有五组岛内高度瞩目的新力军酒吧联袂而来，从茶风味调酒到台湾精酿，与厨师团队联手共创，完整参与者的味觉体验。十天的饮食展演共计八万人次上线测验、一百二十万新台币（约4万美元）的消售额。

陈小曼团队以"讯息"主题贯穿此次策划，除了以食物与参与者"交换讯息"，还打造了"讯息中心"，在空间中展出回收纸砖，将不同解析度的纸浆或纸丝再造成立面材质，从环保餐具、回收材料到空间思维，回应信仰命题、探讨永续概念。

---

❶ ㄉ，汉语拼音注音字母，即声母d。

LOUU 产品

格外品又称"丑食"(ugly food),在商品市场中,有许多因为外形、尺寸不标准而被渠道淘汰的农产品,即使有着完全一样的风味与营养价值,也无法进入供应链,而成为全球食物浪费的一部分。在台湾,格外品的比例高达30%。

食物损失多发生在食品供应链的生产、收成以及加工与分配的阶段,因对于食物品质的管理与掌控,而在筛选程序中所造成的食物损失;食物浪费则多发生在零售与消费阶段,有些食物虽然品质很好,但在进入市场后却成为了没有被选购的商品而造成了食物浪费。

陈小曼设计师的食物品牌 LOUU 在成立的第二年推出了利用格外品制作的"白葡萄醋渍芦笋"和"油渍烟熏榛果甜椒",又与产地伙伴和厨师合作,将"NG"转化为 Neo Gourmet。并以"格丨外"策划展览与餐食活动,邀请艺术家李霁以丑蔬果打造装置,探讨丑美定义与剩食议题。

与食物设计100的对话

陈小曼

"我认为作为设计专业者是具有社会责任的，不必说教，而是透过创造体验，便可将知识或资讯转化成使用者的经验，以互动达到沟通的目的。

我试着利用食物作为媒介，对自我与社会提出问题，并从中寻求解答。展览、活动为常见的设计形式，而保存食品牌'LOUU'集结了我所学所想，团队也建立在对食物的追求与设计的要求的基础上，致力于透过产品测试更多可能性。"

FD100："你的食物设计方法是什么？"

陈小曼：从建筑领域到食物设计，对于"时间性"的掌握很不同。一者追求永恒，一者会被消化、分解；然而从"容器"到"物件"，设计思考的方式却没有改变。如何对受众提出观点、创造经验，是在设计过程中不断回望的核心要点。在从事专案时，通常是概念（与呈现形式）先决，有了架构以后将概念拆解成不同的面向，爬梳大量资料以后，再将之分别具象化成为实际的内容，并决定合作的对象与范畴（包含厨师、调酒师、其他根据主题的相关专业领域如科学家、医师等），最后整理节奏与细节。通常，食物美味与否在设计中会被考虑，但并非优先考量，这当然也跟概念有关。例如前述关于饮食障碍症的案例中，我们利用晶球技术（Spherification）将红萝卜汁做成蛋黄、柠檬汁做成生蛋白的形式，其实是美味的果汁，但"对生蛋的恐惧"才是我们试图创造的。

FD100："对你来说食物设计最令人兴奋的方面是什么？"

陈小曼：食物是一个没有门槛的媒介。"设""计"皆为"言"字边，设计师的责任就是沟通，不论透过何种方法。几乎没有人会拒绝食物的邀请，因此食物也成为了最容易打开对话的工具。世界上的设计师们透过非常不同的形式提出问题、解决方案、观点，而食物提供给了设计师无尽的创作可能。

FD100："你的可持续发展方法是什么？"

陈小曼：环保可持续理念是此议题中的一大环节。自有品牌LOUU的诞生就是希望可以提供更多选择，不仅让使用者减少因顾虑食材的腐坏、浪费、难以掌握而放弃烹调的机会；亦希望透过品牌，在农产品因天灾人祸出现浪费危机时，可以提供解决方案。同时也采用了相对环保的包装方式与丑食材料减少碳足迹与食物浪费，在制造美味惊喜的同时也致力于为剩食问题做出微薄贡献。

中国 CHINA

陈晓东

跃 · Yue 现代粤菜料理

陈晓东 Chef Seven 是广州"跃"系列品牌餐厅(跃、焯跃料理、潮跃、月炉)的行政总厨兼联合创始人，是活力和创新的粤菜代表人物，通过诠释"跃"的精神：对粤菜饮食文化（包括食材、风土人文、烹饪、食用风俗及礼仪、审美需求等）理解通透之后，用现代手法重新解构演绎现代粤菜，将自然灵感融入传统。"粤"系根基，"跃"为风格。

从厨20年间游历中西，Seven 始终认为粤菜海纳百川博大精深，通过深入了解中国传统菜式文化并结合先进烹饪理念和设备技术，植入最新创意，以现代烹饪手法演绎传统粤菜，凝结最高品质的"跃"现代粤菜料理的概念让大家重新发现粤菜，开辟出一条新的思路。

他在广州的"跃 · Yue 现代粤菜料理"连续三年（2021~2023年）蝉联黑珍珠餐厅指南二钻餐厅，上榜2020~2021年《米其林》"米其林餐盘奖"榜单，荣获2021~2022年携程美食林·钻石餐厅，他个人更荣获2021黑珍珠餐厅指南主厨俱乐部首位年度年轻主厨，2021年《罗博报告》Best of the Best 罗博之选年度主厨，2022年《FOOD & WINE 中国大奖》年度新主厨。

跃会

在跃 · Yue 现代粤菜料理餐厅，逢周末会提供一场《跃会》主题晚宴，位置只有十几个，客人们像参加一场电影的首映礼，围坐在大电视屏幕前。一道菜式匹配一条视频，轮番上席，精妙编排的晚宴如同观赏电影，《跃会》是一场和粤菜的周末约会，为了让更多的人了解现代粤菜料理的概念，希望用一部电影分享粤菜探索之旅，让食客如同在剧场沉浸地体验现代粤菜。

很多传统的厨师和客人都不理解现代粤菜，认为这些创新只是为了博眼球，主厨 Seven 于是和团队一起拍摄了和现代粤菜料理相关的短片，尽量让客人能以更为立体的方式了解跃团队所从事的研究探索。短片是用广东人最自然流畅的母语——粤语讲述的，主创团队深入广东各个地区采风，拍摄从南到北十几个地方，探访名厨、名师、名菜、名食材。

在全部素材整理完后，主厨 Seven 才着手设计菜单，这些菜都是实验性的，有的只会在餐厅出现这一次。晚宴分为九道菜，短片也分为九个片段。短片并不是每一道菜的介绍，而是在整个用餐的时间里，分别介绍粤菜的过去、现在和对未来的设想。客人在品尝菜肴的同时能够了解知识和文化，对粤菜

认知逐渐加深，也将用餐的味觉体验推向高潮。影片结束往往都能赢得食客情不自禁的站起鼓掌，向团队致敬。

两年的探索与坚持，让更多的食客了解到了《跃会》团队的精神。Seven认为最大的收获，是老一辈的粤菜前辈相较于从前一味地批评不理解，也开始重新思考粤菜的现状，并对他们新一代传承人有了期待。《跃会》一直在做一件事，就是挑战思维定式，打破原有认识的桎梏，用全新的眼光重新发现熟悉的粤菜。

焯跃

"焯跃"是主厨Seven的一家以"焯"为主题的餐厅。"焯"只是一个简单的烹饪手法，但主厨Seven发现，在日本，厨师对美食的精神，体现在将每一个料理都探索到极致，比如一家店只做一个品类，关东煮、寿司、拉面、烧鸟和炉端烧等。而白焯在粤菜中是一种传统表现形式，把食材放到水里焯一下就食用，还原食材最原始的味道。焯的媒介除了水，还有油、烟、冰、气、盐、砂石等，烹饪的温度也分高温和低温。焯跃餐厅传达了主厨Seven的一个新的概念，烹饪不仅仅是加温，降温也是烹饪。再由此引申到另外一个概念，什么是熟？

大多数人都认为，熟就是把一个东西加热至颜色、质感改变了，像是把牛肉煮到看不见血，鸡蛋煮到凝固。但事实上这些只是物理变化。对于专业的厨师来说，熟应该是食材达到了最佳的食用状态。就像水果，我们说水果熟了，其实就是说它最甜、最多汁、最丰盈的时候。

每个地方对于好吃（也就是食物最佳状态）的定义不一样。广东人认为一条鱼，现宰现蒸趁热吃，这才是最好吃的状态。而日本人则认为，鱼要提前杀好，再熟成几天后做成刺身，生吃就是最好吃的状态了。在潮汕地区更会把鱼提前蒸煮熟，再放凉来吃鱼饭，他们认为这才是最好吃的。在焯跃，主厨 Seven 站在粤菜的角度去思考好吃（食物最佳状态）是什么。也会根据广东人的口味用不同的"焯"来演绎。比如"烟焯"会用到苹果木，低温烟熏一条金枪鱼，这样几乎保持了食材的原貌，但又为食材注入了烟熏的风味。温度稍高一些的味焯，是在70~80℃的卤汁中让肉类蛋白质缓慢地凝固，这样烹制出来的肉类非常柔滑，不会干柴。而汤焯则在100℃的浓鱼汤中快速地烫熟阿拉斯加帝王蟹，让外部的纤维快速凝固，达到外部爽脆里边鲜甜的质感。190℃的油焯是指肉类在140℃以上会发生强烈快速的美拉德反应，产生1000多种芳香物质，令人食指大动，而食材也会因此有了外脆内嫩的口感。

有着浓厚故乡情结的主厨Seven，将仅仅一个"焯"千变万化延伸出种种料理。焯跃代表了粤菜的不断创新和发展。

融化的冰川

主厨Seven在一个主题是气候变暖、环境保护的公益晚宴上，即兴创作了这道甜品"融化的冰川"。由于人类活动超量排放温室气体，北极冰川在近几十年里不断地消融，不仅对人类生存环境造成了巨大的打击，也让北极熊失去了赖以生存的家园，濒临灭绝。主厨Seven想到用广东糖水中经常用到的冰沙寓意冰川，而椰汁西米露是广东人喜欢的家常糖水。Seven将冰做成了冰川的形状，冰不断地融化，在融化中慢慢变成一碗糖水。盘子边上有一只北极熊装饰，在气雾的烘托下，像是正在目睹家园消逝的全过程。

这个融化的过程是非常明显也很容易理解的，客人也同样能被带入北极熊的视角，产生同情。许多客人表示在公益晚宴的环境中，欣赏、品尝这道糖水，会有种莫名的触动。还有些客人在日后的交往中，吐露出当晚的这道菜切实影响到了他们的日常习惯。比如他们开始垃圾分类、注意环保，买东西也会开始思考这是自己需要的还是想要的。

与食物设计100的对话

跃·Yue团队

"我们从文化、概念、创作上和食客分享作品,而不仅仅是在食材、味道这些很基础的层面。我希望带给食客更丰富立体的餐饮体验。"

FD100:"你的食物设计方法是什么?"

陈晓东:以前我并不知道厨师的使命是什么,仅仅只是一个做饭的人吗?这些年,我不断地在世界各国游历,学习了解不同的菜系,慢慢地才发现现代人对餐饮的要求已不仅仅是饱腹,更是礼仪和表达、创作和艺术。厨师也是艺术家,可以自由地创作菜式。在"跃·Yue现代粤菜料理"刚创立之初,很多人觉得我们离经叛道,但实际上我们才是最尊重传统粤菜精神的人,粤菜从来就不是一成不变的,它是一直在学习吸收中的,正是这种海纳百川,才造就了粤菜的博大精深,所以变化中的粤菜才是传统粤菜。粤菜的精神本就有吸收融合的意味,汲取各地各种优秀优质的食材技艺再根据本地口味改良沉淀。综合世界各地的饮食文化后,我们在思考,食物是否能带给食客除味觉、饱腹外的更多可能,如思考、共鸣、回忆,甚至愉悦美好的心情?

FD100:"对你来说食物设计最令人兴奋的方面是什么?"

陈晓东:我一开始在食研厨房,因为没有经营压力,可以根据不同的主题和客人自由创作,打破枷锁,这段时间是充满激情和创意的,没有限制之下带给了我很多的灵感,感觉什么东西都可以融入创作。最疯狂的一次就是对广东人喜欢吃生猛海鲜这一习俗作了一次互动,我们把做好的鱼汤藏在了鱼缸里,让客人直接插吸管喝。开始他们会非常惊讶,但过后就觉得非常有趣,带来了超越食物以外的愉悦感,很多客人数年后还能回想起这一幕,当天的晚宴成了永恒。

FD100:"你的可持续发展方法是什么?"

陈晓东:可持续是我们一直在探索的,尤其这几年米其林推出了绿星后,我在自己的餐厅,一直在推崇食材的最大化利用。在设计菜单之前,我会尽量把边角料如何利用考虑好,不能为了实现创意就浪费。比如一条鱼,上给客人我们可能只用到肚子部分,鱼鳞熬汤提取胶质,鱼骨煮鱼汤做汤汁。剩下的鱼肉部分我们会分割好、包装好,由供应商帮我们把这些用不到但依然可以食用的部分分送到一些社区里。

池伟
+86食物设计联盟

池伟是观念设计艺术家，中国食物设计的主要推动者，+86食物设计联盟创始人。毕业于清华大学美术学院，22年设计咨询和一线持续创业经验，曾为华为、玛氏等众多世界500强企业提供服务，清华大学创新创业企业导师，北京市杰出设计人才奖得主，曾获得德国红点、IF等多项国际设计大奖。从集合800多位中国高端设计师、企业家建立+86设计共享平台到作为策展人策划798设计节、包豪斯大篷车中国行、119世界设计师日等活动，创办Future Food国际食物设计节、发起Designer 100中国设计红宝书出版计划、发布未来食物趋势报告等。一直致力于用设计改变社会观念和建立新的价值观。

+86食物设计联盟是中国的一个食物设计社群。同时汇集了中国食物相关的专家、设计师、米其林大厨等。为了推动和帮助人与食物、环境建立更健康和公平的系统关系，做了大量食物设计实践项目。

中国 CHINA

FUTURE FOOD 顺德国际食物设计节

Future Food顺德国际食物设计节是池伟作为主策展人策划的美食、艺术与设计相结合的大型活动，2020年11月在顺德首次举办。该活动是大众到专家都可参与的综合体验活动，理念是：新吃法、新玩法、新活法。包含盛大的多媒体互动晚宴、以食物为主题的艺术展览、食物的市集、国际食物设计论坛、儿童食物美术馆等互动项目。该活动提升了人们对食物的认知，一日三餐除了饱腹以外，还可以带来更新奇的饮食体验、社交互动和精神享受。在赛博朋克龙虾这道菜中，池伟用干冰、三颗闪烁的微型灯珠，首次把光线变化引入到菜品出品中。

兔爷VV甜品

池伟用法甜的手法，表现出北京各个区的特产水果，起名字叫新京八件。因为在清朝的时候贵族为了在冬天吃到水果，把水果做成馅料放到面皮里，做成点心在冬季和春节时作为礼品赠送，八种点心起名京八件是北京的标志性礼物。新京八件以口味更好、更加精细的艺术形式表达出北京的地标物产，一方水土养一方人，房山的柿子，昌平的草莓，怀柔的板栗，让我们热爱家乡。

五棵松
是北京的地名，据说因为那里曾经有五棵好看的古松而得名。这个甜品用北京传统的甜品小豆凉糕和豌豆黄作为内馅，也是希望唤醒人们对地方的想象和怀念。

乒乓球
乒乓球被誉为中国国球，从小老师就教导我们友谊第一，比赛第二，所以设计了一个乒乓球拍形状的托盘，手柄上面刻有比赛第一，友谊第一。什么都是第一没有第二以表现这个产品的霸气。乒乓球形状和颜色的慕斯，里面是中国茶的香气，会不会好吃也是第一呢？

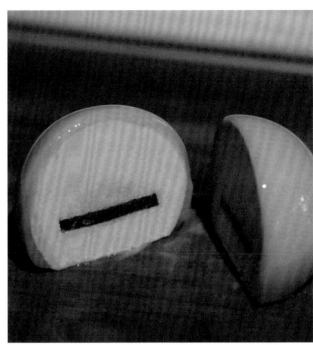

元宇宙生日蛋糕

通过观察中国的生日蛋糕，发现三大痛点：因为配送中容易损坏，所以很难产生全国连锁的生日蛋糕公司；生日庆典氛围的营造差；定制化需求巨大。解决方案是元宇宙蛋糕，通过插件与蛋糕坯分离的方式，结合元宇宙场景虚拟生日的模式，可以赠送虚拟礼物，全球亲朋参与，不受时空限制，可拍照留念。解决配送、生日氛围、完全梦想订制这三大问题。

APP 选择生日蛋糕属性

线上订购

全国配送

客户参与组合蛋糕

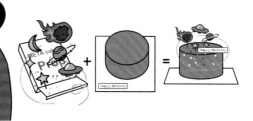

进入生日元宇宙空间

互动体验

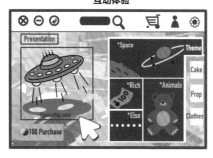

留念和感官体验

与食物设计100的对话

池伟

食物设计在于了解食物的内在属性与文化关系。通过系统性的实验和探索，用设计创造出新的饮食体验。

FD100："你的食物设计方法是什么？"

池伟：食物设计是系统设计，每个元素之间相互关联，又相互催生变化，我们可以从吃的动作入手，也可以从食物的制作加工入手，更可以从品牌入手，它不是工业时代为了提升效率的设计分工。我往往是先确定问题，然后系统考虑人、食物、环境之间的关系，用设计思维解决问题，至于设计的手法和风格会根据不同的项目进行选择。

FD100："对你来说食物设计最令人兴奋的方面是什么？"

池伟：作为一个食物设计师，最令人兴奋的是食物设计和其他设计最大的区别，它不是仅仅用来服务甲方的，因为食物设计是系统设计，因此它是社会创新的引领者，它让我有了更大的空间和舞台去改变这个社会。

FD100："你的可持续发展方法是什么？"

池伟：如果我们只着眼眼前的问题，那么必然损失长久的利益。我在做项目的时候更加重视未来的意义和激发所有人的兴趣去挑战。食物是生命的源泉，食物是民族的划分、阶级的体现，食物是财富，食物是人类走向太空的基础。因此世界上没有比吃饭更重要的事。

Chloé Rutzerveld

克洛伊·鲁策维尔德
食物未来学家

作为食物未来主义者Chloé Rutzerveld质疑、调查设计、生产和消费食物的新方法。她将多学科研究转化为思辨性的未来场景，这些情景显示了新食物技术在社会中有可能存在的形式。她通过原型和交互式装置的体现，使这些"如果"场景变得有形，也让广大观众思考是否接受那些食物的未来。2014年Chloé以优异成绩从埃因霍温理工大学工业设计学院毕业，创办了食物设计工作室。除了自主项目外，Chloé还担任策展人、客座教师、创意顾问，并在国际上举办关于未来食物的讲座。2018年，Chloé出版了她的第一本书 Food Futures How Design and Technologycan Reshapeour Food System（《食品未来——设计和技术如何重塑我们的食品系统》）。2019年她为阿姆斯特丹的NEMO科学博物馆策划了第一个成人展览"Food Tomorrow"，自2020年以来，Chloé是食物馆的馆长。

荷兰 NETHERLANDS

FUTURE FOOD FORMULA
未来食品配方

未来食品配方是一个交互式装置，使用者可以像高科技农民一样，用未来技术来改变自然生长条件，从而设计个性化的未来番茄。通过触摸屏调整配方，可以看到作物的大小、颜色、味道和营养价值的变化，这些都是在当前的科学数据上所做的未来推测。

影响作物生长的不仅仅是光和水；湿度、气流、光谱、二氧化碳浓度和土壤pH值等因素同样重要。事实上，一个生长因子的调整已经可以影响作物的形状、大小、颜色、气味、味道、质地和营养价值。在未来科技生长设施内，每个环境因素都可以单独模拟并在"增长菜单"中直观看到。设计师希望通过这个未来装置验证是否能在实验室创造新一代作物。

IN VITRO ME

在我身外

In Vitro Me 是一种个体生物反应珠宝穿戴装置，它可以生产人类肌肉组织。这个思辨设计项目旨在让人们意识到生产肉类所需的资源。

在胸前佩戴该装置，身体和生物反应器直接联系，热量、营养素、氧气和废物质不断交换，肌肉组织便在装置内生长，并且是可食用的"个体肌肉"。这种自产肉类依靠每个人的血液生长，并根据个人活动水平"训练"，是生活方式的直接体现，人们能看到自己到底是什么，自己身体吃了什么。

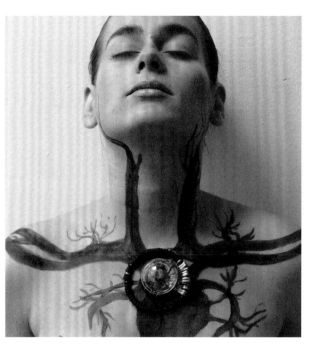
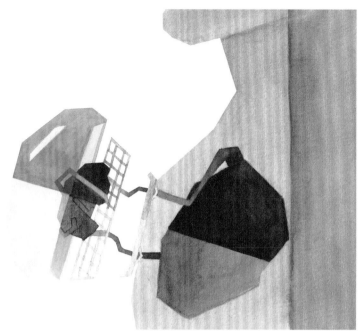

EDIBLE GROWTH
可食用生长

可食用生长是关于添加剂制造技术在食品生产中对潜在应用的批判设计项目。设计结合自然增长、技术和设计，整个过程完全天然、健康和可持续。想象一个完全可食用的"迷你菜园"，里面有酥脆的植物和蘑菇；一个不完整的菜，打印出来后变成了一道丰盛的菜肴。

个性化的3D文件里包含生物基本结构、生物各层组织和可食用生长繁殖地。使用者可在一个可将其重复使用的透明模拟温室中打印出来。将温室放在阳光充足的窗台上，自然光合作用的过程需要三到五天，然后植物和菌类就能达到完全生长。随着成熟，味道和气味强度都会增加，外观也在不断变化。使用者可以根据喜好决定何时收获和食用这些食材。

与食物设计 100 的对话

Chloé Rutzerveld
克洛伊·鲁策维尔德

"通过展望可替代的未来，我们可以从新的角度看待我们吃什么，为什么吃它，以及我们将来可能或不可能吃什么。"

FD100："你的食物设计方法是什么？"

Chloé：我做的大部分项目都源于我对自然和技术的着迷。无论科学或是艺术研究，我想尽可能多地了解那些令我好奇的特定主题，然后我会把它转化为具有思辨性的未来食物场景。通过原型或装置，我想鼓励人们批判性地讨论，让消费者参与讨论，某样东西是否是理想的未来食物。

FD100："对你来说食物设计最令人兴奋的方面是什么？"

Chloé：无论背景、年龄、性别、兴趣或政治派别如何，所有人都必须吃东西才能生存。因此每个人都对食物和食物相关主题有自己的见解。这是非常敏感和个性的，所以食物设计是讨论的绝佳媒介。我喜欢"激怒"人们，举起一面镜子来质疑他们的个人行为和选择，并质疑总体现状。食物设计或未来的食物项目吸引了非常广泛的人们来参与思考和讨论。

FD100："你的可持续发展方法是什么？"

Chloé：我的项目经常涉及可持续性主题，如食物浪费、负责任的消费者行为、植物革命和激进的新食品系统。我希望创造一个更可持续的世界，询问大家什么是可持续性，以及你可以以什么方式做贡献，为自己创造一个更可持续的世界。很多人说他们觉得重要的事情，和他们作为消费者最后所做的选择，往往非常不同。如果想将来继续吃肉，你愿意走多远？你会用自己的身体、细胞与自己的血管系统相连的生物反应器种植肉类吗？过度消费或过度锻炼行为也是一种食物浪费吗？

乌拉圭URUGUAY

Cuchara 工作室

Agustina Vitola & Soledad Corbo

阿古斯蒂娜·维托拉&索莱达·科尔博

Agustina Vitola结合了工业设计和人类学，在乌拉圭建立了食物设计工作室Cuchara。食物设计在乌拉圭并不容易实现，但也因此更有趣。她们用食物的交际、社会和情感属性，设计人与食物的互动，为日益壮大的食品世界创造情感体验和创新的解决方案。她们的作品曾参加FAB FOOD Italy——"ELLE Decor Fab Lab"设计节，她们也被新闻门户网站*El Observador*选为2019年十家最杰出的企业之一，入围当年"EmprendO"奖的决赛。

AUTOCTONARIO
本土食物

乌拉圭的烹饪文化由于历史原因，直到今天社会上还在宣传乌拉圭的美食是白人和欧洲人的，因为这个国家是"由移民建造的"。移民国家的根源不是本土，而是境外。欧洲的东西得到太多的积极评价，这变相降低了本土文化遗产的存在感，本土文化的影响被大大削弱了。今天很少有人知道水果pitanga、arazá、butiá、guayabo的味道、气味、颜色或原始形状。与其他本地物种一样，这些本地水果在市场上缺乏存在感，用它们制成的产品（主要是酒和果酱）也只是在国内范围小规模生产出售。城市发展、单一栽培、森林砍伐导致这些水果和其他原生植被被退化或消失。

Autoctonario是以本地原始食材为主的产品系列，它为这些被遗忘的资源赋予了价值。设计师对本地水果（butiá、arazá、pitanga、mburucuyá、ubajay、guayabo、guabiyú）的历史、用途和特性进行了深入研究，同时也结识了生产者、研究人员和厨师。巧克力是最理想的搭配：巧克力会让任何食物都变得更加美味，是新口味极好的载体。butiá、arazá和guayabo作为内馅被注入了巧克力甜点bonbond，巧克力面上有脱水果肉，这两款新甜品都保留了水果原始的颜色和味道。

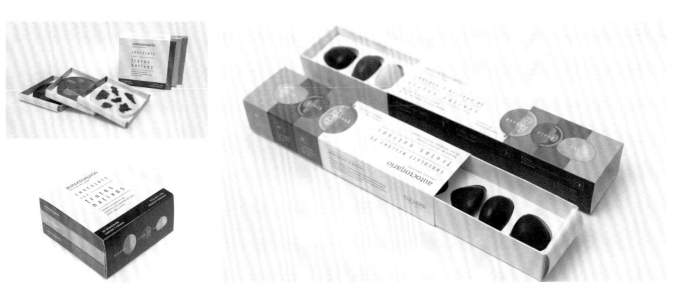

在形状上，设计师提出要有感官体验，并方便运输和存储。形状的灵感来源于"Cerritos De Indios"（3000多个土著人坟墓的遗址，主要分布在乌拉圭东部和巴西最南端），这些水果正是土著们的餐食。来自et.Coetra工作室的包装设计通过图文也同样在传达水果的特性和历史。Malugago在设计的过程中拍摄了一部在当地采访的纪录片，宣传这些水果的历史、烹饪方法和营养价值。

经过两年的产品商业化，许多人第一次接触到了本地水果，并了解了它们的历史。更多的企业使用了这些水果作为原料，激发了农业产量。设计师们希望本地水果只是第一章，以后有更多的野生草药、植物被发掘。设计如何有助于发展本地物种的文化、旅游、生产和商业潜力？Autoctonario是一个成功的案例。

TRAGOS SIN DESPERDICIO
零浪费鸡尾酒

每年，有近1300吨食物被浪费。世界各地都在宣传食物最小化浪费，然而在乌拉圭，这只引起了很少部分人的关注，更没有餐厅或酒吧声称零浪费。因此Cuchara 和 传播工作室Alva决定与位于Montevide市的一家酒吧 Amadeo 合作，将酒吧中的零浪费付诸实践，并开展宣传活动以提高民众的认识。

酒吧餐厨垃圾主要来源于三种经典食材：柠檬皮（柠檬水渣）、橙皮（橙汁渣）和咖啡渣，这些东西以往每天都被丢弃。Amadeo是以鸡尾酒为主打的活力酒吧，年轻客人居多，于是设计挑战被定义为：一组零浪费的鸡尾酒，制备过程中不产生任何剩余，会用到酒吧产生的厨余，并且要符合Amadeo Bar的风格。

橙皮是制作糖浆和冰沙的理想选择；通过焦糖或脱水，切成条的橙皮足够坚硬耐搅拌，而且吃起来也很美味；而被糖浆浸渍的咖啡渣也另有一番风味。

"Tragos Sin Desperdicio"，在西班牙语中意为"零浪费"，这三款新鸡尾酒分别为：

"Chill"莫吉托，是用朗姆酒、废弃的柠檬皮制成的冷冻柠檬冰块和薄荷调制而成。

"Wake Up"味道浓郁，由威士忌和浸渍过橙皮糖浆的咖啡渣制成，盛在优雅的玻璃杯中，点缀糖渍橙皮卷。

"Revolution"是在橙皮冰沙上倒上金巴利。

菜单设计好后，客人可以2x1的模式体验新饮品：点任一种经典饮料柠檬水、橙汁或咖啡，都可以免费得到一杯用它们的余料制作的饮品。在这样的循环下，大量曾经的厨房垃圾被回收和利用了。

这场零浪费新鸡尾酒活动，很快在视频网站上传播开了，影响到了餐饮行业里更多的人。对于酒吧和餐馆来说，减少浪费是一个潜在的机会，不仅可以节省成本和保护环境，还可以给消费者新的体验，推动团队更具创造力。

EXPERIENCIA CIRCADIANA
昼夜节律体验

新冠病毒大流行让全球陷入前所未有的危机中，也解构了我们的工作、交流，甚至是吃饭、休息的方式，深刻影响着我们的情绪和身体健康。我们在屏幕上停留的时间多了，阳光下的运动少了，户外休闲的时间短了，吃饭越来越频繁。全世界患有失眠障碍的人增多，更多的人处在焦虑恐惧和压力中。在家工作学习时，我们的作息时间都会有所改变，生物钟不平衡，影响了我们昼夜节律并造成睡眠障碍。Cuchara工作室于是设计了一个家庭体验，让人们在被限制出门的条件下，调节活动和休息的节奏，增加幸福感。

乌拉圭生物科学学院(Udelar)时间生物学研究小组的科学家们表示，光明与黑暗的节奏就像行星的旋转一样古老，所有的生物都依照着自然周期调整身体循环，所以我们应该尊重身体的时钟。设计的重点是改善休息，让我们重新回到"时间"上。"昼夜饮食仪式"，包含两部分食物、饮料以及激发感官体验的物品，分别在醒来时享用以及在睡前享用。

"Good Morning早安"：这是一天活力和能量的开始，伴随着充满活力的音乐，薄荷和橙子香皂唤醒人们在浴室中的感官和肢体；随后慢慢饮用一杯可可、椰子汁或香草红茶，补充水分并延迟我们与互联网社交网络的接触；最后笔记本可以用来记下当天的目标和新想法。富含色氨酸的天然食物有助于释放荷尔蒙，促进夜间休息。因此黑巧克力、花生酱、甜菜都是不错的选择，在窗户旁或花园里食用，能让自然光激活褪黑激素。

"Good Night晚安"：尽早吃一顿清淡而均衡的晚餐，避免刺激性食物或饮料。水果脆片的颜色、质地、香气，以及咀嚼时的声音是一种可食用的冥想。结束一天的活动后享用一杯舒缓身心的薰衣草洋甘菊茶，配合平静的音乐。这时候应该关闭移动设备了，因为屏幕发出的光会影响睡眠质量。在另一个笔记本上写下日记、接纳自我、消除忧虑。将薰衣草、迷迭香和柠檬精油涂抹在床单、枕头上，在手腕上喷上精油喷雾，然后安心入眠。

这套茶饮、笔记本、香氛和音乐的组合，使人们精力充沛和放松，在一天内体验两种对立又互补的仪式，让生物钟贴近光明与黑暗。

与食物设计 100 的对话

Cuchara 工作室

"我们的价值观是健康、可持续性和教育，社会和环境需要新的饮食方式。我们想成为这一变化的代言人！"

FD100："你的食物设计方法是什么？"

Cuchara：食物设计是一个交叉学科，它质疑、解构、重新解释着我们的饮食方式，改善着我们与食物、环境和他人的关系。我们的设计方法有创造性但也很务实！在保持理想主义的同时，我们将这些想法具体化，着手于眼前可行的、可接近的命题，解决与食物相关的真实问题，而非理论化的、抽象的或未来主义的。对抽象命题深刻理解后产出具体的问题，是达成有意义的、创新的、持久的和可持续的解决方案的唯一途径。食物设计的成功取决于社会、国家、环境和市场的共同影响，以及行业、机构、公共服务、餐厅、消费者们的重视。当然，结果只有在我们实现之后才能知晓。

FD100："对你来说食物设计最令人兴奋的方面是什么？"

Cuchara：食物设计有很多"超能力"！让我们更容易发现新的机会。在深入调查一个问题后，我们能从整体和跨学科的角度找到复杂的相互关联，并且深度共情。构思、体验、测试、实践，这是具体的、全新的、全面的方案思路，可以用以设计儿童健康零食，便于阅读理解的营养标签，或者用以思辨的装置。

FD100："你的可持续发展方法是什么？"

Cuchara：可持续性是每个项目的DNA，好的解决方案应该是可持续的。我们相信食物设计本身就是可持续的，并且在持续传播着这个理念。我们将重点放在零食物浪费和零塑料使用上，调查废弃的果皮、水果和蔬菜的替代用途，以及其他可再利用的废弃材料；也喜欢在没有任何一次性塑料的情况下设计美食活动，想出一些有趣的替代品。我们还关注着生物多样性和本土物种，希望通过传播知识，发挥本土物种的价值，让所有当地生产者受益，同时保护原始森林和乡村。

中国 CHINA

豆否设计工作室

tofoodesign

徐溪婧 & 刘悦

豆否设计工作室 tofoodesign 由刘悦和徐溪婧两位产品设计师共同创立于 2016 年。她们从亚洲饮食文化背景下的味觉角度来揣度世界饮食文化并自我反思，寻找不同传统和感觉的融合所产生的文化或情感火花。她们关注围绕各种食物发生的故事——由何人、在何处、以何种方式被制造，将其解构并以全新的体验形式融入当代生活语境，寻找新的交互方式，构建更别致的饮食环境，通过味觉拉近人与人、人与物的距离，给人们提供关于食物的新的可能性与反思，以及思考食物在我们生活中新的意义。其代表作品《豆腐花》和《漫游者》在 2016~2019 年曾多次参加国内外展会（如米兰设计周、科隆国际家具展览会、日本青年设计日以及食设春秋食物设计展览等）以及被诸多媒体平台发表（如《安邸AD》等）；其代表作品《括弧里的面》曾于 2020 年荣获 DIA 中国设计智造佳作奖，并参展顺德华侨城国际食物设计节；其作品 *kidzzaiolo* 于 2021 年荣获 DESITA 披萨体验大奖。

TOFUDRINK
豆腐花

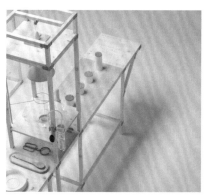

豆腐花以当代视角重新诠释了中国传统豆腐的制作过程——其整个流程被有意地调整、简化，并布置成了一场"食物秀"。整套装置通过新颖玩乐的方式将饮品的筹备过程融入完整的服务体系，并将文化与多感官体验以"非传统"的方式结合了起来。为了配合"食物秀"的小规模尺度，传统器具被更直观的工具所取代，这样的尺度与设计使参与者通过简单的互动实时观看并享受豆花饮品从黄豆到成品的整个制作流程。木材、玻璃、棉麻等整套装置对材料的选择奠定了豆花饮所呈现的自然属性，同时也符合设计师的目的：通过设计让人保持与文化生态的联系，并在此维度下享受饮食之乐。

WANDERER
漫游者

不同于工业生产制造出的酸奶，自然发酵而成的酸奶可以作为菌种（starter）被用于新一轮的发酵活动。设计师在寻找世界各地各种不同酸奶的过程中，见识到了民间智慧延伸出的各种"菌种容器"：棉花、纸巾，甚至织物。这些菌种保存方式的转换既打破了时间与空间的界限，也是对于菌种生命力与生存空间的延伸。以此为灵感，设计师将可供新一轮发酵使用的酸奶以一定的形态涂抹在布料上，这些形态将酸奶中所包含的微生物可视化，而被分割成小方块的布料作为衡量菌种容器的单位，可以被方便剪下并可以被用于制作一份新的酸奶。

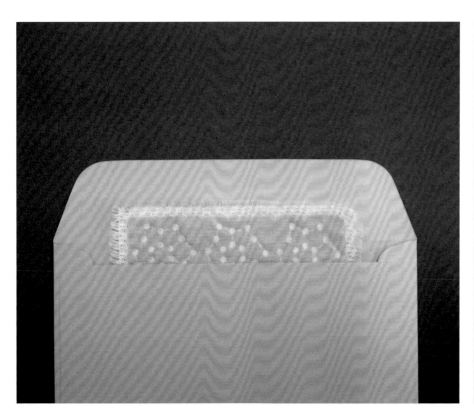

PASTRA TRA PARENTESI
括弧里的面

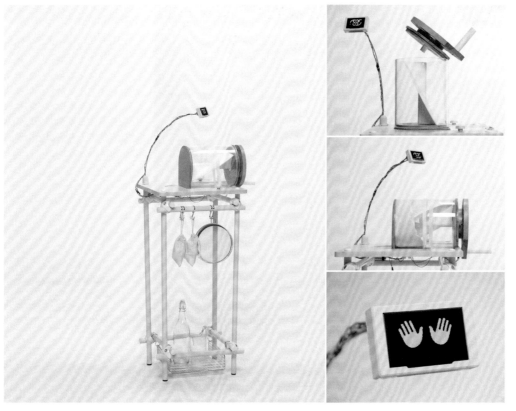

括弧里的面是一套多感官互动装置，分为四个模块（和面—成型—煮面—调味），向使用者展示了一种结合中意面条文化的制作与食用新鲜面条的新的方法与诠释。该装置实现了文化与情感上的多个目标：它强调了传统工艺的价值、手作的仪式感以及在跨文化与慢食的社会语境下用心准备一盘餐食的社会意义，同时也充分利用了烹饪过程中产生的直接感官愉悦。这件作品旨在向人们传达一种讯息：一次"好"的烹饪，是"好"的饮食的重要组成部分，而这两项活动定将引导人们去往更美好的生活。

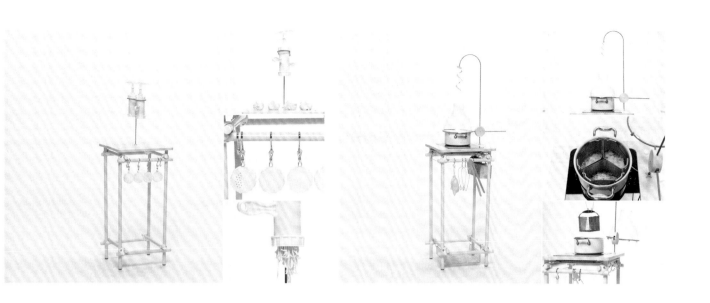

与食物设计 100 的对话

豆否设计工作室

"以亚洲饮食文化背景下的味觉角度来揣度世界饮食文化并自我反思,以创造新的项目,寻找不同传统和感觉的融合所产生的文化或情感火花。我们关注围绕各种食物发生的故事——由何人、在何处、以何种方式被制造,我们通过多感官项目解构并整合这些问题,以全新的体验形式融入当代生活语境,寻找新的交互方式,构建更别致的饮食环境。我们希望通过味觉拉近人与人、人与物的距离,给人们提供关于食物的新的可能性与反思,以及思考食物在我们生活中意义的新方法。"

FD100:"你的食物设计方法是什么?"

豆否: 作为连接柏林和米兰的两位中国设计师,遥远的距离让我们对食物设计世界有了更宽广的视野。为了创造新的项目,我们总是从亚洲饮食文化背景下的味觉角度来揣度世界饮食文化并自我反思,寻找不同传统和感觉的融合所产生的文化或情感火花。我们专注于所有与食物有关的故事:食物由谁制作?食物是在哪里和如何被制作的?食物如何能以令人满意的方式成为每个人不同生活方式的一部分?在哪里以及如何能够重新发现吃与喝的行为?如何以新的方式与他人分享这种快乐?我们通过多感官项目来解构并整合这些问题,试图给人们提供关于食物的新的可能性与反思,以及思考食物在我们生活中新的意义。根据当下生活的语境,我们构建了更别致的饮食环境,以新的体验形式和情感方式将人们与食物和他人联系起来。

FD100: "对你来说食物设计最令人兴奋的方面是什么?"

豆否: 有的设计师通过整合最先进的技术来畅想未来的饮食场景;有的设计师试图优化食品行业内的供应链或食品包装,来质疑肉类消费或肉类行业背后的道德;有的设计师重新诠释饮食行为,进而打破传统的"餐桌礼仪";还有的设计师建立一个社区,在餐桌上引发对话……食物设计可以被解读为许多不同的层次。特别是在疫情期间,"食物设计"的核心是"打破界限,共同协作"。这种协同设计不仅是食物系统中不同角色、背景之间的合作,也是我们的过去、现在与未来之间的合作。这也是饮食文化需要被重新诠释的地方,我们一直在朝这个方向不断努力,因为任何形式的合作都是基于文化理解。在这个愿景的基础上,我们便可以相互支持,实现新的目标与新的愿景,进而提高生活与精神健康的质量,并不断优化作为这个巨大的生态系统的一部分,在我们共同的星球上保持和谐的生活方式。

FD100:"你的可持续发展方法是什么?"

豆否: 可持续发展的任何结果都将引导我们进入一种新的文化语境,作为食物设计师,我们把它定义为一种新的饮食文化。此外,饮食文化说到底是关于食物的选择,而食物的选择最终会引导我们的生活方式。在食物设计领域中,一个经常容易被忽视的领域是"食品文化遗产及其传播"。因为市场的影响,大多数人都在追求新事物与新趋势,我们逐渐失去了与我们自身以及我们饮食文化本源的联系。所有与食物有关的事物都在曾经的某个时刻被人创造,我们同时也在不断创造新的故事,这些故事最终都将成为未来的"历史"。实际上,我们所做的一切都是为了维持这条历史长河的流动,使它永保鲜活。我们称这样的未来为一种"未来的传统"。

Elsa Yranzo
艾尔莎·伊兰佐
Creative Food 工作室

Elsa Yranzo 是在线艺术与设计食品学院 The Art & Design Food Academy 的创始人，并在巴塞罗那的各大学里教授和推广食物设计学科。设计、策划和食物相关的艺术项目，她为了探讨更全面、横向、多学科和更具思辨性的食物艺术和食物设计的学习方法，曾为 Carolina Herrera、Bombay Sapphire、Volskwaguen、Macallan 等品牌做咨询服务。

西班牙 SPAIN

IN THE BAUHAUS KITCHEN
在包豪斯厨房

活动灵感取材于 Nicholas Fox Weber 在《包豪斯厨房》中的文章，通过研究和重新诠释包豪斯式日常饮食文化与设计之间的关系，来庆祝包豪斯百年诞辰。活动中 60 位创意人士在一场创意戏剧、感官体验、视觉盛宴中探索艺术、设计和美食的交织。

项目由 Elsa Yranzo 和 Sebastian Alberdi 策划，汇集了来自巴塞罗那创意领域的最强专业人士，包括美食、产品设计、工艺、诗歌、电影、雕塑、平面设计、摄影、风格、音乐等方向，目标是打造独特的美食和艺术体验，庆祝包豪斯百年诞辰，将魏玛标志性学校的精神和价值观带回今天。场地在 Mies Van Der Rohe（第三代包豪斯指导）设计的 1929 年世博会巴塞罗那馆，由 Josef & Anni Albers 基金会赞助。

设计师从文章中提取了代表美食原料、专业材料和包豪斯价值观的关键词，交由不同的工作组根据关键词发散构思设计一场独特的晚宴体验。晚宴分为不同的主题餐桌，每个主题邀请 18 位来自不同领域的客人，将他们带入充满情感和惊喜的三个小时的食物之旅。

这是一次深入包豪斯概念本质的活动。整个过程和戏剧表演都由电影导演Joan Simó拍摄制作成了一部纪录片：In The Bauhaus Kitchen. The Documentary.

THE IMPERFECT BEAUTY
不完美的美

当下我们的审美标准往往会造成食物的浪费。The Imperfect Beauty 是一系列讲座、展览、出版物和餐会的主题。Elsa Yranzo希望由此激发人们的共同情感，提高人们对回收物品和不完美的物品的认识并重新思考消费的习惯。一些小的行为日积月累就能够引起变化。"不完美的美"不仅关于食物，也关于我们周围的一切，包括自己。人们在所谓的"不完美"中反思和辩论：美是否存在？为什么我们认为它是不完美的？

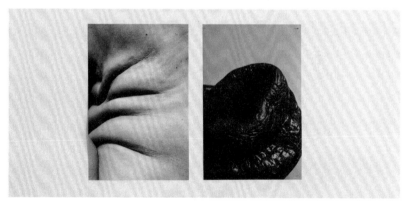

活动中人们深入探讨了我们对自己的看法，以及在社会上、在广告里、在电影里、在街道上，那些传统的、严格的审美标准。我们专注于皮肤，因为它是保护器官，但皮肤也是讲述人生故事的画布。在广泛的认知里，美仅限于很短的时间，仅仅在我们年轻的时候，并且仅限于非常具体的特征。但是真的必须如此吗？皮肤不断变化的质地讲述着我们的经历、失败和胜利，让我们不断地进化和成熟。是否可以用"传统的丑陋"来证明美？时间塑造着我们的身体，赋予我们个性和智慧。每一个传统规则中的不完美，都是使我们独一无二的特征，因此它是美的。

La Imperfecta Belleza 是 Elsa Yranzo 、建筑师和平面设计师 Marina Senabre 共同发起的一项倡议，也归功于有共同观点和情感的人们。在一场专题演讲展览中，蔬菜和人身上的那些明显的纹理、裂缝、凹洞和污渍，被以精致的美学方式呈现着。参与者通过观察、触摸、品尝、体验那些照片、影像、不完美的蔬菜和互动装置，在沉浸的氛围里发现了曾经无法欣赏的美。

WATER BAR BY GROHE
未来水吧

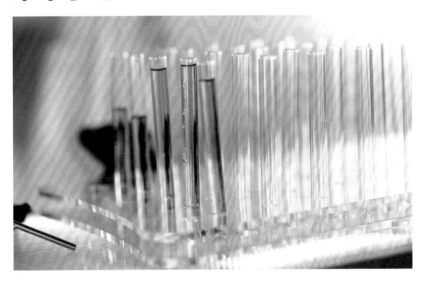

Water Bar 是 Elsa Yranzo 为 Grohe 公司设计的创新家用水控制系统，一个代表水制造实验室的艺术装置，向人们展示着水的价值，并呈现出了一个"反乌托邦"的未来——水将稀缺，只有人工制造才能获得。

整个装置里的灯、桌子、架子、衣柜等与美食建议都与水的概念有关，并且都是在假设水资源短缺的情景下进行概念化。尽管当今世界存在着地缘政治和文化差异，但水资源问题将全人类团结在了一起：如果气候变化导致水资源越来越稀缺，我们将如何养活不断增长的世界人口？

很多领域的专家都在研究如何增加湖泊、含水层和河流的灌溉水源。然而我们应该停止思考废水的问题，讨论一种新的资源，将循环经济标准纳入整体闭环。根据每个国家的规定，我们可以收集和淡化雾或云，或"播种云"——将包含碘化银的物质燃烧到大气中，帮助云内形成水凝结。解决方案涉及政府和公民，但首先需要做的是供需平衡。不是寻求新资源，而是减少需求并改变水免费的文化观念。Elsa希望Water Bar能唤起人们对水的新观念，通过"水"这个有限且无价的资源，提高公众意识。

与食物设计 100 的对话

Elsa Yranzo
艾尔莎 · 伊兰佐

"通过设计、艺术的美，激励人们反思与食物的联系，创建更公平的可持续的生态系统。"

FD100："你的食物设计方法是什么？"

Elsa： 食物设计是一门横向的、整体的、跨学科的学科，它旨在改善我们与食物的关系，包含与食物有关的各个方面。从起源到吃的时刻、再到厨余废物的再利用。食物的营养不仅是我们新陈代谢的能量来源和健康的保证，也对社会、文化、政治和环境有巨大的影响。我们必须面临人口过剩、气候变化、自然资源短缺、粮食供应过剩、粮食生产等挑战。食物设计要求我们用新的材料、规则、经验来设计新的未来、新的社会和新的生态系统。

FD100："对你来说食物设计最令人兴奋的方面是什么？"

Elsa： 设计师通过设计食物创造新的范式，来为社会问题提供新思路！

FD100："你的可持续发展方法是什么？"

Elsa： 现在我们比以往任何时候都需要用知识、设计、艺术和创新来发展可持续的食物的未来！而食物本身就是解决社会和地球未来挑战的有力工具。

法国 France

Enora Lalet
埃诺拉·拉莱
食物艺术家

Enora Lalet 是一位法国美食视觉艺术家。口味带着她旅行，旅行是她工作的重要组成部分。她的童年在印度尼西亚度过，因此作品中常会出现文化的交融。 在获得艺术硕士学位和人类学学位后，2010 年，Enora 在法国波尔多举办了第一个个展，介绍了她的一系列食物装饰品 Portraits Cuisinés。她曾参与创作儿童烹饪书籍，还参加了法国、克罗地亚和芬兰的美食艺术节。在 Institut Français & Alliance Française 的支持下建造了国际艺术住宅，让传统、身体和美食在鲜活的画面中交织在了一起。

FOOD PORTRAITS
食物肖像

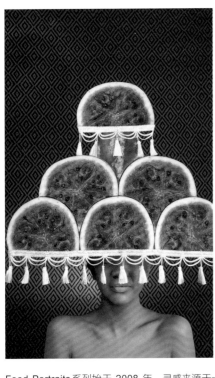

Food Portraits 系列始于 2008 年，灵感来源于一个脸上涂着番茄酱的亚洲人的肖像。这个有趣的过程让 Enora 开始探索几种法国料理和食物质地、颜色与形状，后来她到世界各地发展这个项目。Tata Boga 系列是 2017 年 Enora 在印度尼西亚万隆进行的标志性项目，摄影师 Matthias Lothy 将短暂的瞬间藏进宏伟的叙事中。他们在 2 个月内用来自爪哇岛的传统和现代食物共同创作了 17 幅形状各异的人物肖像，这些模特都是当地人。作品在 IF1 Bandung 的支持下，在 Selasar Sunaryo 画廊举办了一场大型个展。之后，Enora 受卡塔赫纳市的法语联盟邀请在世界各地其他的文化中继续该系列创作，2017 年在哥伦比亚的 Sabroso 系列，2019 年在印度的 Totka 系列。Enora 用流行符号颂扬食物和地球，提出思考：我们是由我们吃的东西来代表体现的吗？她的绝佳肖像摄影，颜色和光彩，随意变化的精致组成元素，诱捕和关联住了观者的每一寸感官。

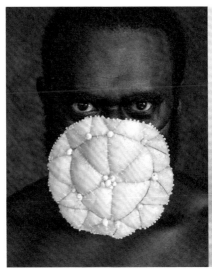

EDIBLE INSTALLATION
吃的装置

Enora Lalet 制作的可食用的装置，表现在特异场景中的身体，将观众纳入艺术作品中。2016 年在 New Caledonia 的悬挂式自助餐上，邀请人们品尝由可丽饼制成的"餐巾纸"，配料悬挂在上方。餐桌的空间变成了一幅"全画"，Pollock 的艺术品和食客仿佛回到了用手吃饭的孩童时代。这个主题也在不同场景中呈现，例如，在 2019 年 Organo 艺术节展览期间，手臂或面孔出现在食物丛林中；为 2018 年波尔多美食俱乐部的可丽饼设计了图案。这些不同的文化标志和"艺术生活"融为一体，艺术家 Enora 作为人类学家，探索不同国家观众的反应。

然而，在艺术家的个人解读和食材表象形式之后，这些照片也充满了对性别印象、身份特征、营养危机以及当下社会环境的影射探讨。而这些解密信息或许也隐藏着略带不安的社会焦虑感。

VANISH CREATURE
看不见的生物

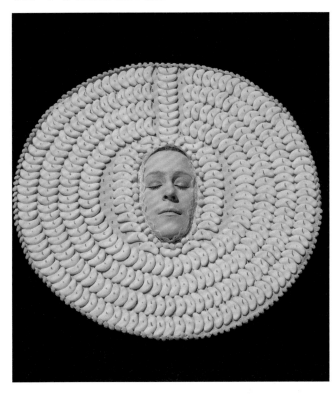

表演者穿着生物套装在街上向公众赠送甜蜜的礼物，头部结构被各种糖果覆盖，脸部涂着颜色，身体像一只行动缓慢的动物一样移动。这个移动食物装置，反映了人们的社会面具和肤浅的表象。通过吃赠品，感受自己的外在部分在逐渐褪去。这个表演曾在 2018 年至 2019 年的法国南部 Hoop Festival 艺术节、克罗地亚 Le Petit 音乐节、芬兰 Hanko 音乐节以及瑞典 Candyland 开幕画廊展出。

与食物设计 100 的对话

Enora Lalet
埃诺拉·拉莱

"我将观众带入一个受魔法和传说启发的，用身体和食物筑成的世界：一个充满情感、矛盾和关于人类社会的启示的世界。多媒体的高饱和色彩非常吸引观众，这是一个令人不安的二元世界，怪诞的美丽和幻想与现实形成鲜明对比。观众处于两者之间，处于我们文化规范的微妙边缘。这种奇特的审美让人们远离了因教育、文化或社会地位所产生的判断，走出了自己的舒适区，回到了童年的幻想中。"

FD100："你的食物设计方法是什么？"

Enora：我时常自我反思，人类的部落美学、代码、身份及性别被食物与身体的体验所美化和破坏。我们从小就学习识别、区分和挑选食物，也许蓝色不能吃，也许黏糊糊的质地很恶心，这是基于文化背景的个人解读。比如大多数印尼人讨厌奶酪，说它闻起来像霉菌。而我小时候觉得榴莲的味道很可怕。很久之后，我才明白榴莲就像印尼的奶酪。我的食物设计方法是将人们的注意力转移到他们自己的判断上，创造远离社会和固有文化的世界。

FD100："对你来说食物设计最令人兴奋的方面是什么？"

Enora：我的作品探讨美食和文化，这是每天都触及我们所有感官的。我们在一种文化中长大，学会了如何吃东西，判断自己以及其他人的食物。我对食物的信仰和禁忌感兴趣，也对神话和传说感兴趣，因为这个话题充满了符号语言，每每激发我的灵感。我曾经在不同文化中探索有趣的食物外观，最令人兴奋的是将人们带入一个他们从未想象过的世界，那里由各种食物的质地、颜色引导，由每个人的喜好、信仰驱动感官去发现。

FD100："你的可持续发展方法是什么？"

Enora：我改变食物的功能，把它变成装饰品。脸变成盘子或画布，食物变成我的画，没有用后期处理照片效果。小时候我的母亲总说，"不要玩食物"。现在我总是在可能的情况下吃掉完成艺术展示后的食物。我的作品曾经使用水果或蔬菜皮，团队后来用这些材料制成了面膜。我对食物问题特别敏感，我已经吃素 17 年了，很少扔食物。我相信"我们就是我们吃的东西"，食物会改变我们的内心、思想、精神和生命能量。

Escaparatech 工作室

Angel Galán&Santiago Lizón
安吉拉·加兰&圣地亚哥·利松

Escaparatech 工作室是用户体验设计、批判性设计和食物设计专家，致力于将音乐、艺术、社会和技术之间未被探索的连接，与食物和其他物体建立新的多感官关系；同时设计互动美食体验，提出与食物互动的新方法以及游戏化互动和体验。将技术整合到环境中，让技术不再被视为自然环境的侵入者。他们的作品集 Escaparatech Food Design Showcase 入选了2019年马德里设计周，他们也是2016年Big Food Awards 设计比赛获奖者。

西班牙 SPAIN

JAMONCELLO
火腿 "大提琴"

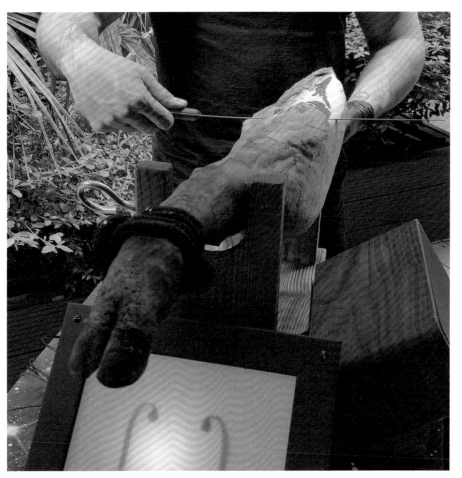

Jamoncello 是一个具有诗意的原创厨房乐器，用它切火腿就像演奏大提琴。

利用食物的传导性，Jamoncello 每次刀刃落到火腿上，就会关闭一个电路，并触发一组连续的大提琴旋律。前面的灯箱也会发出不同明度的光与音乐同步。这是一个重要的细节，观众因此更容易理解，是刀具的动作触发的音乐，而不是排练好的表演。技术模组藏在盒子里，包含传感器、微型处理器和发声装置。

西班牙在养猪和制作火腿方面有悠久的历史。传统的西班牙火腿是西班牙最具象征意义和最引人注目的美食之一。一条腌制好的火腿只需保存在室温下，不用煮熟就可以生吃，非常禁得起长久保存后食用。而切火腿本身就是一门艺术，也是火腿体验的一部分。

用刀切火腿的动作和大提琴弓擦过琴弦有种自然的隐喻和联动。大提琴是具有戏剧性和深度的乐器，而生产出的优质火腿也是值得致敬的。大提琴演奏让火腿消费者有了一个全新的体验。

Jamoncello是设计团队在2016年Big Food Awards大奖赛得奖作品美食体验设计的一部分。在这场美食体验中，人们的视觉、听觉、嗅觉、味觉、触觉都受到了积极的刺激，"如果我们考虑到幽默，那就是第六种感官。"Angel说道。Jamoncello无疑是主角，而除了切火腿大提琴演奏之外，客人还体验了另一个有趣的装置。当客人想要取火腿搭配的香料时，容器盖子被碰到会发出光、声音和香气。

Jamoncello "大提琴"是力量和精细的融合，极简但有力。也是Escaparatech最具代表性的作品之一。

GASTRONOMY "0 "GRAVITY
零重力美食

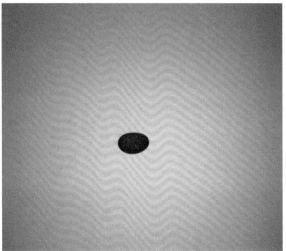

你能想象吃飘浮着的液体和小球吗？

Escaparatech设计了一个思辨设计美食体验，将科学和游戏结合在一起，探讨在零重力的状态下液体的消耗。这是我们在外出旅行或访问空间时要面临的问题，设计师试图将科幻小说所预测的技术变成现实。气候变化问题是不可避免的，我们试图用科学和技术手段减少人类活动产生的影响，从而尽可能长地推迟灾难的发生。

想象现在人类已经征服了太空准备离开地球，这看起来颇有未来主义美学，由色彩鲜艳的合成材料与天然木材结合在一起的杠杆器，是在太空中液体的计量工具。中间的背光不仅可以准确地看到消耗的水滴，也能看到统计的数字。技术原理来源于超声波，超声波可以让液体和悬浮的小物体悬在空气中。位于悬浮物体的顶部和底部的压电扬声器阵列同步产生超声波，然后在结构的中心产生一个声共振通道，在那里可以放置悬浮物和通过吸管飘浮在空气中的液滴。这部分技术模组被隐藏在背景中，设计师希望用一个看起来友好的物体来强化这种神奇的体验。

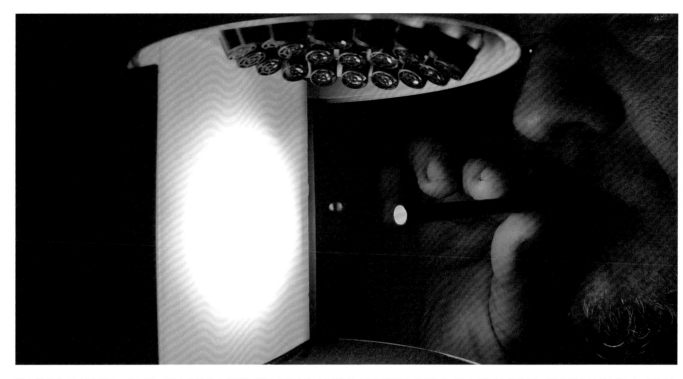

这个设计作品也提供了一个思路，游戏化的饮食体验可以让人们在聚会时跨越人际界限并加强联系。这个悬浮液体装置可以应用在展示红酒时，悬浮在空中的一滴红酒是红酒诗意的表达。

STEP WINE STEP
每一步，红酒

如何拥有一杯红酒？Step Wine Step 将生产一杯红酒的过程带到了消费的那一刻，让人们感受一件产品背后的努力。

这是一个模拟红酒制作过程中踩葡萄的装置。葡萄被挤压出汁发酵后才能成为红酒的原料，小规模家庭酒庄中依然保留着这种做法，然而现代工业生产已经取消了大部分体力劳动。虽然现代工厂能精确控制压力，并保证出品红酒的发酵老化程度，但踩葡萄，不仅是酿酒的一个过程，也是标记在日历上的庆祝丰收的节日，有着源远流长的历史，从古埃及、古希腊、古罗马一直沿用到19世纪晚期工业转型。几千年来，酒庄都是人们快乐生活、快乐社交的空间，酒庄也是一个城镇的象征。

踩葡萄是个费体力的艰巨任务，但人们发现如果脚步跟着音乐节奏，就会轻松高效很多。后来踩葡萄便成为了一种舞蹈，让人们在工作中也会有聚会的快乐。

装置的主要组成部分是健身设备中常见的踏步台阶。人们踩在上边，每一步都会激活传感器，一条灯带随着脚步频率逐渐发光，葡萄酒在踩踏的压力下顺着管子流动，最后紫色的灯光和葡萄酒同时到达装着水龙头的红酒存储箱。这个过程中如果停止踩踏，灯光和红酒都会往回退，继续的话才会再次向前移动。

红酒箱的材料采用木质，是向传统酒庄美学的致敬。此外 Step Wine Step 也让三脚架、黄铜水龙头这些老物件焕发了新生。

与食物设计 100 的对话

Escaparatech 工作室

"美食是一种艺术、创造力和创新的表达方式，以及文化和身份认同。"

FD100："你的食物设计方法是什么？"

Escaparatech: 食物设计是一门全球性的和多领域协作的学科。文化定义了我们的饮食方式，我们的饮食也构成了一个社会。食物设计影响着我们所有人，它既可以让我们保持传统，也是改变和引发人们重视问题的有力工具。食物设计师应该致力于创造令人难忘的体验，以一种积极的方式将人与食物联系起来。

FD100："对你来说食物设计最令人兴奋的方面是什么？"

Escaparatech: 食物设计是唯一所有感官都能积极参与的学科，我们很享受在食物设计的过程中，探索与食物连接的新方式，其他学科与食物的联系，以及如何在美食体验中增强感知。

FD100："你的可持续发展方法是什么？"

Escaparatech: 我们在行动中产生批判性思维，通过强大的协作网络致力于发展当地的有机食材，以及使用的木材、植物等天然材料，同时也在传播背后的历史故事。

范纯
热浪设计创新

范纯，著名工业设计师，热浪设计创新集团公司联合创始人，拥有超过二十年的创新设计项目经验，用设计思维创造新产品、新品牌。带领团队为摩托罗拉、美国GE、贝尔金、伊莱克斯、农夫山泉、伊利、统一、君乐宝、美的、中兴通讯、苏泊尔等国内外知名企业提供服务。他被评为文化部中国百强青年设计师，荣获光华龙腾十佳设计师提名奖，是FBIF国际评委、浙江省十佳工业设计师、杭州工业设计十大精英人物。任中国工业设计协会理事、浙江省工业设计协会理事、杭州工业设计协会理事。还曾获得包括德国红点奖、IF设计奖、成功设计奖、中国红星奖等国内外诸多顶级大奖。

中国 CHINA

农夫山泉婴儿水

设计师范纯在2014年参与了农夫山泉系列瓶装水的新品策略与设计，并与国际设计团队共同获得国内外诸多包装设计大奖，成功地用工业设计创新能力推动了食品工业的创新。

这款农夫山泉新定义的婴幼儿用水，填补了国内的市场空白。硬朗的形态、简洁透明的贴标诠释了优良的产品水质及灌装工艺。精挑细选、无毒无味的PET材料被做成硬朗的形态，挑战了高超的吹瓶工艺，同时克服了1升瓶子放在桌上容易翻倒的难题。

瓶身的设计十分人性化，从人机工程学角度构思强调产品的用户体验。在瓶型设计中加入了符合人机的抓手特征，并区分了"饮用者"和"使用者"。考虑到不同手的大小，设计师设计了特有的瓶身凹槽，可以握大的凸侧，也可以握小的凹侧，方便所有人单手轻松握住产品。如此体贴细致的设计，才让这小小一瓶水成为走心且经典的设计。

孵化品牌"空刻"

设计师范纯于 2019 年创立新食品消费品牌"空刻",迅速在细分行业中做到头部意面品牌。2020 年他继续创立了热麦品牌管理公司,不仅用工业设计的创新思维在食品工业中进行"产品"与"设计"的实践,更是在"品牌化"方面初步取得了成效。

空刻意面作为将意大利面方便化、普适化的品类开创者,首创一人份小彩盒,配齐所有制作意大利面所需食材及配料,立志向用户提供轻松简单但质优的西餐体验。空刻意面自创立,贯彻着"在家轻松做餐厅级意面"的初心,将地道意大利面轻松搬进千万家庭场景中。

空刻希望大家即使再疲惫也要好好吃饭,"烛光意面"速食系列,搭配独特的料包,开创了意面吃法新纪元。它使准备意面所需要的烦琐程序更为简化,且仍能满足大家对西式美食的需求。未来空刻将会继续保持匠心精神,研发出更多的西式美味,做每个人生活中的"小幸福"。

"蓝色烟囱" 美食生活

2020年，范纯把目光投向了倡导健康、多元化生活方式的人群。于是，以"让胃先环游世界吧"为理念的西式场景化饮食品牌"蓝色烟囱"应运而生，这是热浪在食品领域的新突破。"蓝色烟囱"并不局限于速食成人意面，而是在严密的产品矩阵布局下，陆续研发了针对母婴及减脂人群的mini系列意面、控糖人群的燕麦轻乳、原切牛排以及缩饮咖啡等产品。

蓝色烟囱意面包装盒的设计灵感来源于"烟囱"，从侧面看是一个三角形，用最稳定的三角形表达蓝色烟囱的可靠品质。包装上一面使用了品牌的海洋蓝，增加了优雅的感觉，而白色的一面，蓝色烟囱把意面设计成线条，放到包装上，使包装更贴合产品。打开后的菱形窗口恰好展示了酱包的设计。同时，包装盒使用了100%可回收的材料，为环保事业做出了微薄贡献。包装盒由一张纸板折叠而成，可以灵活地在一张纸与一个盒子中切换，这种特殊的设计让包装盒可以实现平面化的运输，节省了大量的运输成本。同时，消费者在打开盒子时，这种盒子变纸板的特殊体验也更有趣、更惊喜。三角折叠结构将所有酱包都收纳其中。此外，在吃意面的时候，重归平面化的包装还可以当餐垫使用，为消费者提供干净、清洁、舒适的吃饭环境。

范纯希望为大家带去健康、便捷、精致、多元化的产品体验，而后续的市场反馈也给予了他很大的信心：蓝色烟囱首批成人意面上线三个月，两次进入超头部主播直播间，并位居速食意面品类第二名。产品设计上也有了新的突破：蓝色烟囱的独特蓝色屋顶屋檐设计，既注重美观、独特，也看重设计的环保高效，荣获IF设计奖、红点奖、IDEA奖三大国际设计奖。

与食物设计 100 的对话

范纯

"坚持设计思维驱动创新，在不同领域的创新中，我始终坚持'真、善、美'的价值观，每天都在推动自己，不断创造更优用户体验的产品、更有利于社会和环境发展的产品。没有人是一座孤岛，我为我的信念努力的过程中，也是在为人类更美好的生活而努力。"

FD100："你的食物设计方法是什么？"

范纯： 我从手机设计到家电产品设计，再延伸到食物设计的过程当中，"跨界"不跨"心界"，始终不变的是运用设计思维、研究用户体验做设计。每个案例，我都会深入分析食用场景、售卖方式；在设计产品形态、口味、包装上也在投入精力钻研。

FD100："对你来说食物设计最令人兴奋的方面是什么？"

范纯： 在细分领域创造新的产品，这是最令我激动的事。例如在瓶装饮用水领域，我们在深挖用户需求后，帮助农夫山泉开创了婴儿饮用水这个新品类；在意大利面领域，我们升级了用户体验，把酱料包和面及小调料包全部搭配好，让用户享受"极简下厨体验"，开创了这个类目的新品。在咖啡领域，我们用氮气压缩灌装的工艺，开创了浓缩液咖啡领域的全新产品"缩饮"咖啡，购买一罐可以制作12杯咖啡的缩饮咖啡，便捷性和自由度都被大大提升。

FD100："你的可持续发展方法是什么？"

范纯： "善待环境"，这是在每个行业的创新领域都必须坚守的原则！包装材料方面，我们始终坚持可降解方向，降低对环境的污染；我们也一直在努力推动合作方着眼于海洋降解方向，沟通更环保、更可行的方案。在碳排放日渐受关注的当下，我们尝试了各种可能，例如针对有可能大大降低二氧化碳排放的植物肉，我们也在与不同的合作方尝试产品创新，去推动植物基领域的产品创新。

Francesca Valsecchi

魏佛兰
同济大学设计与创意学院

Francesca Valsecchi（魏佛兰）是一名意大利研究员、实践者和教育家，致力于视觉设计与生态、文化和技术的交叉领域的研究。Francesca 毕业于米兰理工大学，移居亚洲，为她的艺术和设计实践寻找国际化和跨文化的机会。她以欧盟委员会的博士后身份参与到中国农村的可持续农业和设计创新项目。Francesca 毕业后从 2010 年开始居住在上海。她目前在同济大学设计与创意学院担任副教授，开发与国际 DESIS 网络（可持续发展和社会创新设计）相关的课程和研究，特别是关于城乡食物网络以及将城市发展作为新形式本土文化的舞台。2020 年，她成立了生态与文化创新实验室，主要讨论和实验超越人类的设计以及后开发范式。研究包括生态系统测绘、水景民族志和城市与自然互动；出版、推测和展览作品。她在中国策划了许多展览，并于 2021 年在上海双年展上亮相。她在国内外担任客座教授，是人种学、数据可视化和开放式设计方法与工具方面的专家，在学术界和工业界均具有专业知识。她一直在使用可替代的摄影过程和生物媒体进行艺术实践，特别是探索用发酵细菌和菌丝体作为协作过程的通道。受到开放式设计原则的启发，她的作品在很大程度上受到跨文化问题的影响。除了学术职位，她还参与协作和文化艺术项目，是当地环境行动社区的积极成员。

THE STREET FOOD MANIFESTO
街头小吃宣言

街头小吃宣言由上海纽约大学的 Anna Greenspan 和其他学者构想，并于 2012 年至 2018 年间作为纽约大学与同济大学设计与创意学院的研究合作项目开展。最初是在中国第一个创客空间"新车间"举行的市民之间的公开对话，内容是关于上海当地街头小吃的生动场景：我们爱上了充满活力的美味佳肴和非正式厨师的文化，但我们担心非常迅速的城市发展和变化可能会影响这种文化的复原力。研究团队首先提出了一项街头小吃宣言，这是一项积极主动的宣言，旨在捍卫非正式食物系统在城市结构中的作用，以及对城市身份的贡献。在一年里，这个项目变成了一个在线平台，研究团队在平台上更系统地探索和绘制了城市中可获得的各种食物。他们品尝各种美味佳肴，记录传统制作过程、街头饮食文化的变迁，利用设计和创造力来推测和原型化街头美食。这些方式不仅可以保存历史，而且可以成为未来城市的重要组成部分。多年来，该项目已通过各种学术出版物和当地媒体传播，人们可以浏览上海的食物百科全书，或许从中发现那些被街道社区管理后更规范、更卫生的隐藏宝石。Anna Greenspan 现任上海纽约大学全球当代媒体助理教授、人工智能与文化中心的联席主任。她专注于中国城市化和技术变革的激烈过程，是上海研究学会的联合创始人，该学会为上海街头食品项目提供了框架。Anna 还是致力于研究中国技术创新的研究中心 Hacked Matter 的创始成员，她的著作 *Shanghai Future: Modernity Remade* 于 2014 年由牛津大学出版社出版。

FUTURE FOOD FERMENTATION
未来食物发酵

Tara Whitsitt 是"Fermentation on Wheels 上的发酵"项目背后的传奇女性，她认为发酵是社区参与的驱动力，并来到上海探索中国传统的发酵方式。Francesca 和一群朋友在 Tara 的鼓舞下，开始定期聚会制作泡菜，试验能代替烹调中鱼露风味的替代品。多年来，这群朋友形成了一个由中国各地的人们组成的社区，他们扎根本土，追溯传统也进行广泛的创新试验。"Future Food Fermentation"就是从这个社区中诞生的：它旨在将发酵的文化和实践带回市民身边，让人们融入现代食品实践中。 FFF 作为上海 Maker Faire 发起的非正式工作坊运行，在各种公共场所（包括博物馆）举办，受创客运动的口号启发，活动主题是"如何发酵几乎任何东西"。在整个发酵过程中，细菌是产生风味、颜色、协同并最终带来更好的健康的关键。细菌是能重新激活城市居民味觉的生物，合理运用细菌能避免在食品保鲜中过多地使用塑料，并避免食物浪费。所有这些都是城市可持续食物网络的关键，也是我们未来在食用食物时应有的价值观。

DESIGN HARVESTS
设计丰收

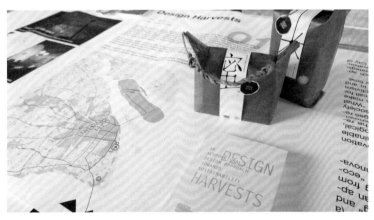

2010年Francesca作为设计师和民族志学者首次接触中国农村和可持续粮食系统，她担任崇明岛以设计为主导的城乡创新实验"Design Harvests"项目的高级研究员。设计丰收通过"针灸式设计"方法鼓励中国农村和城市之间的社会和经济互动。这意味着每个单一的倡议都被统一在一个总体框架中，以整体方式开展工作。这种协作式的创新体验汇集了富有创造力的个人、当地农民、当地社区、企业家和工匠，形成了一个充满活力的社区。在这种模式下，设计被赋予了更积极的作用，通过定义和解决日常生活与商业中的战略性、整体性问题来干预大规模的社会变革。她带领设计团队根据三农框架的启发和要求，调研中国乡村的资产和价值。该项目实施了经济创新战略（农村-城市市场、可持续旅游、当地企业家精神），并保持和提高文化认同（优质有机食品生产、与城市居民的文化交流）。多年来，研究涉及从学校到设计机构的各种创意参与者，并得到了诺基亚创新部门等研究机构的支持。Design Harvests 曾在赫尔辛基设计博物馆、赫尔辛基设计之都的"Design of the World"展览以及2019年的设计博览会上展出。2015年在米兰三年展获得"Index Project"奖项提名。

2010~2015年的研究已出版成书以及发表多篇学术论文。目前，Design Harvests 场地仍然是一个活跃而充满活力的可持续发展的地方，欢迎游客、从业者和艺术爱好者驻留。

与食物设计100的对话

Francesca Valsecchi
魏佛兰

"食物是城市生活方式中最重要的组成，我相信它代表了生命周期的更深层隐喻，以及我们与地球生态联系和相互依存的最终形式。"

FD100："你的食物设计方法是什么？"

魏佛兰： 食物不仅仅是一种物质产品：它是文化进程的催化剂，是知识遗产的体现。多年来，我一直从设计创新的角度研究食物系统和有机农业，寻找可持续养活城市和弥合农村文化差距的方法。如今，鉴于全球环境破坏，我意识到最激进的文化来自自然界的有机体，因此，我将发酵过程视为创造力、创新和行动主义的典范和灵感来源。我一生都住在城市里，我意识到健康营养并不会自然地融入城市生活方式，因为历史上城市是围绕着通过工业生产发展的，与食物采购和生产脱节而建立的超市、人工保存、食品包装，所有这些都是设计的产品，也许有助于舒适，但不会有益于整体幸福。这种脱节的主要影响就是人们对食物生命周期的意识很低，并且逐渐瓦解食物和营养之间的关系。我认为食物设计的目标是考虑到环境挑战和可持续性需求：不仅要创新食物消费的用户体验，还要重建一个价值体系，最终将我们的食物系统与身体和土壤的健康重新联系起来。

FD100："对你来说食物设计最令人兴奋的方面是什么？"

魏佛兰： 食物是普遍的，它体现在物质、文化、社区、营养和愉悦等各个方面。我认为食物是令人着迷的研究对象，食物代表了对社会结构的更深入理解。食物是自我的一种表达，也是集体的一种身份：设计可以做些什么来塑造围绕食物的想象和实践，从而影响个人福祉以及公共领域呢？想到能够为这样一个全球性的挑战做出贡献是令人兴奋的，在这个挑战中，创新的机会永远不会用尽。

FD100："你的可持续发展方法是什么？"

魏佛兰： 我坚信当前的可持续发展方法应该从根本上重新考虑我们对地球的影响，我认识到只有减少各种形式的生产和消费才能实现这一点。我认为一个需求更少和关怀更多的社会才能保证文明的延续。

郭江龙
东方潮外粤宴主厨

郭江龙，世界烹饪联合会中国区名厨委委员、世界烹饪联合会国际赛事认证评委、法国埃科菲厨皇国际名厨协会中国区红带、澳门携程美食林全球餐厅精选榜特邀首席主厨、2021年米其林餐盘主厨、黑珍珠餐厅主厨。现在是北京东方潮外粤宴餐厅主理人，餐厅主打新粤菜，传统在内，时尚在外。郭江龙擅长用食物设计的手法做菜品创新，以及各种主题品鉴晚宴的整体菜品设计。他保留了传统粤菜的烹饪技法与要求，从选材到加工每一步都严谨稳定，同时融入法餐与日料的烹饪技巧与汁酱，打造更符合现代人健康饮食观念的"新粤菜"。

中国 CHINA

珍馐盛宴

主厨郭江龙主理潮外粤宴菜品，这是一家以鲍鱼为主题的新派粤菜餐厅。基于珍稀食材托底，在传统粤菜的精髓上融入节制和含蓄的美感创新。餐厅内陈列着世界各地珍稀的干鲍，如澳大利亚网鲍、绿色线内加（日本吉品鲍）、南非干鲍等，状似琥珀，质如软玉，素有"鲍鱼博物馆"之称。空间设计为中法结合的风格，在沉稳大气的圆形拱门和传统欧式元素中通过山水画作和瓷器摆件的巧妙融入，烘托了琴棋书画、诗酒茶花的中式宴中八雅主题。

炭烤溏心鲍霜降红酒鹅肝

精选澳大利亚六头干鲍，经过一泡二煨三焗的古法工艺，慢火煲制72小时，用马爹利XXO酒和玫瑰酒炙烤使酒香渗入鲍鱼，搭配法国朗德红酒鹅肝，鲍鱼的焦香混合着鹅肝的鲜美，软糯弹牙，香醇浓郁。

发酵芥末蜂巢炸溏心鲍

精选长岛鲜鲍鱼与黑豚叉烧融合了多种烹饪工艺，用鲍鱼肝和墨鱼汁调制的蜂巢脆浆酥炸而成，搭配发酵芥末秘制的酱汁，酸辣开胃，外酥里嫩。

融汇中西

主厨郭江龙的烹饪风格融汇中西，他以设计的态度创作菜品。在他看来，每道菜都是感受纯粹和极致生活的不同体验，一道菜是多维度的，包括心理学、感观学、色彩学、烹饪学、光影学、科技学以及系统性设计等，他以食物为媒介，解决、反思社会问题。创作一道菜是以食物为中心的设计行为，探索人类与自然的关系。

黑松露奶酪时蔬沙拉

精选意大利帕玛森奶酪经过加热、塑形、烘干制作脆壳，选新鲜有机菜苗，淋上自制老北京二八酱，搭配云南香格里拉鲜黑松露，口感丰富，中西结合，冲击您的味蕾。

风生水起捞熟成鲷鱼

精选日本真鲷，采用熟成方式制作，保留鱼的本鲜味同时搭配多种新鲜有机蔬菜（洋葱丝、青葱丝、芹菜丝、芹菜苗、酸菜丝、红姜丝），淋上冷萃鲜榨的花生油和芥末酱汁，鱼肉鲜美、口感丰富。

威士忌指橙黑豚叉烧

精选汕头黑豚五花肉，秘法腌制3个小时后加入苏格兰威士忌文火烤制2小时，让酒香渗透到每一寸肉中，肉质软糯，搭配意大利卡萨诺瓦珍珠醋和海南指橙，中和口感，表皮酥脆，肉质嫩。

解构中餐

郭江龙的创作灵感源自当代中国古典食文化、酒文化、茶文化，是通过不同的饮食场景，结合法餐、北欧餐、日本料理，去解构中餐味道的一种料理方法，从食材、口感、味道、文化等多层次让食客感受惊喜。

法芙娜青苹果爆浆

精选法国法芙娜巧克力，青苹果雪梨原浆冷榨果汁，秘制技艺。

沙棘燕窝发酵米浆雪芭

精选日本米，采用发酵的制作工艺，再放入牛乳制成雪芭，搭配印尼燕窝和吕梁野生沙棘鲜榨的果汁，酸甜适中，清口解腻。

不知年女儿红生腌野白虾

选用南澳岛白虾，肉质膏肥，用20年女儿红黄酒和贵州茅台酒腌制，酒的甘醇和蟹的鲜美完美融合，酒香浓郁，蟹香四溢。

与食物设计100的对话

郭江龙

"就地取材、不断创新，跨界组合才能频频惊喜。"

FD100："你的食物设计方法是什么？"

郭江龙： 食物只有在对的时节才会绽放自己最美的味道。精选当季最优的食材，探寻和发掘粤菜的灵魂和DNA，把这种馈赠和最佳的味道，用当代的料理语言，以多维度体验呈现出来。最佳时节、最佳食材、最佳原产地、最佳出品给顾客以最好的用餐体验！精致不只是传承，更是一种创新，每一道菜品代表的是我的一种态度，我希望通过我的菜品能让世人感受到一种精神，一种不断探索、不断创新、精益求精的精神。

FD100："对你来说食物设计最令人兴奋的方面是什么？"

郭江龙： 任何一个生命都有生长周期（包括动物、蔬菜、鱼等），不同的时期内食物所呈现的状态和味道有着巨大的差别，包括食用食物的人的身体，在不同的年龄、不同的季节、甚至一天中不同的时辰，身体对食物的需求均各有不同。再加上人类特有的各种节庆，为我们平凡的生活增添了一抹色彩，而这抹色彩中最艳丽的无疑就是食物。如何将以上所有元素更好地融为一体将是我不断探索的动力。

FD100："你的可持续发展方法是什么？"

郭江龙： 新思想，健康（减糖、减油、减烹饪、减淀粉）。在地食材，顺应时令、减少污染、确保新鲜；不时不食才是粤菜的核心哲学思想。
新技术，熟成技术、低温慢煮技术、肉类脱脂术、发酵类技术等。

郭强

Amico BJ

Amico BJ餐厅创始人、主厨。1995年赴意大利学习，曾为国际知名餐厅NOBU di Giorgio Aumani的副主厨。后来接触到日本料理，多次往返日本旅居，钻研日料的本味。2005年郭强回国发展，多次主持意大利外交宴会，为希腊总统、意大利米兰市长等人士烹饪外事宴会佳肴。郭强的烹饪特点，结合了浓郁的意大利菜和精致细腻的日料风味。

中国 CHINA

AMICO BJ

Amico BJ是一家日料和意大利菜融合的餐厅，大门的两侧是仿日式庭院风格的布景，餐厅进门的墙面展示格子里能看到不同形状的意大利面装饰，和整体的暗色调清水混凝土风格形成鲜明反差的是，五颜六色、形状各异的食用盐瓶子，它们是郭强主厨多年来从世界各地收集而来的盐类收藏品。Amico在意大利语中是"朋友"的意思，主厨在餐厅创立之初就希望能够让自己所创作出的菜品，吃起来让人感觉到有如被一位好朋友温暖一般，得到身心的慰藉。

作为北京第一家在西餐厅做吧台设计的餐厅，Amico BJ希望客人能够了解到自己所吃的是什么食材，烹饪的过程是怎样的，这对他们进一步清晰地了解自己的口味，去清楚地选择自己喜欢的菜品也是很有帮助的；而客人了解自己的口味，且更了解主厨后，也能对菜品提升产生影响，"这就是一个互相了解、互相提高的过程，最后达到我们能够做出更美味的食物给食客的目的……"整个过程就仿佛恋爱一样美妙。

融合的美味

Amico BJ的菜品风格不拘泥于传统的条框，以日本和意大利元素的融合为主，在这里，你能见到诸如日式鲜鱼片和意式沙拉酱汁、日式甜虾和意式黑醋这样的融合搭配组合。经典的意餐中引入了许多新的构想。比如在一盘看不到许多华丽海鲜烘托的朴素意面里，实际搭配的是用六七种海鲜繁复制作的鲜美酱汁。

清酒酒曲发酵熟成澳大利亚M9和牛

既使用了常规的餐肉类，又能结合日本的元素，清酒曲可防止杂菌影响，避免肉质变坏，同时产生新的氨基酸和糖分，产生香味物质，发酵后的牛排肉质更鲜嫩，带有淡淡清酒香。

在发酵过程中，微生物可以分解蛋白质，生成氨基酸等各种增添风味的物质，让食物口感更丰富。食物在发酵后往往会产生醇厚的滋味和独特的成分，比如泡菜的酸味、啤酒的酒精和酵素的营养成分，这些都是通过其他途径难以获得的。

纯手工的意面和日式海胆酱

海胆酱是紫胆做的，当中加了日本芥末叶子与奶酪做成的分解再组合的脆片，用这种香脆来增加层次。这道意面，仿佛从头到尾都是一道意大利菜，但又好像从里到外都是日本食物。正是这样完美的融合，让食客并不会刻意去区分是谁融合了谁，而只是在品尝过完全被海胆的鲜美包裹的Q弹意面后，发出赞叹。

实验的美味

Amico BJ的厨房就像是一个实验室，郭强自己就像一个发明家。在他的厨房里有很多有趣的设备，在他眼中，好厨具不能光看价格的贵贱，因为在这个厨房里有很多郭师傅自己研制出来的设备，更有独创性和实用性。"我会自己实验做低压锅，为食材做液体置换，不停地实验，为的就是让食物不断地达到更高层次的好吃！为了味道所支付的一切成本都是值得的。"郭强主厨说。

红菜头脆壳，鸭肝和黑化枣泥慕斯

红菜头是一种根茎类植物，带有大多数人不习惯的土腥味。处理红菜头，首先要做到把它不招人喜欢的味道通过调味淡化去除。新鲜的红枣，经过了21天长时间的蜕变，在保温箱里慢慢黑化。21天的时间，红色的枣会变成黑色，枣香更加浓郁，甜味更加柔顺，而黑化又能增加它嗅觉上的香气。这个时候把它打成泥和法国鸭肝一起做成慕斯，这样又增加了咸香肥美的味道层次。上面看起来很轻盈的透明脆片，是用泰国香米米浆和日本粉盐做成。"这道菜设计了好几个月，里面的每一个元素都要不断地去尝试。米的浓香、粉末盐淡淡的咸、黑化的枣香、枣本身的甜、鸭肝的肥美，每一个味道最后都是均衡的。开胃的脆咸、黑化水果和肝脏的绵密，三者的结合，让很多客人津津乐道。"

Amico BJ一直在做发酵的探索和实验，但日式的相对多一些，如味噌、肉类和鱼类的熟成技法。发酵是在可控范围内寻找一个最不可控的机会，如同探索未知的小行星，这也是发酵的乐趣所在。

熟成竹荚鱼

日料中常会用到鱼肉，在郭强看来，鱼肉的鲜美来源就是丰富的氨基酸，而鱼肉经过有益菌发酵之后，会产生更多的味道层次。大竹荚鱼的油脂口感跟别的鱼不一样，也是郭强选择它的原因。发酵鱼肉等待起来很简单，但是操作过程一点也不简单。发酵的过程中要始终在真空零度的状态下长时间搁置，而且发酵完之后必须是形成健康的有益菌。有益菌要从食材中提取，比如黑橄榄。发酵黑橄榄的过程中会产生有益菌，提取出来和大竹荚鱼一起发酵，这样发酵熟成的鱼肉浸透着橄榄的香，同时也有油脂的香，表面又产生大量的氨基酸和谷氨酸钠，味道更为鲜美。

兰州九年百合，布拉塔奶酪慕斯

我们选用了国产的兰州九年老藤百合，个头非常大，生吃起来口感脆甜；而水牛奶酪是意大利南方人的最爱，奶香浓郁，吃进嘴口舌生津。记得在意大利的夏天，很多当地人吃不下饭的时候，一个水牛奶酪搭配点新鲜番茄，浇点橄榄油，撒点盐，就是他们的晚餐，健康又好吃！而且一点都不腻！

九年百合的香甜，相比于普通百合，风味更柔和，但是这里有一个重点，我在布拉塔奶酪中注入空气，让其味道更轻盈，奶香味轻微弱化，这样能够更好地和百合的清甜搭配。如果让奶味盖住了百合的香，就太浪费啦！一定要让奶味能够烘托出百合。最后我用百合花茶和龙蒿做成了酱汁，加入了香草的味道层次。

与食物设计100的对话

郭强

"我认为的'好吃'，不需要多么厚重的味道，但一定要有层次。在每次不断咀嚼的过程中，有不同的层次进发出来，从而体现出一道菜的特点。人们喜欢食物的质地对比是天性使然，一餐之内、一盘之内、一种复合的食物之内，甚至一种单一的食物之内。"

FD100："你的食物设计方法是什么？"

郭强： 以前，我在意大利做厨师的时候，一大半的收入都用在到处品尝不同好餐厅的美味上，从南到北，从山上到海边……眼界和认知，对一个厨师的菜品设计非常重要。这让我在处理一些常见食材的时候，有想象力去发掘出一些不常见的呈现方式，让食物的制作和品尝，产生出更多的可能性和趣味性。现在，在自己的餐厅，我每天在厨房要工作十几个小时。餐厅里没有东西是半成品，全部是手工制作的，面包、酱汁、不起眼的配菜……甚至番茄酱都是我们每天自己用新鲜的番茄熬煮出来的，这些需要耗费大量的时间和精力。我在对待烹饪的时候，愿意付出百分百的真心，食物有时会和你耍脾气，但多数时候它们会同样以美味回报。

FD100："对你来说食物设计最令人兴奋的方面是什么？"

郭强： 有时候可能只是整道菜里的一个小元素实验成功，都会让我非常兴奋。做菜其实和很多行业一样，每一次的新菜亮相都会经历很痛苦的过程，长时间的磨砺和纠结，让成功后的兴奋更开怀。例如熟成发酵一条鱼，你要知道发酵需要哪一种正确的菌、发酵多长时间、什么温度、保持什么外环境，这些都是需要研发的。又例如通过低温慢煮处理一块肉、一根蔬菜，在不断的研发过程中，每一个温度和每一个小时的无数种搭配组合，都要一点一点尝试，这都是黎明前的噩梦，但总让我乐此不疲。另一种兴奋的来源是客人，或者说，是客人给我带来的成就感。辛苦研发出来的菜，客人吃到后微微点头，这就是兴奋的成就感。有时候不用客人说出来，看到他们吃进嘴里之后发出的第一个声音，我就知道了，这就是做厨师最大的成就感。

FD100："你的可持续发展方法是什么？"

郭强： 在常人的印象中，摆盘越漂亮就会消耗越多材料，产生越多浪费。但在 Amico BJ，我们会最大限度地利用食材的所有部分，如叶子、根茎、汁水、残渣，我要求所有厨师必须尊重食材，并最大化利用食材。从食材的选择方面，我们更多选择环保的国产食材和当地食材，例如兰州老藤百合、新疆番茄、福建手钓枪鱿鱼……但本土食材的季节性很强，当反季节的时候，灵活进行菜品食材的快速调整是我们最需要考虑的。比如最常见的土豆，中国本土就有很多品种，但是我认识得还不够多，弄懂并深耕一种食材是我一直在学习的。在国内要多跑、多见、多尝试，真正把国内的食材用到餐厅里，改变人们习惯性认为进口食材大多会更好的惯性思维。同时，我们希望通过菜品的设计，调整人们的饮食结构，从动物性食物占比为主慢慢转化为植物性食物为主，减少热量的摄入和肠胃的负担，这不仅更健康，也减少了食物生产过程中的碳排放。

Giulia Soldati
朱利亚·索尔达蒂
Contatto Experience 工作室

Giulia Soldati 是饮食文化研究和食物设计工作室 Contatto Experience 创始人，毕业于米兰 NABA 产品设计专业，在埃因霍温设计学院获得社会设计硕士学位后，开始了食物设计的创意之路。近年来，她在意大利、荷兰等地举办了许多活动和社交晚宴。

意大利 ITALY

CONTATTO
接触方式

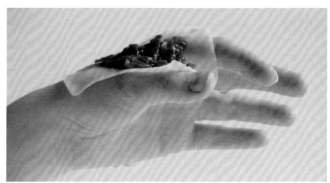

Contatto 是一种新的烹饪文化。我们在周围听到或读到多少次："不要碰"。我们总是照做，那么为什么不可以脱离这一基本意义呢？Contatto 提出了食物制备和消费的新方法，从最真实的层面触及人与食物的关系，去除不必要的中介：比如在身体和食物之间创造距离的物体，餐具、盘子和一些准备工具。取而代之的是，集中在手上，将品味延伸到触觉领域。用餐体验期间，手将食材放在手上，当原料从一双手转移到另一双手时，人们会被触动。Contatto 希望通过突破舒适区，消除食物的物质性质和身体之间通常由盘子和餐具造成的"障碍"，让身体与食物、情感和感官共同参与。这不仅仅是饮食体验，也涉及到了感官和触觉的亲密重现，与食物相比，这些强烈的情绪会在皮肤上停留更长时间。

TRADIZIONI
传统的

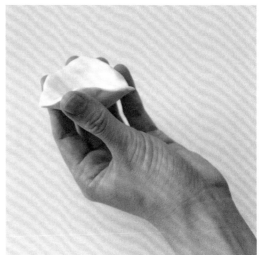
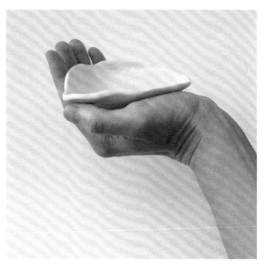

与通常平板形状的盘子不同，Tradizioni盘子是由手塑造的线条和曲线造型制作的。所有的作品都是独一无二的，彼此不同。

HAND TOOLS
手工具

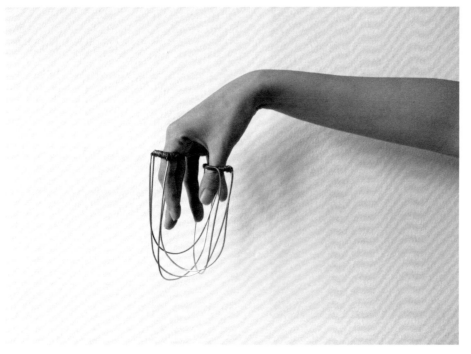

Hand Tools厨房工具,可缩短当前准备食物时和食物的距离,充当食物和我们的手之间的桥梁。我们与食物的关系是接触,厨房工具应该是重新连接亲密的手段。厨房中出现高科技产物后,现在厨房里装满了有用的机器,为我们节省了时间和精力来制作高质量的最终产品,而我们与食物材料之间的距离却越来越远。Hand Tools"迫使"使用者弄脏手并触摸将要吃的东西。

与食物设计 100 的对话

Giulia Soldati
朱利亚·索尔达蒂

"食物重新解释、探索烹饪文化，食物重新设计工具。"

FD100："你的食物设计方法是什么？"

Giulia： 我将自己定义为热爱美食的设计师。我将设计带入了食物的世界，同样，我也将食物带入了设计。食物推动了我的设计研究，厨房是接触公众和新想法诞生的地方。无论是社会的、文化的、个人的、情感的、交流的和政治的，食物有能力推动和质疑我们的文化和信仰，甚至打破文化障碍。我相信食物具有将人们聚集在一起的惊人力量。因此，我的工作便是基于欢乐、仪式和在餐桌上分享食物而存在，旨在重新定义我们与食物互动的方式。我的研究很大一部分在于分析人类与食物的关系，缩小我们的身体与食物之间的距离。通过探索我们每天吃的东西背后的原因，我的目标是重塑我们与食物互动的方式。

FD100："对你来说食物设计最令人兴奋的方面是什么？"

Giulia： 我着迷于设计以及和食物世界相互培育启发。一方面，设计过程是食谱叙述的一部分，另一方面，食物本身就能通过设计的镜头，对隐藏在餐桌上的食物系统、文化和过程进行更深入的调查。在这个过程中，我用双手作为获取知识的工具，触摸可以更接近的成分、它们的历史、它们来自的文化。我的实践总是鼓励在餐桌上的感官和使用我们的双手。

FD100："你的可持续发展方法是什么？"

Giulia： 我相信，让皮肤感受我们将要吃的东西，能够让我们对摄入的食物有另一个层次的理解，最终让我们更加了解每天所做的选择。我感兴趣的是，一个手掌大小的餐食，是否可以改变食物系统，推动它走向一个更有意识、更可持续的未来。我一直在寻找新的工具，让我能够以最好的方式解决更多的食物相关问题。

中国 CHINA

瀚唐风景设计

敖瀚 & 唐云

北京瀚唐风景设计公司2022年入选ANDREW MARTIN 。曾多次获陈设中国·晶麒麟空间陈设美学奖金奖、金外滩奖最佳餐饮空间奖金奖、年度大奖和陈设艺术类金奖、新加坡SIDA室内设计金奖，以及入选中国室内设计"名人堂"。曾两次入选中国设计权力榜DESIGN POWER 100年度榜单。

会仙楼

"大隐隐于市，小隐隐于野"，会仙楼坐落在北京金融街，一个都市中最繁华的所在，然而设计师想创造出一种"繁市，如野"的感觉。闲逸潇洒的生活并不一定要在林泉野径才能体会得到，能在北京这种高度被欲望充斥的城市寻找到更是一种高级。在繁华之中，隐逸在如林在野的一种状态，虽然短暂，贵在日常。止而静能观，内观自己，外观众生，人被滋养，心归平静，独善其身……这是设计这家餐厅想要达到的目标。

"会仙楼"这个名字就是出自北宋汴梁开封最大的酒楼，文人荟萃。因此，会仙楼就是想塑造出宋式那种清雅、淡泊的极致美学，寻找一份内心的宁静和古人儒雅的精神状态。外界为阳，内部为阴，外部越是炙热急躁，内部越需要心境平和，正是所谓传统文化的当代表达。整个餐厅外观被淡灰色的朦胧金属网格所笼罩，呈现出一种内敛、含蓄的东方美。而正是这几重朦胧的金属网格，创造了外部和内部最重要的那个"间"。步入内部，仿佛被过滤了一般，尘世间的喧嚣被抛到九霄云外。整个人安静下来，更关注内部的环境，更关注一器一物、一花一草、一树一木、一山一水……与自己的关系。右边的小厅享有六米的层高，墙上循环播放的视频是设计师

从香港巴塞尔艺术博览会上拍下的一副艺术作品。视频中的枫叶以一种舒展的、几近完美的构图展现在画面中，随着雾气的涌动，整个画面由朦胧到逐渐清晰，到完全绽放，再到雾气笼罩转为朦胧，隐喻了世间万物的轮回。空间中有一个挑在半空的由半透纱幔围绕的演奏台，有竖琴演奏家每晚固定演出。消费者在此可以尽情享受只闻其声、不见其人的东方审美情趣和东西方文化碰撞带来的奇妙感受。

服务台的区域有一个专设的餐饮美学展示区。展示整个餐厅所用的从景德镇请名家定制的各种餐具美器。这些器具美物和消费者所用同出一款，所以消费者在用餐过程中可以充分欣赏把玩，如有心仪，可以购买回家。由楼梯拾级而上，是包间区域，共有九间包间，分别取名为松、岚、月、花、泉、川、石、竹、影。整个包间走廊曲径通幽，移步换景，充分体现了文人的雅致和情趣。走廊照明全部采用柔和的漫反射。走廊半透玻璃的表面被一层细腻的竹编所覆盖，暖色的光从竹编的缝隙中流出来，手指触碰到的是竹编亲切的质感，于是温暖的情绪便在空间中弥漫开来。

三楼走廊里嵌进了一个玻璃盒子，里面是一处取义为文人山水画意境的景观，整个画面有如朝阳透过清晨的薄雾和枫树的间隙，洒到尚有露珠的青苔上，仿佛能听到远处的鸟鸣……拐进包厢，犹如踏入主人的书房，包厢悬挂的书法字画都是出自中国当代先锋艺术家的作品，取意而不拘于形。案头清供多为设计师多年收藏，客用餐具选择是仿宋瓷形制，由景德镇名家度身定制，体现了宋代中国文化的审美高峰。由于餐厅的菜除了传统粤菜以外，还有一些根据宋代美食奇书《山家清供》还原的美食，以美食作为一个支点，色香味俱全，美食、美景、美器，带消费者领略一场宋朝文化的盛宴，重寻传统文化在当下的魅力。

繁市如野，设计师想营造的环境，就是一种误入荒野、误入园林、误入书房、误入宋代……的穿越感、错愕感，但这种感觉却没有违和、没有压力，只有惊喜、只有快乐、只有滋养。

北京宴

鲁班锁意寓和平合作，共破难题。《周易·系辞》记载"上古结绳而治，后世圣人易之以书契"。架鲁班锁为梁，叠九宫为绳结之形。北京宴位于中轴之地秉承"一带一路"构想，纳江河之源，融百川于海，践行结好之意。空间设计常因商业特性不免有缺憾，设计师以时空隧道，穿插破局。从佛塔点亮尽头，比喻连接时空。若隐若现的灯火，好似幽赏若秉烛夜游。绿竹掩映在千年古木做成的案几，千岩峭壁、虬枝老干、叠嶂繁景、长卷舒展。

纳盛世之影，造空间之意。在实现文华之融、艺术之融、商贸之融、民族之融的历史节点，设计师追慕古人，将生活场景化，重现有温度的唐人世界，打造"一带一路"文化餐厅，实现宴饮之融。

官也街澳门火锅（丽都店）

北京赫赫有名的澳门火锅品牌，在丽都商圈内的一家独栋旗舰店，它的名字为官也街。"官也街"是一条位于澳门凼仔岛的老街，是澳门著名的美食街，很多百年老字号店铺入驻其中，距离高楼林立的赌场区只有一公里之隔，这里是官也街火锅品牌创始人Frankie从小长大的地方。远离喧嚣，他在这里度过了很长一段悠闲惬意的时光。

澳门炎热的天气形成了当地建筑的一种特色——家家户户随处可见便于通风遮阴的各种形状的百

叶窗和镂空花砖，最终这两个极具代表性的当地民居元素构成了官也街旗舰店整个建筑的外立面，整齐排列的空心砖和随意开启的落地百叶窗形成反差，扑面而来的是一股浓浓的度假风，精致且慵懒。官也街旗舰店的设计希望为消费者提供一种轻松悠闲的氛围，由于品牌的食材选料极其讲究，所以餐具和餐桌椅的选用上也都体现着精致。

步入大厅，迎面而来的旋转楼梯是整个空间的视觉焦点，简约到极致的纵横系列灯具从12米挑高的采光玻璃顶棚贯穿至楼梯底下的水面，一气呵成。浅灰色的石材和浅色的橡木木条在灯光的映照下，传递着一种温暖悠闲的情绪。设计师将临街的二层包厢都后退了1.2米的距离，形成了一个内凹式的阳台，在丽都商圈这个寸土寸金的地段，这一举动使空间实际使用面积减少了将近80平方米，但却得到了业主方的完全支持，最终换来的是空间多了一个层次，包厢食客多了一个私密聊天的场所。

整个包厢内部没有多余的装饰，墙壁上的"装饰画"由外墙的空心砖和欧式线条组成，似乎在隐喻着澳门这处曾经作为中西方文化交融之地的历史。阳台上的壁灯其实是外立面的一块空心砖，它所投射出的幽光和阳台天花板上的树影交相辉映，旁边是随意摆放的藤编休闲椅，一瞬间仿佛穿越到了一间热带度假酒店。整个空间设计语言精简克制，一气呵成，但表情丰富，充满戏剧性效果。

与食物设计 100 的对话

敖瀚 & 唐云

"最精简的设计语言表达餐饮的商业美学，我们擅长主题餐厅设计和购物中心主题街区的改造设计。餐饮空间是食物以外的'食物'。我们在空间设计中，更多注重的是基于食物传递的内在精神，挖掘食物背后的情感和人文价值，使空间表达的情感和食物传递的精神完全一致。"

FD100："你的食物设计方法是什么？"

瀚唐：餐饮空间的设计，只停留在美学层面是远远不够的。唯有对其思考、分析，重新梳理美食背后的基因，方可挖掘其内在与本质。

FD100："对你来说食物设计最令人兴奋的方面是什么？"

瀚唐：当客人感受到食物、器皿和空间如此契合，并专注于食物所带来的体验价值，这种共同传达的情绪，让我非常兴奋。

FD100："你的可持续发展方法是什么？"

瀚唐：广义的环保指的是资源的合理利用。我更倾向于不用昂贵的材料，且尽可能运用简单的设计语言。空间中更多亲近自然，拒绝过度装饰。

何颂飞

北京服装学院　中国生活方式设计研究院

北京服装学院工业设计系副教授，中国生活方式设计研究院副院长，韩国国民大学食物设计方向博士。担任北京设计促进会可持续设计专委会副主任、中关村工业设计产业协会副会长等社会和学术兼职。研究利用跨学科研究方法和社会创新方法，对产品服务系统创新、文化可持续和乡村再造领域进行研究和设计实践。出版专著和教材多部，发表论文数十篇，拥有发明、实用新型、外观设计专利超过百项。与美国波音、德国奔驰、大众、博世等大企业和中国联想、海尔、华为、小米等著名企业有设计与研究合作课题。进行食物设计相关研究工作近20年，以往是从与饮食有关的产品如家具、食器、餐具等方面进行，近年从食物体验、食物产业、文化可持续、社会创新、乡村振兴等不同角度、深度进行食物设计研究。带领团队获得了联合国教科文组织亚太世界遗产设计创新奖、设计红星奖银奖、国际食物设计金奖等国际奖项。团队成员有：王帮辉、张岩、李婷婷、梁月辉、吴丝羽、宣安然、黄廷威、刘君妍、卞林鑫、杨旻蓉、明子阳、王肇嵘、赵溪屏、李栋等。

中国 CHINA

洋河白酒

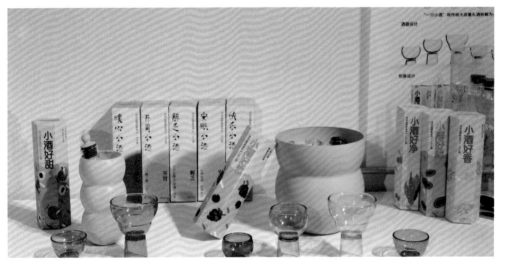

洋河镇是中国重要的传统白酒产地之一，白酒产量居中国第一。白酒在传统饮食文化系统中具有独特且神圣的地位。但传统白酒的市场居于饱和，传统饮酒人群年龄偏大，在西方文化的传播下，年轻消费者对中国传统白酒逐渐疏离。何颂飞教授团队在对中国酒文化和酒产品进行了系统调研后，立足洋河白酒产业特色，对中国年轻消费者进行深入研究，针对年轻人的生活方式进行设计，对白酒文化的当代体现进行了多方面的探索，从新品牌形象、年轻人酒具、白酒文化传播、新酒产品体验、酒饮服务设计等多角度进行设计。新的设计将传统白酒文化、中医养生观念与现代生活场景、青年用户的生活方式结合，产生了全新的"品牌—产品—服务"系统。

设计团队：何颂飞　宣安然　张岩
黄廷威　吴丝羽

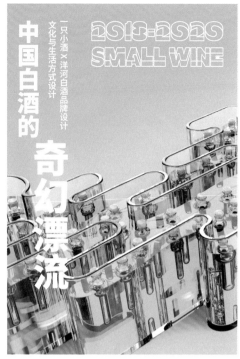

中国白酒的

奇幻漂流

一只小酒×洋河白酒品牌设计
文化与生活方式设计

2013-2020
SMALL WINE

设计团队：何颂飞　宣安然　张岩

苏州震泽定胜糕

作为中国生活方式设计研究院，针对苏州震泽生活方式，何颂飞团队对震泽进行了三年多次的实地考察，展开了对于当地生态、生活、生产的研究与探索，并对当地生态环境、地域发展、食物结构、人文风俗、生活习惯、产业发展等进行了全面的调研分析。聚焦于震泽传统食物定胜糕，通过服务设计方法，进行相关利益者的整合、产业链条的梳理，重新建构了定胜糕与当地人、当地环境、当地文化之间的关系。

这项研究旨在探索服务设计思维在地域食物文化可持续发展过程中的价值与意义：服务设计思维是特定地域环境中对特色食物进行全面认知的有效途径，服务设计的参与能够促使地域食物的文化、相关利益者、环境等建立新的关系，服务设计为地域特色食物发展过程中存在的内在复杂性及社会挑战提供了新的设计思路。
设计团队：何颂飞　王帮辉　韩宁　唐白羽　马宁

设计团队：何颂飞　王帮辉　毛涌敏　范盈莹　袁旋子

福建光泽传统食物社会共创设计

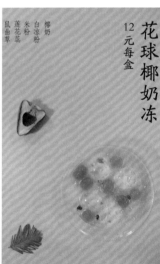

食物除了物质层面的含义，也是地域文化的内在符号，它的象征意义，能够反映地域内部文化以及本地域与其他地域的复杂社会关系。何颂飞设计团队，选择将社会设计思维介入到中国福建北部地域食物可持续发展的研究过程中，挑战设计如何应对复杂的社会发展问题，以及如何应对可持续发展背景下食物的传承与创新等所面对的障碍。

这项研究梳理了社会设计参与地域食物发展的结构关系，并为中国地域食物的系统构建提供了"发现—探索—机会点—提案—实验—执行"的流程模式，同时发挥出了食物设计在此过程中的作用。通过实践方案探究基于社会可持续视角的食物服务设计的价值意义，促进和拓展对地域的全面深入认知、探究地域与食物之间的关系，解构并重构地域食物、社会可持续与人之间的各种可能性，强调社会设计解决地域特色食物发展问题的能力和创造力，建立人与地域空间之间的短链交流，同时推动食物进阶式的创新，传递更多元化的价值意义，并促进社会的可持续发展，达到社会创新的目的。

设计团队：何颂飞　李婷婷　梁月辉　刘君妍　卞林鑫　杨旻蓉　蒋杉　王艺蓉　明子阳　王肇嵘　赵溪屏　沙鑫　李栋　王正

与食物设计 100 的对话

何颂飞

"食物设计在中国国情语境下的建构，有着自身独特的社会与文化基础，在实践应用上也负有不同的责任。"

FD100："你的食物设计方法是什么？"

何颂飞：在中国国情语境下建构自身的食物设计方法，需要理解特定时空关系下的食物及相关人工物、中国传统文化影响下的生活世界与主体意识之间的关系。我主要是从生态、社会、文化和经济四个维度来研究食物设计的可能，尽量宏观地看待食物设计对于国计民生的价值。从研究角度看，文化学、人类学、民俗学、社会学、符号学等学科的方法都有借鉴，关注个体从产品到服务的食物体验与群体组织行为和文化身份认同的改变。从这种食物的社会总体关系中找寻中国饮食文化生活方式可持续发展的方向和路径。从设计实践的角度，主要是用事理学的方法理解食物所处的地域文化和产业结构；社会设计方法解决现代语境下的食物民俗冲突变化与社会共创行为；用产品-服务设计的系统方法解决具体的食物设计产业化过程中的问题。

FD100："对你来说食物设计最令人兴奋的方面是什么？"

何颂飞：食物设计所呈现的整体性、系统性和跨学科性是我研究食物设计的基础。食物是城市与乡村、农业与工业的沟通桥梁、文化纽带和经济基础，是建设生态文明的合适载体。通过食物将城市与乡村进行联结，推动城市反哺乡村，促进生态和社会的绿色发展，带动一、二、三产业（农业、工业和服务业）的融合是中国食物设计的宏观目标。

FD100："你的可持续发展方法是什么？"

何颂飞：食物是一个涉及中国本源文化、人们生活基本需求和社会发展矛盾的广阔领域。中国文化背景下的食物设计不仅是生活方式的呈现，对于中国的饮食文化的可持续发展也具有特殊意义。食物设计是中国饮食文化可持续发展在设计领域的呈现。

何为

咀嚼间

何为是文化制作人（cultural producer）、艺术家、咀嚼间创始人。美国纽约新当代艺术博物馆艺术科技项目NEW INC全球首位中国成员。曾任纽约饮食博物馆（MOFAD）合作顾问，纽约艺术基金会(NYFA)中国项目创始顾问。曾担任2018尤伦斯当代艺术中心周年艺术晚宴（UCCA Gala）创意总监、摩根士丹利（中国）25周年艺术庆典艺术指导等工作。并作为艺术家指导2021澳门国际艺术双年展(ART MACAO)开幕、百威2020实验艺术舞剧"R.E.D."、2019麦当劳沉浸式艺术展、2017纽约亚洲当代艺术周VIP开幕式艺术活动、2016纽约新美术馆Public Beta开幕等。

中国 CHINA

调情酒杯

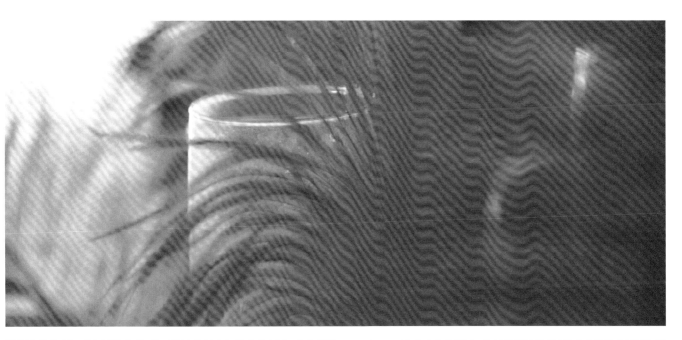

《调情酒杯》是一件探讨社交关系与"距离"的参与性艺术项目。作为纽约 New Museum 的年度艺术项目，作品以国际美术馆跨文化的社交语境为背景，通过"饮食"这一最通用的社交媒介，探讨了美术馆空间的"社交"属性。

酒杯装置构成了博物馆中动静的平衡与相互转化。而当它们散入人群，在观众手中或快或慢地"触摸"外部世界时，以含蓄俏皮的方式打破了社交的尴尬与沉默。何为在作品中将"饮食"作为除编程和电子技术外更广泛的"新媒介"，通过感官体验丰富了新媒体数字艺术维度，也让冰冷的科技叙事更具有人性的温暖。

镜海之晏

"镜海之晏"是"艺文荟澳"澳门国际艺术双年展2021的开幕艺术项目。

这次开幕，何为选定"镜海之晏"为主题，在澳门当代艺术中心，一座由海事工坊改造的工业建筑遗址中，以澳门中西融汇的海洋文化为背景，融合了东方传统文化民俗、长期续存于当地的西方文化和娱乐文化，通过一场"海上乐宴"，呈现了一个沉浸式的异境，一场"展"与"戏"并行的"海底漫游"。

整个艺术项目分黑、白两个空间。黑空间中是由澳门展开的关于海洋文化、东西文化交融印象的诉说，是神性的、浪漫的，同时充满审视。白空间更加明朗、轻松、活跃。更侧重表达人的社交行为，为作品所注入的活力与能量，以及整体所构成世俗的、人性的、带有社会属性对于本能欢乐的需求。

何为同时在开幕中呈现两件当代艺术作品《不尴尬协奏曲》与《审视》。

柳暗花明

"一个机构的重生"是2018尤伦斯年度晚宴的主题。

何为由此联想到中国古典文化中的著名母题"柳暗花明",通过东方的智慧与哲理解读一座当代艺术机构在成长过程中的一次"重生"。

何为以沉浸式饮食剧场的形式,展开整场晚宴的叙事。让每位到场宾客名流逃离了都市的纷乱喧嚣,在一座理想桃源中一日一夜的轮回间,在"桃源中人"的引导下,溯流而上,参与到晚宴的各个环节。

与食物设计100的对话

何为

"我专注于探讨瞬时与永恒的辩证存在关系,尝试在新消费时代语境中,展开沉浸式的空间视觉叙事逻辑,通过'食'与'戏'解读空间中体验的形态。"

FD100:"你的食物设计方法是什么?"

何为: 我的作品其实是在设计与艺术之间的一种平衡。以食物作为切入点,在东西方之间、古今之间、文化与科技之间所产生的冲突和对抗的叙事中,形成一种参与者自发的社交关系。

FD100:"对你来说食物设计最令人兴奋的方面是什么?"

何为: 饮食是人最本能的需求,而这种"本能"往往能激发出人最率真的一面。我更愿意把它定义成两个字——童真。从艺术和社会学的角度讲,食物是一个切口、一种沟通媒介,而由它进入,我们将打开一个有着无限排列组合可能性的文化社交场景。

FD100:"你的可持续发展方法是什么?"

何为: 对于我来说,"可持续"的概念可以延伸为"持续性的研究和知识生产"。从食物设计角度,这个概念不仅仅局限于设计和制作低碳、绿色的艺术项目、作品,背后更需要源源不断的知识供给。踏实下来,把饮食上升到文化层面,找到其中能引发当代人们共情的叙事,将有助于挖掘饮食本身背后的隐匿文化基因。而饮食、感官体验,仅是其中的一种手段,本质上我希望通过我的作品讲述一个关于人、关于未来生活方式、未来社交方式的,能够持续生长的故事。

胡朝晖

北京瑞迦尚景国际工程设计有限公司

胡朝晖在酒店及餐饮空间的项目管理设计方面具有丰富的经验，他注重设计艺术与实际功能结合，参与项目过程管理，使设计理念更好地贯彻到设计项目中。在过去的 20 年里，他参与了很多国内外颇有影响力的项目设计，为各领域的业主提供专业服务，并负责带领团队的设计人员致力于为客户提供高品质的设计作品。

中国 CHINA

海口香格里拉 COOPER 餐厅

海口香格里拉 Cooper 餐厅，是以单一麦芽威士忌产品为主题，融合英伦时尚元素；打造富于苏格兰情怀的室内空间。展示威士忌制酒工艺是对空间的表现方式之一，充满集合线型结构的空间，纯手工订制高达约 8 米的红铜酿酒蒸馏器垂直贯穿于室内，辉煌夺目的光泽与丰厚的质感散发着空间独有的沉稳与雅致；空间重点采用哑光材料，吧台区域搭配苏格兰格纹马赛克，用材对比鲜明，现代时尚的线性设计将各区域自然融合。

色彩方面选用了苏格兰格纹的多彩与淡雅的中性色、金属铜色，相得益彰，营造出静谧雅致的空间氛围。吧台上空悬吊的品牌订制标识"Cooper-琥珀"，琥珀流光之意，将整个空间的灯光焦点汇聚，犹如在广阔无垠的大海上闪烁着的启明星，营造出升腾跌宕的序列感。

西贝

在一个充满快速变化与动荡的时代，在对食物的味觉追寻中，人们更渴望看到食物制作的过程。作为对于都市快节奏生活方式的抵御，食物制作的过程也加强了消费者与餐厅品牌之间的情感联系：当消费者处于一个透明、开放、双向的环境，观察、了解食物制作过程，能够让他们感受到餐厅出品的食物是值得信赖的。

作为中式休闲餐的全明厨先行者，西贝在餐厅业态的塑造与引领方面一直走在前列。门店设计更多从品牌经营角度出发，明厨一直是西贝门店平面布局中的标准设置。围绕品牌内核"把每一道菜都做到极致的工匠精神"，空间设计流线贯穿于产品研发、选材用料、制作流程、出餐效率等各个环节。

整体空间材质采用自然简约的原木色，呈现蕴含品牌经典元素视觉的同时，也让顾客感受美味食物的本源。

三泉冷面

三泉冷面餐厅连续荣登京城地区"必吃榜"。在主理人表达的店面升级改造诉求中，胡朝晖了解到餐厅倡导原材料的考究，要以水的纯净和创新配方融合呈现一碗清爽气泡冷面。品牌已经发展了近四十年，由父母创立又传承至第二代主理人。他对这种脚踏实地的创业传承，备感珍重，三餐四季、理想传承。品牌的发展是靠两只脚走过来的：一只脚是传统和传承；另一只脚是创意和创新。两只脚不是对立的，是共存的。在食物中探求文化渊源，让空间设计传递更符合品牌的精神。

餐厅空间规划遵循了"逻辑性地串联整个服务动线与就餐动线"原则，分割开放明厨及就餐区。最大化配置双人餐位与多人餐位，同时为了方便各路网红打卡直播，配置了专门的直播间，供直播爱好者开播互动。入口的超级符号"气泡"互动艺术装置增添了趣味性及梦幻感，利用视错原理，使人仿佛感受到清爽舒畅的气息。空间整体控制灯光投射在桌面上，与周围的光照度进行一定的区隔，促使食客的注意力集中于桌面的食物，为"吃面"这种寻常的行为增添了少许仪式感。

与食物设计100的对话

胡朝晖

"我相信好的设计应追求实现创意与解决商业问题的有机结合。"

FD100："你的食物设计方法是什么？"

胡朝晖： 食物设计的方法就是考量食物的特质，展现每一处细节。我每做一个餐厅的设计都要去品尝和了解餐厅特色的食物，譬如食物的色彩也能营造空间的色彩，从食物中探求设计灵感。让设计更接近生活。

FD100："对你来说食物设计最令人兴奋的方面是什么？"

胡朝晖： 设计因无限的想象而兴奋，不同形式的设计探索也表达了我对拥抱生活和体验生活的渴望。我通过找到各元素关系重叠引发对视觉艺术、对食物的本源、对艺术的探索。

FD100："你的可持续发展方法是什么？"

胡朝晖： 绿色环保是未来可持续发展的方向。我希望用设计去减少垃圾的产生。用设计去减少食物的浪费。用设计来呈现未来的绿色餐厅。

中国 CHINA

胡传建

亚洲吃面公司

胡传建（痞痞），亚洲吃面公司创始人、亚面品牌咨询公司董事长、广州市文化创意产业协会副会长、广州创新企业联盟副会长、《快公司》2015中国商业最具创意人物100人。2003年创办创意中国网致力于推动中国创意产业发展，主张创意创造生意。2006年与《城市画报》共同发起iMART创意市集，为各类的新兴设计师和艺术家提供开放、多元的创作生态和交易的平台。2006年加入广州国际设计周，任设计总监。参与策划了CDA中国设计奖、金堂奖、红棉奖等。2012年成立广州联合思动品牌管理有限公司。发起中国制造型企业自主品牌创建计划。2015年发起成立亚洲吃面公司，联合文化创意产业优势资源，带领团队相继打造了太二酸菜鱼、不方便面馆、狮头牌卤味研究所等一大批餐饮新领军品牌，成为一大批网红餐厅的背后推手，用创意创造生意，用完美的市场业绩完成了餐饮企业转型升级的一个个经典案例。

探鱼——冰粉自由

"探鱼——冰粉自由"顾名思义就是让顾客能够无所顾虑地吃冰粉，探鱼本身的主打产品是烤鱼，而烤鱼本身相对来说是重口味的，在体验场景里添加一些"轻松"，也是综合口味的一种方式。冰粉在传统意义上来说是一种甜品，给出一个固定的价格之后，去实现冰粉的多方面自由：首先对后厨来说，释放了他们的工作量，减轻了订单系统的烦琐操作。对于顾客来说有两个方面：一方面是他们不会因为甜品价格而产生诸多顾虑，想吃多少吃多少的这个爽点，在吃烤鱼的时候可以更加随心；另一方面是冰粉这个产品的特殊性，一碗冰粉所需要的材料非常多，自主调配可以更加便捷和个性化。这样就共同促成了"冰粉自由"带来的多方面用户体验感。

不方便面馆

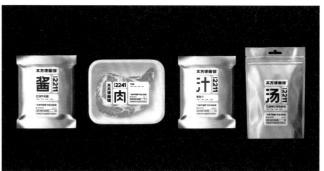

一般来说，包装的美观程度、设计风格都是让消费者买单的重要因素，但实际上只是美观的包装功能性不强。痞痞从日常生活中发现，食品包装的操作指南、生产日期、原料表等重要信息常常不起眼，消费者在察觉不到的情况下，有可能会引起浪费的情况。不方便面馆的包装更加重视使用场景，核心就是把关键信息给放大。重新排布的功能区，放大的品类词、使用编号以及使用说明构成了包装的主要画面。消费者能清楚识别包装上的信息。从这个角度来讲，不方便面馆的包装也从原来的货架销售思维，变成了实用场景的思维，结合美观、特色和实用的特点重新定义了包装。

熊猫烫

熊猫烫的食物设计实际上是品牌打造的概念。火锅品牌已经有很多成功案例，要开辟一个新的概念不易，在其中也很难找到差异。但火锅天生自带社交属性，一般来说一起吃火锅的都是"老友"，属于深度社交一类。还有一种火锅是一人食小火锅，主要针对"社恐"或者是快生活一类的人群。而介于这两种之间的还有一群人更倾向于"轻社交"，例如闺蜜聚餐、恋爱约会这样的场景，既需要品质感、精致感，但是又需要保留一些热闹的人间烟火气。因此熊猫烫火锅就提出了精致火锅的概念，从产品名称、场景化的摆盘、贴心的服务到店装设计都随时随地强调着质感，既没有大火锅的喧闹，又没有小火锅的廉价感。同时通过熊猫这样的元素，营造出轻松、友好的氛围感。消费者也能从中体验到不一样的感觉。

与食物设计 100 的对话

胡传建

"食物和食品本身差一个字，食品充满着"货"的概念。而食物更多是人类天生的获取，从自然界里面获取这种生存必需品或者说传递情绪的一种介质。"

FD100："你的食物设计方法是什么？"

胡传建：我发现今天的食品实际上都是以货架思维和销售为目的的，不仅缺乏了对使用者在使用场景下的关怀，也严重缺乏对情绪价值以及使用价值上面的一种思考。在包装上也是更多地从推广层面来考虑，所以我通过放大食品包装的重要信息来改变这样的固有思维。我在工作方面的角度，更多是从食物的场景和食物的情绪价值来考虑的。

FD100："对你来说食物设计最令人兴奋的方面是什么？"

胡传建：我觉得食物设计能给消费者带去很好的体验感，能在使用过程中带去情绪价值，是能让我很激动的。比如日本的巧克力棒品牌 Pocky 百奇，设计出吃的时候不会脏手的巧克力棒，更加重视了人们的使用场景；奥利奥的"扭一扭、舔一舔、泡一泡"不仅是一句广告词，也重塑了人们对饼干的吃法，同时也传达出了品牌的情绪价值；甚至在薯片上加上"分享"就增加了食品的社交功能。正是因为食品设计中衍生出去的其他功能，不管是解决消费者的顾虑还是用食品传递情绪，都是好的食品设计，也是未来的一个趋势。

FD100："你的可持续发展方法是什么？"

胡传建：环保的概念不仅在于我们站在环保的角度来保护我们的生存环境，更多的是我们要找到对这个价值更认同的一批消费者，你所做出的努力会被他认可。我们提供的产品对地球的保护是无法预见的，但是起码将这样的价值观传递给更多的人，形成共识，这样的观念传播会更加广而有效。一些品牌在转型之时，或许因为更加环保的包装失去了视觉上带来的价值，但是又得到了一批对于环境、对于环保本身认可的消费者的再度认可，而后者肯定能带来更大的价值和品牌影响力。

中国 CHINA

胡方
Atelier Fang 食物设计工作室

胡方现任中国美术学院教师，潜心于食物设计与饮食人文领域的研究，探索食物与设计相结合的教学与实践，她毕业于德国魏玛包豪斯大学和浙江大学，主修产品设计与工业设计。她是"吃豆府"食物设计项目主创，Atelier Fang 食物设计工作室主理人，亦是美国第三届伯克利-斯坦福"食物创新与设计"年度峰会的受邀讲者。她的主要创作围绕食物新材料、食物互动体验、传统食物的制作再现展开，包括"泡泡面料屋"可食用的新材料制作体验设计、"面，明明是条线"、猎奇展览与快闪餐厅、食设春秋论坛与展览、食物的未来——设计新趋势展览、"你辣吗?"、"味觉陶瓷"、"吃什么豆腐?"食物设计互动展览、包豪斯午餐——保罗克利篇艺术家午餐、天染豆衣食物体验装置等。作品曾参加第一届国际天染双年展，于中国丝绸博物馆展出；曾获德国"Designpreis 2011"提名，接受德国 MDR 电台设计师个人专访，作品展出于 Museen im Grassi 博物馆、Designers Open（德国莱比锡国际设计展会）、Ambiente Frankfurt（德国法兰克福春季消费展）等。胡方曾受邀参加北京国际设计周作主题演讲，并与 Marije Vogelzang 合作主持工作坊。2021年参与"珍食——减少食物损耗与浪费"公益展览的策划。同年她发起了"食物与设计"的线上系列对谈。

泡泡面料屋
可食用的新材料制作体验设计

Atelier Fang 食物设计工作室为展览设计了泡泡面料制作的体验场景与装置。用吹泡泡的方式，把甜点配方中令人迷惑的食材制成更为耐用的布料或空间材料。

这种在厨房中最常见的食材，来自动物皮或骨中的水溶性蛋白质，生活中被融入棉花糖、果冻、冰激凌、酸奶等食物中，易堆肥降解。瞬间消逝的气泡被轻巧保留，浪漫的游戏把原为食材的有限时间变得永久，让空间更有张力。现场观众可触摸感受不同的泡泡材质，它们有的薄如蝉翼，有的坚挺像板材；有的可穿戴，有的长达七米悬挂于展厅像瀑布倾泻而下。

编织，是你我所熟知的常见的传统布面材料成型方式。创新面料的制作方法当下也很多见，有数字编程打印、浇筑等。借用泡泡水将制作果冻的凝胶食材吹出、晾干后，可制成性状不一的薄膜材料。用气泡将液体随机带出，让材料拥有水分子间张力的秩序之美。泡泡吹制法成为传统编制、现代数字编程之外，一种天然的薄膜肌理成型方式。

展览设计了制作流程，它包括染色方式、吹气形式、控制泡泡大小的分流设备等细节工具。它们由柚木制成，悬挂在展厅空间。参与者自由决定布料的成分、颜色、厚薄、肌理，并通过协同的方式进行创作。
活动时间 2022 年 7 月 1~3 日 12:00-20:00
活动地点 杭州天目里 17 号楼 By Art Matters Residency 之驻展厅

主创团队 胡方 傅誉煜 周逸琳 黄诗佳
鸣谢 余洪岗 熊青英，展具碎布料从芝麻实验室采购
志愿者 赵俊宇 金妮 王一凡 茉哥 王秀 吴丹 董冯宇 卞诗瑜 牛美琪 Nancy 青山
展览由天目里美术馆支持，场地由混乱厨房 no.2 提供

面，明明是条线
融设计展开题分享会 After Party 食物创作

受融设计图书馆的邀约，胡方在青山村驻场一个月，为设计师分享会进行食物创作，主题是"编织"。

如果说世上有一件事物能迅速拉近两个人之间的距离，形成交际网络，那一定是食物。人类借由烹饪转化了自然。厨房变成了纽带，不论是高级餐厅的厨师，还是家常掌勺人，烹饪的过程都让人们站立于一个特殊的位置：一手是大自然，另一手是人类社会。烹饪者不偏不倚地站在自然和文化中间，进行着翻译和谈判。如果说编织的最终目的是用手艺将形态各异的原材料最终形成一张网，或一块面，那么世界上有一种食物，它明明是条线，却已经被叫"面"了。面条加工中整齐垂挂的形态与纱线在织布机前穿梭有序的模样如此相似。于是胡方便萌发出用索面意会织机上排布漂亮的纱线的想法，以呼应"编织"。

活动由两件食物互动装置以及一场完整的晚宴组成。

装置与互动：理线索
现场白、灰、黑三色索面装置与厨房的铜丝编织灯呼应悬挂。邀请设计师们用剪刀"雕塑"，体会细面手感。

装置与互动：麦与面
呈现了从小麦到面条转化的过程中被抛弃的无用之物：白面粉制作过程中的麦秆、麦皮与麦麸；索面制作过程中，会被抛弃的面头。

晚宴

以本地鲜水笋、高山野笋干与芦笋三道山野之
物和农户自种蔬菜打开味蕾。特别策划的面，
来自活力农耕的有机石磨面粉，当日私定黑白
两色。中西酱料有青酱、杂酱以及鲜蔬肉酱。
特别甜品灵感来自索面制作中被丢弃的面头。
设计师与村中阿姨们合作，晚宴供应约200名
设计师享用。

2021年5月，杭州青山村，融设计图书馆
设计与策划 胡方
设计助理 李曦 赵晓玉 傅誉煜
主厨 张露（酥饼）
项目协调 胡京融 芙子 陈琪 采娟等
食物合作 临安王爱萍阿姨 黄湖镇面店
感谢临安湍口镇湍口村的大力支持
活动日志愿者 黄诗佳 赖永馨 赵朝志 阿姨们
项目邀约与支持 融设计图书馆

吃什么豆腐？
食物设计互动展览

豆腐性感吗？最性感的食物和饮食方式是
什么？
将来你有可能成为素食主义者吗？
你选择食物时，最重要的参考因素是什么？

这是一场"吃豆府"团队于2017年2月举
办的食物设计展览，他们希望与公众探讨
食物选择的主动性和个体感受：我们的快
乐，是被选择的，还是被引领的？欲望，
可以被度量吗？

"吃什么豆腐？"食物设计展现场搭建了两
个空间，它们以白色帷幔围成2.5~3米直径
的密闭圆筒，相互独立存在。

一个空间中整齐地排布着方块状食物，以
白色调为主，看上去有序、干净、有营养，
但是无食欲，周边详细描述每款食物的营
养成分和制作者。另一个空间是无序的、
是热情的、是怦然心动的，装点有霓虹灯
和充满食欲的色彩，以及热腾腾炖煮着的
食物。活动参与者可以随意地选择空间进
入，任意选取食物享用。

每个空间内局部的模糊影像会被实时放映
在公共区域，观众通过观看影像选择空间。
食物都以豆腐为元素制作。在展厅的公共
区域有一面留言墙，现场食客互动参与三
个话题的创作，共同完成这个展览。

在展览举办的两个晚上有近两百名食客参与体验。活动合作甜点师四名，厨师二名，营养师一名，为观众提供了五款全新创作的豆腐甜品：豆腐西施、手指饼蘸草莓豆腐、蔬菜豆腐蛋糕、豆腐拿破仑和豆腐芝士；同时两位大厨还合作了五款基于传统豆腐餐品改良的新豆腐菜品——"带有炭香海味的豆腐和设计师奇思妙想家常菜"：吃豆府豆浆、白水洋豆腐、酿豆腐、麦香卤豆腐、臭豆腐。

2017年2月，杭州想象学实验室"茶部"
策展人与主创 胡方
多媒体技术支持 田进
设计团队 王子秋旻 宋波纹 黄冰蝶 钱晨雨 Carina Qiu
视觉传达 王正莹 梁献文
食品检测营养师 简锦明
合作甜点师 琪琪 翟翟 大尼 老吴
特邀厨师 马坤山 崔爱国
活动日志愿者 傅誉煜 薛舒豪 连哲林 黄敏 姚亚雯 唐小虎 周志航
感谢杭州想象学实验室"茶部"提供展览空间

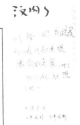

与食物设计100的对话

胡方

"我们为具有创新精神的艺术、设计类活动策划食物互动场景和展览。我们相信食物创新能为社会带来多元价值。"

FD100："你的食物设计方法是什么？"

胡方： 食物创新能为社会带来多元价值。"食物的设计"始于对可食用生物和材料的认知，它并不局限于色香味的通感呈现。设计的归属落在人们对待食物的真心态度和脚下站立的生态世界。"设计"在此可以是个人感官体验，一种生活态度的认知与表达，可以是对社会弊端或拯救精神贫瘠的解决方案。食物设计归根结底一定和食物与人的生长环境息息相关，它是描绘可持续生活方式的一片明镜。

好的食物设计，它一定能让饮食者愉悦；好的食物设计，它是克制的；好的食物设计，它会考虑到食物的源头和我们生存的自然；好的食物设计，它的体验是完整的。

FD100："对你来说食物设计最令人兴奋的方面是什么？"

胡方： 有很多让人欣慰和激动的地方。它可以刷新人们对自己感官的认知，"啊！原来我也可以品尝到这么丰富的味道。"或者，它可以刷新人们对日常的理解，"哦，原来面包拥有这么丰富的气味！"或者让人们产生思考，"我为什么这样选择食物？"我很高兴听到人们在体验活动之后的欣喜和思考。当下的感受虽然细微，但它直指人、社会和自然的关系，拥有绵延的力量。同样有意思的是，味道是可以跨越民族产生共鸣的。参与"包豪斯午餐"的德国古建筑修复专家在午宴后很激动地告诉我，他的爷爷就是保罗克利那一代人，他竟然品味到当年和爷爷一起吃油渣饭时的感觉。不同的食材在综合空间里激发出跨越地域和时代的共鸣。也有一些时候，食物设计让大众看到很习以为常的食物的另一面，由食物或废渣制成的新材料让人欣喜。这些都是推动我在这个领域不断学习的动力。

FD100："你的可持续发展方法是什么？"

胡方： 吃自然生长的食物，不支持生产链复杂的食物产品。我不赞同盲目素食。很多时候所谓的素食产品其复杂的工业加工链也会给环境带来很大的负担。在个人饮食选择上，选择知晓源头的农业产品，在自己的厨房进行加工，并对食物残渣负责。相信我，这会给身体和肠胃带来好处，同样也会给自己的心境带来很大的转变。

中国 CHINA

黄蔚

桥中

桥中创始人，成功设计平台联合创始人，全球服务设计联盟上海主席，连续创业者、两个娃的妈、创新边界的挑战者、服务设计在中国的布道者。荣获美国《广告时代》颁发的中国"最值得瞩目女性奖"。桥中被誉为"中国设计行业的麦肯锡"，从创新赋能到协同共创，从洞察痛点到设计落地，为客户创造可持续的商业价值。其中开巴项目是桥中零售体验创新的试点：独辟国内精酿啤酒市场，创造了从零到亿的市场，2017年被百威英博的颠覆性增长组织收购。至今，她已出版了5本专业著作，其思想和实践的代表作《服务设计》被评为华章年度最佳作者，她的文章三次登上《财富》杂志。她经常受邀担任国际评委，在欧美发表演讲，向世界传播中国设计的积极形象。

开巴用户体验设计

从用户需求出发，创造新的啤酒吧细分市场。通过服务设计的方法，重新定义了全渠道的啤酒吧用户体验。用服务设计思维将与开巴相关事件串联成一个完整的体验流程，开巴以精酿啤酒为载体，销售了完美的情怀与体验，让消费者从中找到自我、找到熟悉的同时探索未知，完成了全新的啤酒体验。

探鱼品牌体验重塑

黄蔚帮助烤鱼赛道的行业龙头品牌"探鱼"进行了服务体验的全面升级，通过研究发现：烤鱼在消费者心中是天然释放口舌之欲的方式，也是卸下日常社交伪装、释放压力的场所。

该项目在烤鱼就餐体验中定义了一个个关键时刻，通过精准捕捉食客的情感诉求，给食客们打造有层次、有高潮的用餐体验，例如通过上鱼环节打造富有冲击力的"点火"仪式，提供超大杯冰饮、品种多样的自助冰粉搭配等服务，最大限度给用户打造畅快的就餐体验。

蔡澜品牌体验升级

与蔡澜港式点心的合作中，黄蔚将产品体验与蔡澜先生的文化特征结合，无论从食材到餐具，还是造型到吃法，让消费者有了更丰富的选项，帮助他们在自由选择的过程中获得更多情绪上的满足，让他们在忙碌的工作节奏里，随性自在地做回自己，找回内在的沉静。

惟有绿荷红菡萏，
卷舒开合任天真。
——《赠荷花》李商隐〔唐〕

he hua
SU
CHUA LAM'S
DIM SUM

CHUA LAM'S
DIM SUM

荷花酥

茶湘

与食物设计100的对话

黄蔚

"要么设计，要么被设计。"

FD100："你的食物设计方法是什么？"

黄蔚：从人的需求出发，用服务设计系统性的方法考量食物与文化、食物与场景、食物与氛围、食物与心情之间的关系，基于情绪去设计体验。当明确了我们想要给用户打造什么样的体验后，结合数字、人际、物理触点的设计去实现理想体验的打造。

FD100："对你来说食物设计最令人兴奋的方面是什么？"

Anita：当看到我们打造的体验给用户带来正向的情绪价值，看到用户的情感需求在体验中得到满足都会让我感到兴奋。而用户为这些情绪价值买单的同时，又可以产生无限可能的商业价值。这时，无论在商业端还是用户端，都是一个双赢的局面，每个项目的成功会让我备受鼓舞。

FD100："你的可持续发展方法是什么？"

Anita：我认为可持续的核心就是迭代。设计没有终点，迭代是保持设计活力的重要手段。通过多维度的服务体验设计，不断推陈出新，迭代和评估影响，结合运营上的创新，设计可持续、有活力的体验。

Hopla 工作室

Magali Wehung & Agathe Bouvachon

马加利 · 威龙&阿加特 · 布瓦雄

Hopla 是一家饮食体验设计工作室，于 2012 年创建。2013 年 Magali 加入了 Escola Superior de Artes e Design 学校担任烹饪设计老师，与此同时，Agathe 在斯特拉斯堡的装饰艺术学校完成了她的视觉传达学习，加入了 Ich&Kar 平面设计工作室。作为自由设计师，他们的工作主要围绕着展示食物的形状和意义，以及设计品尝的地点和场合。他们与厨师合作各种主题食物宴会。曾参加法国和欧洲其他地方的群展，以及巴黎及其周边地区举办的烹饪工作坊。

法国 FRANCE

LE CHAMP DES SURPRISES
惊喜领域

想象一个有趣的场景：在一个堆满麦穗的田野里，小纸条、小零食等小惊喜藏在各处。游客漫步在其中，时而迷路，玩得很开心。田野里的房子是可以吃的，玩累了的客人在这里分享美食。这座充满惊喜的苹果房子坐落在巴黎共和国广场，里面装着设计师自制的麦片、蜜饯、种子和写着祝福的标签。

活动于 2019 年 9 月 15 日举行，活动内容包括：

● 品尝新鲜农产品、蜜饯工坊、小游戏 、分享奇思妙想
● 下午 4 点大型集体品尝
● 收获后的田地小吃

TXOTX

舞池派对

TXOTX是一场由法国新阿基坦大区和法国国家音乐中心CNV支持的美食和声音体验，旨在发现支持创新音乐。TXOTX诞生于西班牙巴斯克地区，原意是"说话"，现在用作邀请喝苹果酒。Hopla的设计师将TXOTX带到新阿基坦，引燃了一场音乐派对。人们举起手中的美酒跟着音乐尽情摆动，享受巴斯克美食。

音乐创作：Matthys、Fulgeance
烹饪创作：Hoplastudio、Atabal、Modern Comfort、Moï Moï

PIANO PANIER
钢琴推车

Piano Panier 是一个儿童厨房体验装置，孩子们可以围绕它学习和讨论食谱、营养素和堆肥。其中有迷你鱼塘、洗蔬菜池、一块可以同时作为砧板的餐桌。不到 2 小时便可以引导孩子们做完土豆汤。

定期举办的烹饪工作坊会邀请孩子们发现时令水果和蔬菜，然后烹饪，从切菜准备到摆好餐桌，最后一起品尝。这套装置受到学校、社会和文化中心、剧院、市政厅的推崇，设计师会在不同的地方根据季节调整 Piano Panier 的食谱。

与食物设计100的对话

Hopla工作室

"食物是有分享感的，我们围绕食物传递的是知识和情感。"

FD100："你的食物设计方法是什么？"

Hopla： 总有一些东西吸引我。通常不仅仅是食材的形状或颜色，而是它的历史以及与之相伴的整个仪式和文化。我对人类如何改变食物、塑造食物的形象着迷，也从烹饪传统中汲取了很多灵感用于我的创作。

FD100："对你来说食物设计最令人兴奋的方面是什么？"

Hopla： 食物无处不在。在我看来，它是一种易于接触的材料，不需要非常高超的技术就可以创作。你甚至可以用桌子周围的一些原料创造出令人惊叹的、诗意的场景。

FD100："你的可持续发展方法是什么？"

Hopla： 在我的装置中，我经常使用最原始的产品，而无需进行大量改造。 一个好的概念创意，与背景和叙述相关联，可以让你将自己投射到一个宇宙中，而无须大量的技巧。 吃苹果的最好方法难道不是最简单的咬进去吗？以苹果屋为例，我们明白最重要的不是使用的材料，这里是苹果和一点木头，也是提供给我们的诗意形象。 最后我们还用剩余苹果做了一些食物。

Inés Lauber

伊内斯·劳伯
Inés Lauber工作室

Inés Lauber是一家概念性食品和设计工作室的负责人，总部位于柏林和勃兰登堡州 Beelitz-Heilstaetten，她通过讲故事和概念设计提高人们对可持续性、季节性、地点和维护生物多样性等主题的认识。工作室探寻传统的觅食和食物储存方法，研究食物疗愈和文化价值，打破被遗忘的食物和现代、传统和流行、食物和艺术之间的界限，不仅可以养活你的身体，还可以养活你的大脑。

Inés Lauber与当地农场和生产可持续农产品的机构或个人合作，并与将社会和环境可持续性放在其议程上的重要项目和企业合作。

德国 GERNANY

EDIBLE DATA
可食用数据

Edible Data是为"国际数据和信息设计可视化会议"接待仪式设计的手指零食概念。Edible Data 由五个不同的可食用数据集组成，这些数据集是从观众、柏林-勃兰登堡地区以及可持续性相关主题报告中获取的。通过食用数据片段，观众以一种不同于以往的方式了解了多感官体验相关主题。 食物可以跨越语言和视觉语言无法跨越的界限。通过我们的文化、记忆或情感，每个人都可以理解和联系食物语言。

食物是触发沟通的最佳工具之一；我们感知一种味道、一种气味、一种质地，对它有自己的看法，通过共同的体验，我们创造了一种社区感。Inés Lauber为会议设计的食物概念，对话晚宴，将食物与会议上提出的设计主题相结合。人们来回走动到与问题相关的不同颜色主题区。食物的目的不仅是品尝，它还可以将数据可视化，与形状、颜色和陈述联系起来展示数据和观点。

这些食物概念表达了设计如何提升食物所传达的信息，以及食物如何作为工具和设计材料。

THE HUMBLE TABLE: RETHINKING RITUALS
布衣之桌：重新思考仪式

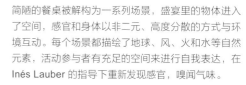

约旦的 Namliyeh 工作室代表作品 The Humble Table 与 Inés Lauber 工作室在柏林 MaHalla 进行了一场挑战传统社交饮食观念的实验性表演。盛宴和聚会在传统文化中是神圣的，设计师们质疑当前的规范，在全球日益严峻的环境挑战背景下重新思考饮食仪式。

设计师们讨论人类联系的未来，在不考虑饮食在现代社交方面的功能的情况下，探索超越国界、传统和限制的新形式。通过寻求与自然世界的深层和原始联系，设计了一场人们即使在孤立的情况下也能培养归属感和安全感的体验。

简陋的餐桌被解构为一系列场景，盛宴里的物体进入了空间，感官和身体以非二元、高度分散的方式与环境互动。每个场景都描绘了地球、风、火和水等自然元素，活动参与者有充足的空间来进行自我表达，在 Inés Lauber 的指导下重新发现感官，嗅闻气味。

三位演示者展示了一系列从周围环境采集的可食用和不可食用的材料，互动体验鼓励人们摒弃传统的观念，在游戏中创造新的工具、食谱和与食物的联系。通过粉碎、搅拌、混合、挖掘和燃烧，新的联系就诞生了，直觉和想象力捕捉了创造和包容的新叙事。

VITAL FORCES——FOOD IN CONTEXT
至关重要的力量 —— 情景中的食物

Satellite Berlin是一个与科学和人文学科领域专家共创的非营利性艺术组织，旨在创造一个公众对话平台，引领人们思考那些超越现象表面的事务。2016年Satellite Berlin艺术合作社和Inés Lauber 推出了平台新板块，Vital Forces——Food In Context。

从 2016 年到 2019 年，Inés Lauber 指导和策划了食物艺术系列活动，探索文化产品语境中，过去、现在和未来的饮食文化。活动通过艺术的语言表述不同领域话题，并将话题串联。重点是讨论食物的可持续性，这些内容往往让人感到压力。

"我们消费食物、吃饭、种植、收获、烹饪、改造……农业和粮食生产的循环是复杂的，我们的植物自然遗传是被人为影响的。工业制造的食品带来了社会变化和现代生活方式上的诸多问题。这些改变和我们常提到的食物区域性、有机和手工食品、慢食和城市园艺运动以及保护生物多样性是不一样的，所有主题似乎都是独立被讨论，而与农业、艺术、文学、科学、卫生、教育、哲学和社会等领域没有更好的关联互动。"

设计师希望在"食物泡沫"之外，食物能真正触动更多的观众。

Studio Inés Lauber X Satellite Berlin 在2017~2019年间的三个主题概念分别为：历代饮食文化、被遗忘的味道、自然与资源。

与食物设计100的对话

Inés Lauber
伊内斯·劳伯

"饮食文化是我们社会的反映，是时代精神的体现。食物是我的灵感来源和工作材料，社交、情感以及感官体验是我工作的核心。我为明天的饮食文化创造概念。"

FD100："你的食物设计方法是什么？"

Inés： 我对世界各地美食的多样性特别感兴趣，比如饮食文化的历史、传统、筹备、礼仪规则、神话和食物的其他可能性。

FD100："对你来说食物设计最令人兴奋的方面是什么？"

Inés： 我的工作目标是通过食物这个国际语言将人们联系起来，并赋予互动的力量。这非常让我兴奋和满足！作为一名设计师，食物是我表达和实现我的想法的创意材料。

FD100："你的可持续发展方法是什么？"

Inés： 以食物为材料，以讲故事为工具，创造时刻、空间、事件和提高意识的机会——可持续性是我工作的核心，并发挥着核心作用。了解情况是改变的关键。因此，让你的听众接受是很重要的。食物是非常强大的工具，食物内在的情感能够引起人们的关注。

中国 CHINA

简艺
良食 - 中国行动平台

简艺，影像制作人、中国绿发会良食基金发起人；哈佛大学法学院及哈佛肯尼迪政府学院访问研究员（2022）、耶鲁世界学者（2009）。2009年拍摄纪录短片《何以为食？》开始关注食物可持续议题。2014年开始推动植物饮食。2017年发起第一届良食峰会迄今（2022年）已六届，是年度的食物系统领域前沿思考、最佳实践以及良好食物的集中展示。2019及2020年春节前设计和发起了两届良食节暨新年食尚发布会、食物设计师大赛，联合才华出众的大厨共同推出健康、可持续的新年菜品。2019年与耶鲁大学、哈佛大学、马萨诸塞大学、康涅狄格大学、美国烹饪学院以及谷歌共同设计和发起第一届食物领先论坛 Food Forward Forum。主导设计的"妈妈厨房"项目于2020年参与"2050食物体系远见奖（2050 Food Systems Vision Prize）"的评选，获得全球"顶级远见者"殊荣。2021年受邀作为联合国"为所有人提供良食"全球50最佳中小企业评选决赛评委。入选世界经济论坛食物系统转型全球领袖网络。主导设计和主持了2022年第一届哈佛一中国大学生"助推马拉松（Nudge-a-Thon）"竞赛，推动校园食堂更广泛采用植物饮食。哈佛行为洞察学生社团联合社长（2022）。简艺的三个硕士学位分别来自于哈佛大学、北京广播学院和美国圣母大学。

良食 "妈妈厨房"

厨房如何连接人与自然？如何促进人类健康？如何倡导动物福利？如何支持生物多样性、文化多样性？如何减少食物浪费、增进循环经济？如何成为生命教育的空间？如何支持小农生计、如何促进更可持续的农业实践？

良食"妈妈厨房"是基于"良食共识"及"良食倡议"打造的低碳、健康的美味社区空间。这个空间可以具有多重功能，可以是美食实验室、社区厨房、烹饪教室、食物档案馆等。厨师、营养师、学者、社区居民、农民等各方合作，立足于开发以植物为主的菜谱，增加每天生产和消费的食物的多样性，向所有人提供更好的食物；同时培育更多的食物创变者，引领饮食习惯的改变。

为加强生产者和消费者之间的联系，以社区共建的方式，使"妈妈厨房"项目落地，成为社区的"可持续食物体系枢纽"。为共建的社区提供可口、健康和可持续的餐食，以此改善人与自然的关系，减少食物碳足迹，增加食物体系的韧性，实现可持续发展。

2019年底洛克菲勒基金会与 SecondMuse 和 OpenIDEO 等机构共同发起"食物体系远见奖"的评选活动，旨在鼓励和支持在2050年到来前建构起可持续、可再生、可以滋养地球、滋养人类的食物体系。参赛者需要讲述自己的使命愿景，并提出与之相应的、切实可行的行动方案。全球共有4000多个组织（包括非政府组织）的1300多家团队参与了初赛阶段，提出了植根于119个国家或地区食物体系的具有远见的方案。良食基金"妈妈厨房"经过初赛和半决赛的激烈角逐，脱颖而出，最终获得"全球十大食物体系远见奖"，是唯一一个来自东亚地区的获奖项目。

2020年秋季，良食妈妈厨房在云南大理试运行项目试点，由良食设计师大赛冠军李岩主厨，全国海选食客来大理参与每一期的主题餐桌。

良食节

农历新年是一年当中最重要的节日。如何让春节餐桌在保持丰盛美味的同时能更加健康、减少食物浪费、同时能支持更可持续的农业实践？2019年及2020年年初的腊八节前后，简艺设计了一个"新年食尚发布"的活动，邀请全国不同地区的主厨参与，以"良食倡议"理念设计新年菜品。2019年的发布会在北京三里屯举办，随后开启了第一届"食物领先论坛"，参与发布的大厨、记者和企业家赴耶鲁大学、哈佛大学、美国烹饪学院、马萨诸塞大学、康涅狄格大学、谷歌交流可持续餐饮。

2020年年初的食尚发布会在北京昌平区兴寿镇辛庄村举办。同期举办良食节，包含各类健康可持续食物的讲座、工作坊、论坛。2020年辛庄良食节增加了以"良食倡议"理念为核心的"良食设计师大赛"，与平台"下厨房"合作在全国海选了19名大厨进入决赛。决赛在19个辛庄村的志愿者家庭的厨房举办。参赛大厨赛前15分钟才抽签决定配对的厨房，创作食材只在进入比赛厨房之后才能看到，参赛大厨需要在2小时内做出"命题"菜品和"自选"菜品各一道。

2020年底疫情期间，简艺将良食节重新设计为线上：《良食新年全球接力》——邀请全球 24 个时区的人随着时区的推进，在线接力展示自己 2020 年最后一餐的餐盘里有什么。2020 年是特殊的一年，疫病的大流行深刻地影响了人们的生活方式和交流方式。2020 年 12 月 31 日，怎样的食物"恰巧"出现在我们的餐盘上？时区的推移也给活动带来了文化的多样性，从新西兰的原住民毛利人餐桌开始，到澳大利亚著名哲学家彼得·辛格（《动物解放》作者）展示亲手制作的"麻婆豆腐"，到东亚、南亚、中东、欧洲、非洲、北美、南美，最后在夏威夷"食物森林"的全球 2020 年最后一抹阳光中收尾。2021 年和 2022 年的 12 月 31 日简艺和良食同事继续组织了两期全球接力，参与者有农夫、原住民、名厨、艺术家以及背景多样的全球各地的人们。

食物系统转型行动平台

简艺在 2020~2021 年受邀加入联合国粮食系统峰会行动轨道二 (UNFSS AT-2) 核心领导小组，并担任第一工作小组（食物环境）组长。联合国粮食系统峰会是联合国秘书长倡议发起的、有史以来第一次以食物系统为主题的全球大会。借此机会，简艺和良食团队积极为中国民众介绍这次大会，这次会议也成为了介绍中国食物系统转型的创新窗口。良食团队举办了 12 场在大会注册的中国对话，直播总观看量超百万，发起了依托于 UNFSS AT-2 的"中国行动平台"。

2022 年，良食推出了"食物系统转型行动平台"，旨在将食物系统的不同利益相关方联系起来，以"良食倡议"为框架，打破固有壁垒，以系统性思维，促进合作。从而使食物系统转型能够以跨领域、跨地区的方式得到推动。同时也成为了中国和世界食物系统创新和转型的窗口。

与食物设计 100 的对话

简艺

"我的工作是围绕可持续食物系统转型的社会设计。基于全球健康、环境等领域的科学，我在2019年提出了涵盖八点的"良食倡议"，是国内首个健康、可持续食物消费模式的具体框架和实践原则，是我的食物系统设计工作的核心理念，也正被越来越多的机构签署和采纳。"

FD100："你的食物设计方法是什么？"

简艺： 很长时间以来，人们普遍将食物议题等同于食品安全或者粮食安全。在食物治理上也往往缺乏整体视角。我们的工作角度是以系统性思维来看食物系统的问题和机遇，针对不同的利益相关方设计相应的干预方法。我们不设计具体的食品，而是对整个食物系统中的人、机构、社群的研究，找到潜在的引领者，帮助他们推动食物系统的创新和转型，从而更好实现改善人类健康、星球健康和提升动物福利的目的。

FD100："对你来说食物设计最令人兴奋的方面是什么？"

简艺： 人类在21世纪最重要的挑战之一是如何为日益增长的地球人口提供产自可持续食物系统的健康食物。但是正如2019年《EAT-柳叶刀报告》所说，"食物是改善人类健康和地球环境可持续的最强杠杆！"我们才刚刚开始建立食物系统的概念，里面充满了机遇。我们需要对行为洞察有更多理解，从而能够对食物环境进行更好的设计，来促进食物消费模式的转型。

FD100："你的可持续发展方法是什么？"

简艺： 食物议题不仅仅是靠可持续发展目标（UNSDGs）中的"解决饥饿"这一条被联系起来的。近几年，越来越多的科学研究显示，食物问题不仅仅是农业问题或食品安全，而是我们现在几乎所有最紧迫议题的交叉点——延缓气候变化（减碳）、减少生物多样性流失、公共健康、乡村振兴、公平生计、动物福利，当然还有粮食安全、食品安全问题都依赖一个健康、可持续、公平和有韧性的食物体系。事实上，不改变我们现有的食物系统，我们不可能实现联合国可持续发展的目标。

江振诚
André Chiang

江振诚André Chiang，曾被*Elite Traveler*选为全球"未来10年15个最具影响力的厨师"，获2018年亚洲五十最佳餐厅终身成就奖；成为史上唯一横跨米其林、世界五十大及全球百大名厨榜的华人名厨。 13岁开始接触厨艺，为追求更高的厨艺境界前往法国学艺十余年，25岁即成为了法国米其林三星餐厅执行主厨。之后以独特的风格哲理和其于世界各国分别创立的顶级品牌概念，被誉为料理哲学家。

中国台湾TAIWAN，CHINA

RE:DEFINE FUTURE
重新定义未来

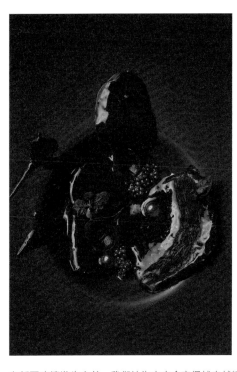 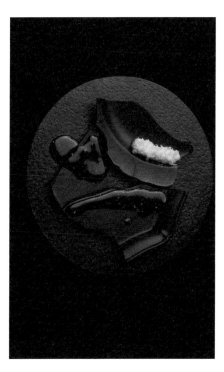 

在新冠疫情发生之前，我们认为未来会变得越来越精致，越来越美好。但一场疫情让我们看到地球生态的脆弱，人类的渺小，我们对未来的认知变得客观、理性，越来越重视生态的发展。重塑未来这一套菜，有九个议题，和生态有密切的关系。比方说，江振诚主厨在这套餐宴中的其中一道菜叫做*OCEAN CRISIS*，用到了食物链最底端的一些食材，用来表现海洋生态系统严重失衡，导致沙丁鱼搁浅的状态，鱼身淋上昆布油和黄金鱼卵，就如同海洋污油及人类生产的"海洋微粒"附着在所有生物上。江主厨将议题融入料理，目的是希望能敲响危机的警钟，让世人开始重视世界面临的危机，倘若每个人都从自身做起，降低使用污染这些产品的物质的概率，便能从料理中产生改变的力量。

另外一道菜命名为*SURVIVAL OF THE FITTEST*，江主厨用了和牛、鱼子酱及蓝鳍鲔鱼，酱汁做成血滴的样子滴在盘子上，一片红色的肉搭配着酱汁，

看起来血淋淋的，用强烈的视觉冲击表现人类正在生态圈中金字塔的顶端掠食的画面，以及大自然正遭受弱肉强食的迫害而带来的冲击，而这正是江主厨的设计用意。人类作为食物链的最顶端，对其他生物有着生杀大权，很多时候人类捕杀动物的手法是很残忍的，只是用摆盘、起名等方式美化了这背后的手段。人们只看到漂亮的菜品呈现，满足了味蕾，却毫无罪恶感，基于人类品尝的需求，金字塔顶端的重要掠食动物长期被大量捕杀，破坏食物链的流刺网已导致了海洋生态系统的失衡，虽然依旧呈现了这些食材，但也传达了"人们必须要有一些反思"的想法。

"身为料理人，用独特的哲学来思考食物的设计，就能让人们从一道菜、一顿饭中带走一些更深刻的东西。"——名厨江振诚

WORLD TOUR Ⅲ
世界之旅 Ⅲ

生活在被疫情笼罩的两年中，几乎所有国际餐饮论坛及合作都停摆的状态下，观光餐饮业受到的影响极深，同时也彼此失去了联系。对大家来说，这场疫情仿佛就是一场面对着共同敌人的世界大战，过去习以为常的旅行，如今却成了一种奢侈。因此江振诚主厨有感而发地提出"World Tour"理念，号召了横跨三大洋、四大洲，十三间纵横世界五十大餐厅排名，总计二十八颗米其林星星的顶级餐厅和名厨，组成疫情期间料理史上最豪华的名厨阵容！让世界各地的大厨好友们能借此跨国界地齐聚一堂，各自献出一道经典菜色，再由江主厨在自己的餐厅重现，让当时全球都无法正常旅行的客人体验一场舌尖上的旅行。在后疫情时代，跨越了海岸和国界的分隔，共同传递正能量，也为未来点燃新希望。

每个地区的餐厅都非常慎重地做这件事，因为大厨们没有办法亲临现场，江主厨带领顶尖的团队，精准还原了食材，重现了味道，推出当天涌入了十万人争抢订位，一位难求。此外，餐厅为客人定制了每个地方专属的护照和明信片，以20世纪30年代复古"Jet-age Fantasy"风格的缤纷色彩为概念出发，结合每座城市的鲜明元素和特色，将客人带入每间餐厅的经典菜色与室内风格，让客人在沉重的疫情低气压下，有更深刻的在国外旅游的感觉和愉悦心情。

川江月菜单

江振诚主厨为顶级四川料理餐厅川江月设计了两套融合"传统"与"创新"的菜单，用新与旧的强烈对比，带领顾客走入四川料理的世界，与整套餐宴的美学完美融合。

第一款菜单让我们从"传统"中看到"新"，一个像传统屏风一样的折叠书册，翻开来就仿佛打开一副中国古画长卷，书卷中有着描绘传统山水景色般的宫画笔触，而画中出现的是十五道菜品的重点食材，如此将经典菜色融入画中，在看似传统的设计中创造了不一样的新意和观感。另一款菜单则是一组看似Pantone的色卡，江主厨希望客人在品尝菜品之前，通过色卡就能感受到四川料理的味道，因为四川料理中，没有所谓高级的食材，如调色盘般色彩斑斓的味道组合才是料理的精髓。因此呈现出了完全相反的思维，在"新"当中做出了最单纯及最传统的味道与颜色的呈现。

"一菜一格，百菜百味"。不超过二十种的调料就组合出上百种的味道，最简单的食材通过不同的调料烹饪，就能深刻地刺激味蕾。单单辣味就有不同程度的辣，就好像色彩中，红色有不同深浅明暗的红。色卡中的渐变色体现了味道的递进、渐层、刺激和对比，正如四川料理所传达的精神就是"组合的和谐性"。因为在江主厨的想象中，给每个四川料理的元素都对应了一个颜色，客人光是用看的就能感受到一道菜的味道，甚至是温度。

与食物设计100的对话

江振诚

"创作料理对我来说，就像策划一场电影。品尝菜品和电影一样，通常八九道菜会用到九十分钟的时间，因此我认为厨师就像电影导演或编剧一样，必须考虑菜色整体的起承转合，什么样的菜应该在什么样的时间出现才能扣人心弦；而厨师要做到的，不仅是让顾客在品尝的当下要惊叹，更要能让顾客产生联结，在用餐后一两天时间还能持续回味和消化这中间的情节和味道。能够把我的一生都奉献给我热爱的事情——烹饪和艺术，是我的荣幸。分享创作的过程带来了更多的快乐。"

FD100："你的食物设计方法是什么？"

江振诚： 食物设计最主要的一个元素，就是要和人产生共鸣，这一点和所有的设计都一样。但食物设计，除了最直观的五感之外，还有第六感，就是人们在脑海中产生的画面，还要让人感受到最后吃进去的共鸣。食物的设计除了推陈出新，更要着重于与"人"切身相关。曾以三种语言在全球二十一国发行的《八角哲学》是我出版的料理蓝图，也正是我的思考模式与灵感来源。当年我反复思索，想如何透过料理告诉别人我是谁。于是我回顾二十多年来的所有创作，以及所有我喜欢的物件，归纳出八角哲学的八个元素，而我的每一次创作，也都必定有这八个元素的身影。

FD100："对你来说食物设计最令人兴奋的方面是什么？"

江振诚： 食物设计能令我感到最激动的是，能够透过食物，传达除了"美味"之外的讯息，而这些讯息要比文字能够更加直接传达，带给人强烈的印象，因为，我希望人们通过食物而有所思考。对我来说，设计是找寻与想象中的美好未来连接的道路，设计师的天职则是利用自己的视角和技能解决问题，让世界变得更好，而食物设计也是如此。从菜品本身、顾客的用餐过程到桌边服务，更是全套"设计体验"的一环。特别是在这次疫情后，我思考着未来饮食是否有可能返璞归真？或是回不了头了？未来世界的料理会演化成什么样子？Re:define future把"现在"设为时间轴的中心，来向前或往后看；未来，食材随处唾手可得，是否会直接就地取材烹调或食用；是否可能回到那个人们用双手进食的原始状态？因此我有感而发地设计了一道放在树皮上的菜品，让人们直接用手吃，除了增加食材互动的体验，也希望让大家正视现今社会我们对工具的过度依赖，甚至在面对一些习以为常的事物时，都能转换成养分，以一个创造力的思维去应对。

FD100："你的可持续发展方法是什么？"

江振诚： 现代人大多都没有时间做饭，厨师在日常生活中出现的频率越来越高。我突然发现消费者并不知道吃到的食材是否是有机的、环保的，一切都取决于厨师的选择；厨师不但决定了消费者"吃什么"，也有着决定上游"种植什么"的重要影响力。我在数年前就曾发起"吃在地""食材零浪费"等饮食潮流运动；一方面，大量选用当季和原产食材，降低种植及运输成本，另一方面，也采用一些时常被冷落或是弃置的食材，让大家了解，其实这些食材大有可用！因此，厨师除了提升自己的专业知识和能力，对于大自然的永续，更是背负了许多社会责任。

姜恩泽
艾特蜜斯甜品设计工作室

艾特蜜斯甜品设计工作室成立于2020年6月，创始人姜恩泽在2010年就开始为国内许多大型餐饮集团设计甜品，曾首创零点花盆甜品成为国内第一款网红甜品。中国饮食博大精深，中国食材更是丰富多样。作为一名甜品师，如何将中式食材与西式融合并且创造出有中国特色的甜品，是姜恩泽近些年来一直在研究的问题。通过不断地尝试与比对，茶、酒酿、豆浆、藤椒、山楂等，发掘出了许多适合制作甜品的创新原料。

中国 CHINA

生活中的甜蜜花园

花盆甜品源于同事之间平时的聊天。我们餐厅每天都会用到许多微型的蔬菜苗，都是长在一个长条的木盒里，每天开餐前用剪刀把它们剪下来。那天他们跟我说能不能把甜品做成花盆的样子，我说当然可以，这是很好的想法！那天以后我就开始设计这款甜品，设计它的味道组合和样式。

当时是夏天，所以我想一定要有清凉的元素。第一个味道选择的是百香果，因为它味道独特，并且在北方属于不常见的水果。我决定把它做成冰霜，因为冰霜能够最完美地保留它本身的味道及特点。

第二及第三组成部分，我选择斑斓奶油及椰奶泡沫，目的是用这两种食材的味道去中和百香果的酸味，来防止食客因为过多食用冰霜而产生酸腻的感觉。

第四组成部分是竹炭酥粒。说到土壤，大家第一想到的是用巧克力来制作，因为颜色比较相似。当时我想，一定要找到一种既要在颜色上像土壤，而且口味上还要独特的材料。有一天我翻阅原料目录，"竹炭"出现在我眼前，我喜出望外、如获至宝，这不就是我一直寻找的土壤原料吗？颜色匹配度满分，味道匹配度满分！

就这样，一个花盆甜品诞生了。

这款甜品在口感搭配上，第一口是竹炭酥粒的酥脆口感，接下来是虹吸椰奶泡沫，利用二氧化氮气体打出来的椰奶泡沫入口轻盈，泡沫瞬间在口中消失，只留下淡淡的椰奶香味。当你还在回味的时候，百香果的味道突然又充满你的口腔，冰凉而又清新。当它的酸味正要让你皱眉头的时候，赶快继续深挖斑斓奶油，它会带你回归平静。工作和生活亦是如此，只要你善于发现，身边的"甜"总是比"酸"多一点点！

秘密花园是根据热熔巧克力蛋壳改良的。当时我想大家都是用热的巧克力液体去浇到巧克力壳的外面，而我要做出一款让液体从里边流出来的蛋壳。在味道搭配上，我选择了树莓、草莓、牛奶还有薄荷，将草莓、树莓制作成了流淌的馅心，因为除了颜色鲜明之外，这样能够最大限度地保持这两种水果的味道。牛奶制作成了泡沫，符合它的特点，淡淡的香浓后瞬间消失。薄荷冰淇淋的加入大大增加了这款甜品的口味冲击力，当牛奶泡沫消失后，薄荷的清凉又迅速冲了上来。当清凉还没有充满你的口腔，草莓树莓汁又接踵而至，酸甜清爽。最后，白巧克力饼干脆片会中和所有味道，让你回归平静。

书香气

绿茶具有提神醒脑，除烟醒酒，消炎杀菌，生津止渴，清热解毒，去腻消食等多种功效。绿茶中的芳香族化合物还能溶解脂肪，防止脂肪囤积在体内，里面所含的咖啡因还能促进胃液分泌，有助消化。非常适合制作甜品。

"书香气"是一款绿茶甜品，茶叶蒸青后，在低温下用石磨碾成微粉状，然后与奶油、蛋黄、砂糖等原料制成书香气甜品，甜品外形设计是一本翻开的书，希望大家在享受下午茶时光的同时也能从甜品的角度来理解书本内在的意义。

椒香呼应

藤椒是优质的营养蛋白源，脂肪酸含量非常丰富，特别是不饱和脂肪酸含量极高。藤椒具有浓郁的麻香味，在中国多用来当作调料入味，但也存在风味物质易挥发、麻味分布不均匀等问题。

山楂含有多种有机酸，可增强胃液酸度，提高蛋白酶活性，促进蛋白质消化。

山楂与藤椒搭配可以很好地形成互补，一个提供香气，一个提供解麻的酸味。

"椒香呼应"是给一款湘菜餐厅设计的甜品，甜品外形设计成辣椒的样子是为了契合湘菜的主题。产品推向市场便占据了餐厅菜品销量第一名。

与食物设计100的对话

姜恩泽

"融合东西文化，做中式特色食材甜品。"

FD100："你的食物设计方法是什么？"

姜恩泽：从食物的功效与所需店铺的风格入手，我会将中国地方特色小吃的原材料用甜品的工艺与手法重组，我认为食物设计应该将传统、现代、营养、健康相结合，并且要有美味、惊喜这两个基本要素。

FD100："对你来说食物设计最令人兴奋的方面是什么？"

姜恩泽：食物设计是一个将艺术、手工艺、美学、色彩、营养通过食物高度融合的体现。它能够让人喜悦，让人忘掉烦恼。

FD100："你的可持续发展方法是什么？"

姜恩泽：在我看来可持续性是传统的延续和不断升级，原料的健康化、安全化、营养合理化都是需要我们不断开发的。

景斯阳

NEDO 设计咨询工作室

景斯阳，哈佛大学硕士、宾夕法尼亚大学硕士，并曾于麻省理工学院媒体实验室、德国慕尼黑工业大学交换学习。中央美术学院设计学院危机与生态设计方向召集人，Eco Vision Plan 发起人、食物远见计划发起人、策展人。她的研究领域为潜行科技下的危机设计、生态与可持续设计。她曾策划"食物图景"展览、"生态远见计划——生"展览、联合国生物多样性大会展览，作品曾在北京、深圳、杭州、阿那亚、三亚、费城、达拉斯等地展出。她的专著有《可持续食物设计》，译著《生物设计：自然、科学与创造力》，采访编著《当代设计大家访谈录》系列丛书。任中国科技核心期刊《中国园林》杂志特约编辑，曾在多个国内外核心期刊发表文章，组织国际设计类论坛和峰会 20 余次。

中国 CHINA

食物生态远见计划

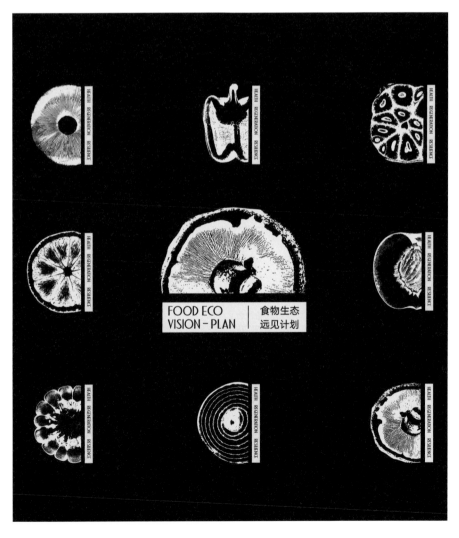

在后疫情与后碳的背景下，"食物生态远见计划"是以食物设计为出发点，围绕食物的来源、安全、生态、农业进行系统性的、可持续性的低碳设计创新。景斯阳发起的"食物生态远见计划"将在经济和生态方面设计一系列适应性的、再生的饮食系统，包括我们如何消费、互动和生产食物，以及在气候紧急情况下如何实现环境福祉的转变。项目分为"食物生产设计驱动创新""食物消费设计驱动创新"和"食物供应设计驱动创新"三个板块。其中正在进行的项目包括与《卷宗》杂志合作的"贾家庄食物乡村振兴"项目，与良食基金合作的"少数民族食材"项目，与WWF世界自然基金会合作的"世界粮食日"等。

在"食物消费设计驱动创新"板块，与WWF世界自然基金会合作创作的"可持续水产"可交互艺术装置即将落地。消费者在购买海产品时的选择具有局限性，难以看到潜藏在"表象"下庞大的海产品供应链系统中的问题。看似新鲜和健康的水产，实则有"伪新鲜"或者其生产捕捞方式极其破坏环境可持续的问题。装置以"可交互的冰箱"为载体，将中国水产产业链条中"不追溯"背后隐藏的危机与不可持续的问题展示在消费者面前，以提高消费者对水产可追溯性的认知，引导消费者购买"可持续海鲜"。

食物图景：餐桌上的星球计划

于2022年9月16日至11月6日在秦皇岛阿那亚艺术中心展出的"食物图景：餐桌上的星球计划"展览由景斯阳、刘诗宇策划，展出作品以中央美术学院设计学院危机与生态设计方向研究生课题《气候货币计划：食物图景》的研究与学生作品为基础，回应了在危机与后碳时代中的以下问题：如何用食物来设计物种间关系？如何减低食物消费中的碳足迹？如何利用食物垃圾？极端气候条件下如何生产食物？如何解决食品安全与营养问题？未来食物设计有哪些可能性？

展览由一场精心布置的"晚宴"开篇，盘中所盛放的十二道"菜肴"经过精心挑选，由花粉、土壤、种子和化肥等十二种颗粒构成，代表了人类食物系统与星球的紧密联系。试管内的每一种液体也是星球食物图景的一个缩影，从生命之源到"寂静的春天"、再到无所不在的棕榈油衍生物。这一场"晚宴"希望帮助观众打开对于餐桌上日常食物的想象，将思考延伸到全球范围的经济、生态和文化中，与展出作品发生更加深入的对话。展览第二站位于卷宗盒子空间内部，以隐喻着现代工业食品体系的超市货架为原型，所展出的九件作品从气候变化、全球饥饿、鲑鱼产业链和跨文化交流等角度出发，向全球当代食物图景发问，并以跨学科的研究和探索提出创新性提案。与展览相关的研究以及《气候货币计划：食物图景》教学成果汇集于两本书籍之中，一并展出。展览的终篇聚焦于"后食物"，思考巨大的食物浪费和食物系统垃圾带来的生态经济压力和蕴藏的潜力。55个由"食品垃圾"制成的模块展现了通过食物系统废弃物创建更具弹性的食物系统的可能。

牛肉产业研究

05 MEAT INDUSTRY FUTURE PICTURE IN PENNSYLVANIA

Project: UPenn, 601 Studio-Project 2, 2014
Type: School Studio, Large Scale Research
Individual Work
Tutor: Daniel Pittman
Duration: 6 weeks
Site: Pennsylvania State, U.S.A.

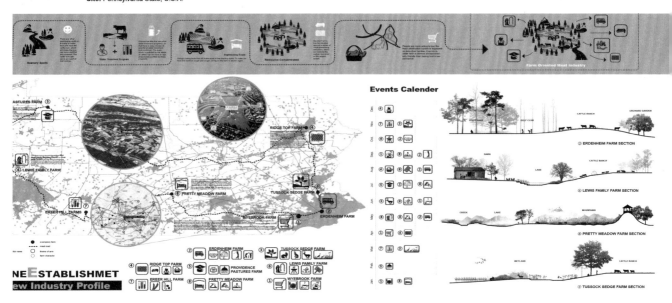

牛肉产业研究项目披露了牛肉生产中惊人的土地消耗和水足迹,作品揭示了三个问题:第一,牛肉的供应链有时间滞后鸿沟,我们吃到的牛肉是最新鲜的吗?第二,牛肉产业是非常不可持续的项目,其所消耗的水资源、能源和土地资源是巨大的。第三,牛肉产业在衰落,相关从业人员的工资也是相对较低的。由此,设计师提出两个变革的方向。第一,消费者观念变革;第二,农场的运营模式变革,从而提出整合宾夕法尼亚州的牛肉农场资源,叠加式、创新式设计农场资源,让农场的生态足迹减少到最低。

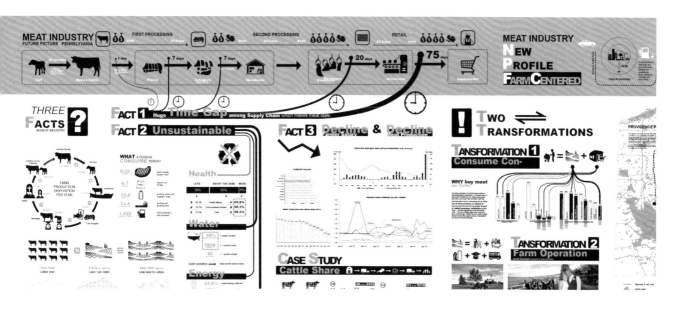

与食物设计100的对话

景斯阳

"首先通过设计研究的方法，通过实验性的调查，开发新的研究和交流工具、建立新的方法论，来促进对当今复杂现实的更深入理解，在系统、材料、资源、技术、社会和话语可能性方面提出变革性的干预措施。然后汇集全球最顶尖的设计艺术等跨学科专家资源，形成应对气候变化、危机、可持续的智库。最后将可持续设计创新与商业结合起来。"

FD100："你的食物设计方法是什么？"

景斯阳：我重点关注由食物为媒介串联起的系统，引发出对资源、产业、消费的重新审视。"用吃改变世界"的理念，如何对食物设计价值的重新思考，通过食物设计反思当今复杂系统，以及在每一个环节提出设计应对危机的方法。我提出后碳时代食物设计的四维转化：第一，以"人"为中心转向以"生命"为中心，关注生命共同体、多物种间的跨界融合；第二，以"物"为中心转为以"超物"为中心，关注全球性与地域性；第三，从"体验"经济转为"后碳"经济，关注碳排放、食物浪费；第四，为"消费"设计转为"危机"设计，关注极端气候与粮食危机、食品安全与营养以及未来食物。

FD100："对你来说食物设计最令人兴奋的方面是什么？"

景斯阳：食物不仅是关乎民生的必需品，也是连接人与人、人与自然、人与社会的重要媒介。尽管当代食物设计研究才有20多年的历史，但至今为止已经发展出了许多研究方向。从研究提议来讲，有围绕"吃"为中心的饮食、烹饪、体验等小尺度视角；也有围绕"生产"为中心的生态、农业、系统等大尺度视角。食物设计受到了多学科的关注并作为理解世界系统的钥匙。食物系统是一个"开放的复杂巨系统"，正如布鲁斯·马里恩（Bruce Marion）在1985年对食物系统（Food System）下的定义一样："食物系统是农业与下游经济主体之间各种关系的总和。我们如何可以"用吃改变世界"？

FD100："你的可持续发展方法是什么？"

景斯阳：我在中央美术学院设计学院开创了危机与生态设计专业。危机与生态设计基于广义生态学，以生命科学、合成材料科学、地理信息学、气候学、未来学辅助设计科学，对不确定的未来进行预测，并提供非"一次性的"，具有长期主义的、弹性的、多层次的愿景和开放式解决方案，为生命、地球和可选择的未来而设计。危机与生态设计基于设计研究的方法，通过实验性的调查，开发新的研究和交流工具，建立新的方法论，来促进对当今复杂现实的更深入理解，在系统、材料、资源、技术、社会和话语可能性方面提出变革性的干预措施。研究的关键词有：气候货币、后碳设计、响应式环境、超物体、生命制造、第三自然、生态资本、星球改造、气候设计、弹性设计、合成生物学设计、负碳制造、资源创新、人类福祉、危机与适应力等。同时，我发起了生态远见计划 Eco Vision Plan：生态远见计划是一个国际性的研究、设计、活动网络，通过跨学科的碰撞，探讨人、自然、技术的三元关系，并为生命、地球和可选择的未来提供倡议与方案，以应对气候变化和环境危机。生态远见计划定期邀请设计师、艺术家、科学家、企业家、教育家、决策者、公益组织等行业领袖，以访谈、讲座、展览、项目等形式作为催化剂，为危机时代提供综合的媒介、工具与解决方案。

桔多淇

概念摄影艺术家

桔多淇从2006年开始从事食物摄影，摄影将她的工作和生活完美联系在一起，食物的可食用性与工作的拍摄内容形成无缝隙闭环。食材即是画材，和油画颜料一样，诠释她心中想表达的观点。她的作品在2009年获得贵州国际摄影艺术节创意一等奖，2021年在广东顺德未来食物设计节获得一等奖。并举办2008年巴黎北京摄影空间个展、2015年映艺术中心个展。参加了迈阿密、洛杉矶、西班牙、上海、北京、厦门艺术博览会等联展，与海尔品牌、微软Surface、上海昊美艺术酒店品牌等有商业合作，作品被国内外藏家收藏。

中国 CHINA

蔬菜博物馆

2006年初夏，桔多淇买了十几斤豌豆，一个人安安静静坐在那儿剥了两天的壳，用铁丝把新鲜豌豆穿成串儿做了一条裙子、一圈项链、一个头饰、一个魔术棒，拿遥控自拍了一张照片，起名为《豌豆选美》。那是她用蔬菜做的第一张作品。

接下来的两年里，她常常在卖菜的各个摊位前徘徊，拿起来看看，琢磨琢磨又放下去，考虑把它们移到哪个位置上更有趣。品种繁多的菜形状颜色各异，排列组合就能得到很多图像资源。新鲜的、蔫了的、烂了的、枯干的、腌过的、煮过的、炸过的、炒过的，样子都不一样。作为导演的桔多淇，将《自由引导人民》搬上舞台，起名为《自由引导蔬菜》。不用找人当模特儿，蔬菜全是演员，还可以是道具。

作为一个当下网络时代的中国女性，她为大家推出的是这样一道世界名画：煎鸡蛋般滋滋冒泡的炮火硝烟背景下，散发洋葱味儿的圣女，左手抓大葱枪，右手高举木耳旗帜，身披豆腐皮裙，召唤众菜民前进。红薯小兵瞪着两只莫名其妙的小圆眼睛，右手举一片耷拉下来的油菜叶，他是否已经了解往前冲的意义而失去向前的动力？各个土豆头士兵表情不一，神态不确定，似乎是惊愕，但那又的确是一颗颗无任何修饰的大土豆。把这些土豆做成炸薯条蘸番茄酱是再熟悉不过的料理了，但放在画面里它们却显得如此陌生而富有表情。地上躺下的半块冬瓜尸体的士兵，从身体上流下的小番茄像血流了一片，烂菜叶成堆成堆的，战场一片狼藉。这个历史上的伟大故事，这幅广为流传的世界名画此时变得非常荒诞。如何解读一幅世界名画呢？我们真的了解并记得这幅画的历史背景吗？这幅画的作者要表现的意义究竟是什么呢？桔多淇相信这世界可以就是她所理解的世界。

白菜的幻想

当一个人来到世界上，肤色、种族等先天的自然条件和属性已经无法改变。就好比一颗在北京最常见的大白菜，黄白色、浅绿色，绝不会在市场上发现蓝色的或艳粉色的大白菜。那些色彩光鲜的老套得让人一下就联想到健康的食物画片早就令人厌倦麻木。有时候甚至觉得光鲜的蔬菜照片是在粉饰我们的生活，而且还千篇一律。如何让一颗普通的白菜看起来不像一颗平淡的菜呢？

白菜＋美女＝？让最最普通的白菜变得最最媚感性感！在百无聊赖的白天和黑夜里桔多淇做了一系列尝试，改变白菜的浅绿色，让它成为红色、成为蓝色，或者灯光下的油画色，以及放在水里的透明感，逆光的、顺光的、侧光的、冷暖光线混合的。她试图寻找到一个新的表现蔬菜的方法。

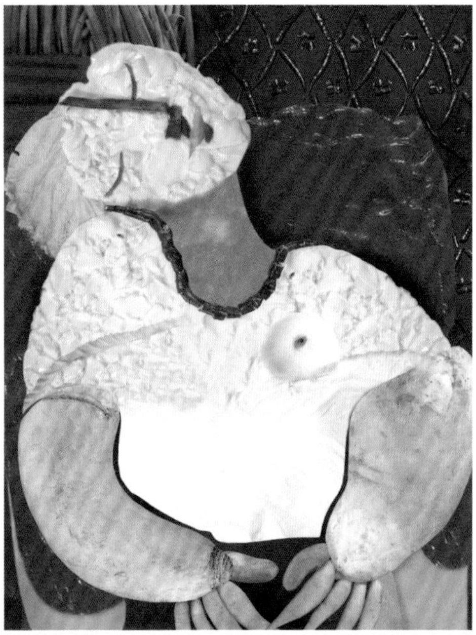

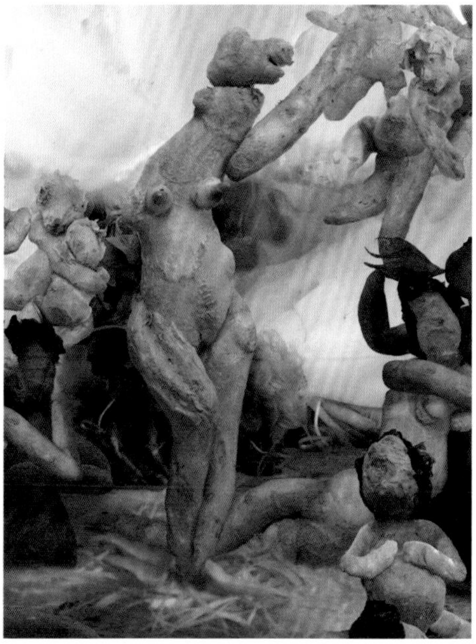

物体的颜色和基本造型在被限定的条件下，这个系列的探索更哲学化一些，更内心，从纷呈的外部世界反省孤寂的内部世界。到一个人舞蹈的孤独感，一个人在社会上实现自我而努力奋斗的使命感。

虽然《白菜的幻想》整个系列是安静的基调，作品内敛、凝滞。但火锅里的Nana却充满喜感，Nana在辣辣的沸腾的火锅里仿佛要欲火焚身。我们的生活似乎也是这样的悲剧和喜剧，平实地上演着各个版本的悲喜剧。为了探个究竟，桔多淇试图穷尽白菜做美女的各个图像，努力的结果最终无法办到，美女拍不完，白菜也如此！

胡萝卜里藏着小太阳

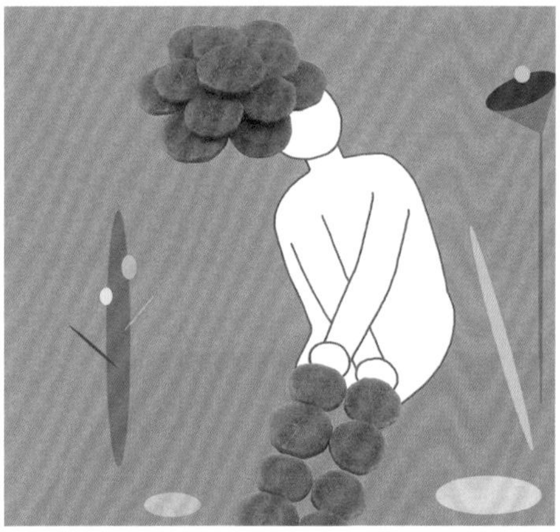

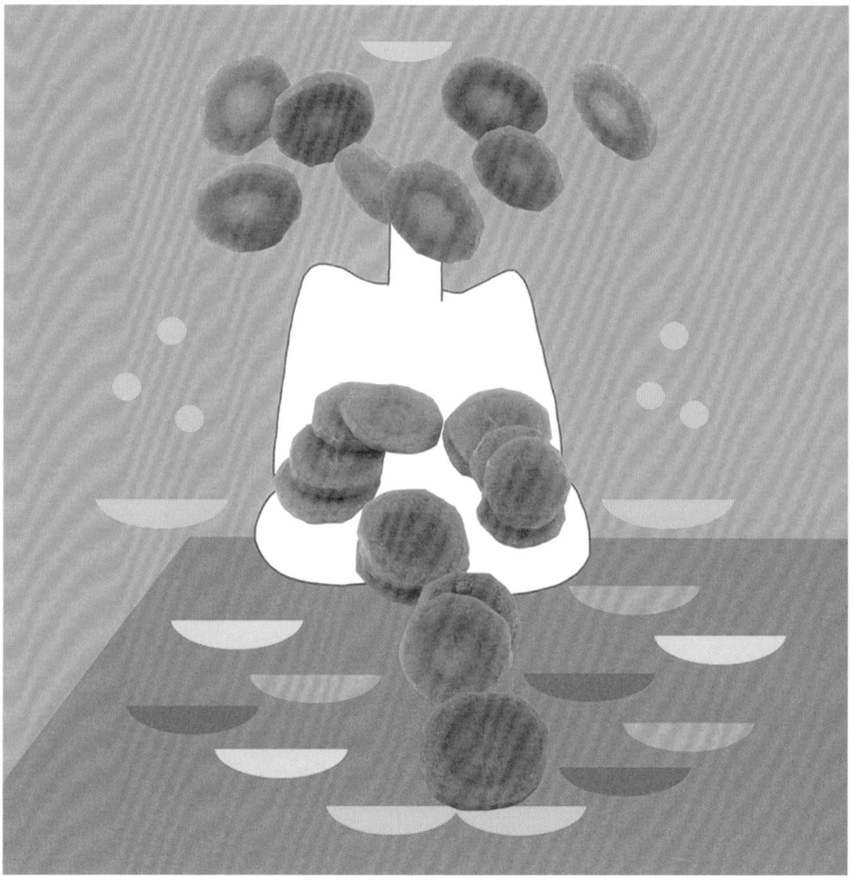

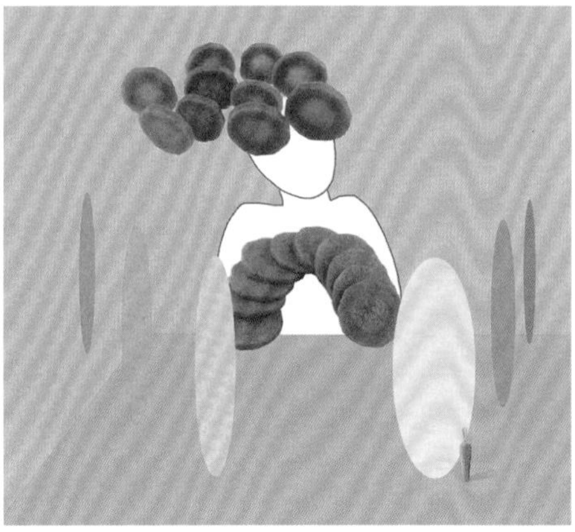

桔多淇称这组作品为“矫情的文艺中年硬生生地把胡萝卜切成了系列故事片”。

打扮美丽看风景，洗碗进行曲，阔型太阳帽、爆炸头过膝靴坐在草地旁发呆，勇猛的战士正要拉弓射箭等皆为胡萝卜切片幻想所生。桔多淇的胡萝卜里藏着小太阳，能量一旦吸收，就源源不断向精神世界辐射。

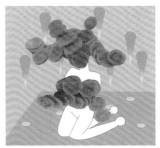

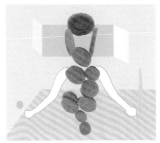

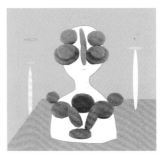

与食物设计100的对话

桔多淇

"植物有生命，和人类一样经历生老病死，从茂盛到衰败，而且形态和性格各异，大蒜和豆腐就像完全不同的人性，因此用蔬菜来表达我对世界的理解、对生活的感受再恰当不过。"

FD100："你的食物设计方法是什么？"

桔多淇：我以农贸市场里最常见的食材为材料，在不同光线和选取拍摄角度中记录被忽略的现实生活。比如蔫掉的蔬菜和腐烂的番茄，利用食材色彩不一、形状各异的大自然丰富的语言为素材，赋予观念想法重新拼贴组合，表达不同的叙事和情绪内容，再经过PS后期反复精确刻画细节，最终呈现一幅幅概念摄影作品。或调侃，或严肃，或轻松有趣。

FD100："对你来说食物设计最令人兴奋的方面是什么？"

桔多淇：《白菜的幻想》系列在形成之前经历了半年的形式感尝试，有几个不同的想法实现以后出来的效果都不好，色彩和内容都不够新奇，令人沮丧。房间里整天放一颗白菜，放到发霉，散发出令人印象深刻的味道，但也并不讨厌，被逼到角落里无路可去，烦躁恼怒的情绪凝聚到极点之后原地起飞了。求生欲之下是新想法再次产生，当第一幅作品完成之后，我到工作室的外面转了一圈，心中窃喜、两眼放光、一身轻松，我知道这条路终于走对了。

FD100："你的可持续发展方法是什么？"

桔多淇：通常我会遵循食物拍摄后再吃掉不浪费的方式，并且为了减少浪费又感觉不会重复，我会找同一物品的不同侧面进行拍摄，改变光线之后还能反复利用的模式。在制作一张大作品时，把大图分割成小单元，逐日累积完成，避免同一时间集中拍摄后消化不了而浪费。在最近的选材中，我希望素材足够少，少到我不用刻意去挑选拍摄对象，而是以冰箱里现有的食物为话题的提出者，并因此加以重新阐述。

Jashan Sippy
贾什 · 薛比
Sugar&Space 工作室

Jashan Sippy曾是一名与钢筋泥土打交道的建筑师，在2017年他转向了与人更亲密的材料——食物，与来自不同学科和背景的人合作，在食物、建筑和人之间建立有意义的联系！他的建筑作品获得2012年 Design of Spaces of Food 设计大赛金奖。作为印度绿色建筑委员会 Green Building Council 认证设计师，Jashan一直践行可持续发展理念。

印度 INDIA

AL DENTE WALL
有嚼劲的墙

食物和建筑之间的区别在于它们的寿命，食物是即时消费，而建筑要持久耐用。Sugar&Space在2019年，为毕业于英国蓝带烹饪学校的孟买厨师设计了工作室和用餐空间。这个空间十分简洁明了，客人可以看见厨师做菜的全过程，只有一堵点缀着意大利面的白墙和18座的原木餐桌。

这位厨师是第一批也是为数不多的制作新鲜手工意大利面的孟买人，十多年来一直在研究意大利面的形状和结构。Jashan这次厨房空间的设计灵感就来源于这位厨师在意大利和英国的经历，同时融入了自己的可食用设计理念。不同形状意大利面放在一起，有着特殊的几何美感，同时也可以探索建筑中使用可食用材料的可能性。

Sugar&Space团队回收了孟买一家餐厅25公斤的弯曲意面，这些都已经过期无法出售，通常会被扔掉，在全球粮食危机的情况下十分浪费。然而这些意大利面可以用作建筑材料，变废为宝。设计团队将28800颗通心粉染成芝士意面的淡黄色，然后制作成长18英尺（1英尺=0.3048米）、高4英尺的墙板，配合LED灯带。墙板用虫胶处理过，更加耐热和耐用。这样触感别致闻起来又有淡淡的意面香气的创意墙面，让在此就餐的客人不仅体验了沉浸式的吃意面过程，还了解到食物作为建筑材料的可持续性和循环经济的理念。最重要的是，这面墙十分上镜，客人喜欢在这里拍照发到社交网站上。

NECTAR
花蜜

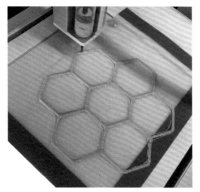

鲜花是很多场合重要的组成部分，在社交媒体时代，我们用鲜花表达"谢谢""请""对不起"等语言，很多厨师用鲜花点缀菜肴，这样的照片往往深受喜爱。然而我们大多数人对于鲜花的烹饪以及它们的味道知之甚少，2019年11月，Sugar&Space开发了饮食体验项目，通过身临其境的表演，让消费者体会生态系统中花朵的生产、传播以及在逐渐减少的现状，借此希望人们关注当前蜜蜂数量下降的问题。蜜蜂不仅关于于各种蜂蜜产品，蜜蜂也是花卉植物传播生长的媒介。

客人可以用纸吸管从软木塞小瓶子中尝试稀释过的百花蜂蜜，木塞和瓶子的比例仿照蜜蜂舌头和身体的比例1：3，客人的动作也模拟了蜜蜂采蜜的动作。活动中Jashan现场制作颇具艺术美感的点心，有甜苦咸酸花香和蜂蜜味的3D打印的六边形饼干、腌渍蜂窝、压花饼干、野生玫瑰花瓣果酱、蜂蜜奶油、新鲜的可食用花卉和蜂蜜柠檬碎。

品尝完美食后，客人还参与了扮演蜜蜂的活动，可食用花卉食材被拆分为各个部分放在桌面上，客人往上面浇洒蜂蜜模拟蜜蜂授粉，在这个过程中了解蜜蜂的忙碌。设计师用这种寓教于乐的方式，以食物为媒介，提高人们对环境和食物问题的认识。这个项目推出了多种形式，包括公众售票活动，私人家庭用餐体验以及企业培训。团队也在通过这个项目与可持续发展组织、蜂蜜生产商、设计师和艺术家合作，目前正在开发可以在家庭中体验的套装。

EDIBLE BYTES
可食用程序

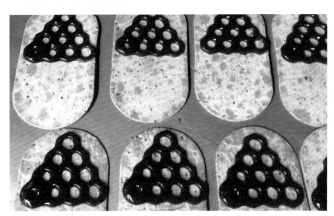

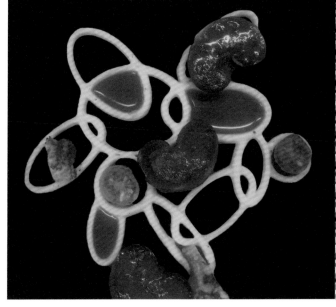

我们距离在家庭厨房中使用像《星际迷航》里那样高科技的设备还有多远？可能还需要几年，3D食品打印机才能普及到家庭中。Sugar& Space 在 2019 年创作了印度首屈一指的 3D 食物系列，包含各种口味图案精美的水果蜜饯、黄油雕塑、慕斯和巧克力饼干。理论上讲食物 3D 打印可以制作任何形状的食物，这大大扩展了厨师、食品生产商的想象空间。围绕着 3D 打印食品，Jashan 主持了教育研讨会，并为餐厅酒店以及食品企业提供咨询服务，并与一些品牌合作举办了食物可持续性技术相关的活动。

食物材料还可以取代塑料和金属，3D打印的食品不仅更加坚固，而且对环境非常友好，Sugar&Space和多学科设计工作室一起，用可可豆荚和巧克力制作了可食用模型。在反复测试修改后，这些被淘汰下来的模型都由团队吃掉了，全程零浪费。设计师还将看起来不好看不吸引人的食材，比如动物内脏，制作成具有美感的食物，Offaly Good就是Suger&Space和孟买一所酒店学校联合举办的晚宴，其中很多食品都由那些本身人们难以接受的食材3D打印而来。3D打印食物还可以用在提升厨余垃圾的回收率上，Sugar&Space将剩余果肉、果皮等果蔬废料制作成可持续又美味的植物食品，为一些私人晚宴和餐会提供服务。

与食物设计100的对话

Jashan Sippy
贾什·薛比

"要考虑食物在我们的身体里，还要考虑它被消费的空间（建筑、景观或建筑环境），食物是强大的，而且，我相信，这是我们能够与消费者建立紧密联系的最亲密的材料。"

FD100："你的食物设计方法是什么？"

Jashan： 好奇心、对话和跨学科的交流。与其他广为人知的设计学科（如图形、产品、家具或室内）不同，食物设计的优势在于它的宽度——非食物设计师也能深入他们的专业领域，但食物设计师往往比他们的创意伙伴展开得更远、更宽。我带着孩子般的好奇心，用激情和魅力做食物设计。我经常与那些和我的背景不同的人合作以及学习，因为他们的视角改变了我看待事物的方式。最重要的是，一个"成功"的食物设计项目就像任何好的艺术品一样，能带给公众思考，并最终在观众和消费者之间建立有意义的联系。

FD100："对你来说食物设计最令人兴奋的方面是什么？"

Jashan： 激情、视角和潜力。我遇到过的所有食物设计师都很乐意在这个领域工作，因为热爱。没有人刻意练习食物设计，一切只因为他们必须这样做。这些热情的人来自不同的背景和专业领域，带着他们过去的经验和原始的视角以无数方式使用食物——没有规则或限制。可能性是无穷无尽的。这就是为什么食物设计如此令人兴奋，你无法预测它能把你带到哪里去。

FD100："你的可持续发展方法是什么？"

Jashan： 可持续发展是一场马拉松，而不是一场短跑。它的参数在不断变化，它的需求在不断增长，我们要做的努力无处不在。我是一名经认证的绿色建筑建筑师，在建筑设计中，我发现很多建筑师在制作模型过程中扔掉了大量的纸制品和塑料。而我想把食物当作一种材料，做一个可食用的建筑模型，这就是可持续的设计——一个不需要储存或扔掉，但可以吃掉的设计。我们将这一理念进一步应用到建筑项目中，用过期的意大利面、未爆和浪费的爆米花、开心果壳，甚至蛋壳，创造互动和身临其境的多感官装置。我们也会用食物3D打印机将食物垃圾转化为美丽、营养和美味的食物，开发"零浪费"食谱。最重要的是与教育机构和崭露头角的厨师、设计师以及企业家举办研讨会，因为我相信，建立可持续未来的第一步是通过高质量的教育提高所有人的意识。

Jasper Udink Ten Cate

贾斯珀·乌丁克
Creative Chef 工作室

Creative Chef是多学科的艺术和设计工作室，围绕着艺术品设计创作故事体验。这些"体验式食谱"里蕴含着生物技术、物理、编码、音乐、哲学、产品设计、生物多样性、时尚、图形、绘画等各个学科，为人们提供在时间和空间里的"体验式食谱"，也为Nike、Reebok、Google、Brightfood Shanghai、Basf、Rabobank、Abnamro等公司提供创意艺术指导、产品开发和营销策略。他们曾参展2015年米兰世界博览会、2016年威尼斯双年展、2017年米兰设计周独立展、2018年纽约大都会博物馆、2019年威尼斯艺术双年展；并参与2018年耐克总部教学设计研讨会；获得2016年Shopper Marketing Award购物者营销奖。

荷兰 NETHERLANDS

THE MUSEUM OF TASTE
味道博物馆

荷兰的一座花园里，种植和展出着各种古老品种的可食用植物。这些种子来自瓦赫宁恩大学的种子库，可以追溯到1850年。他们每年都会种植几种古老的蔬菜，收获种子，以刺激生物多样性。其中有几个成功的品种，1893年的胡萝卜、1953年的番茄和20世纪30年代的甜菜根。客人通常会在夏天来博物馆参观，在花园里吃Creative Chef工作室准备的"可食用生态系统"——所有的食材都来自这个花园，没有其他配料。客人品尝后，味道就与他们刚刚听到的食物历史联系起来了，这样更容易留下深刻印象，客人再把这样的体验和这些故事告诉别人。Creative Chef认为集体参与性在体验设计中非常重要。

Jasper说："一个与自然平衡的生态系统和丰富的物种系统，是美食的核心。但我发现曾经的物种已经不再生长了，我问自己，'黄瓜是什么颜色'，绿色。这个答案说明我们对植物品种知之甚少。在20世纪50年代之前，这个答案应该是'你是说哪个黄瓜？'现在我们却只知道经济上最成功的。当我发现有可能找到古老的种子，便想做一个模拟博物馆收藏品的体验了，我认为这将是讲述古老食材故事的更好方式。我告诉客人一些黄瓜品种和历史知识，不是因为它有多特殊的成分，而是因为它是独特的珍贵的收藏品。这就是这个项目被称为'博物馆'的原因。如果它被命名为'餐厅'，客人将更期待食物，但我希望他们专注于这个故事。"

Creative Chef团队正尝试将食物的整个过程都呈现出来，种植、收获、烹饪、体验，并最终将废物带回花园，这是他们对未来餐饮业的愿景，从农场到食物现场。询问客户活动日期，然后种下所有的食材，收获，再把它们带到现场烹饪，厨余垃圾带回到花园堆肥。他们曾为300名客人举办了一个大型活动，最后只剩下一个手套大小袋子的垃圾。

BLIND SPOT
未知地带

这是一个眼盲患者和视力健康者都可以体验的包容性项目。"Blind Spot"这个名字有双重含义，盲人和我们对盲人的未知。

作品灵感来自于4D艺术体验。Jasper 讲道："当我在阿姆斯特丹国家博物馆看到著名的静物画时，我突然想知道这些画会是什么味道的，是否有可能找到所有这些食物和物品。17 世纪的奶酪会是什么味道？他们当时是怎么做面包的？画上是什么种类的苹果？这些问题和概念有巨大潜力，或许我们可以从另一个角度体会和讲述艺术，让画中的角色成为讲述者。"

于是可食用的静物诞生了：一个大黑盒子，里面的食物来自17世纪的荷兰大师画。

荷兰画家Floris Claesz Van Dijck 于1613年创作的绘画作品被重新演绎了3D版本，并添加了特效。特殊面料让盲人感受到阴影，定制的可食用香水和食物，让盲人能够以触觉和味觉的方式感受作品。视力健康的客人带上眼罩，聆听艺术家们的讲解，便进入了盲人的世界。设计的未来是由包容的经验驱动的，设计可听可感可吃的食物体验，可以为社会中的所有群体提供沟通理解的桥梁。

包容是最重要的。Jasper在不断反思设计的新现状，设计师是否必须为每个人设计？是否应该有一个包容性的愿景，是否会对今天的设计方法论产生影响？ Blind Spot是Jasper Udink Ten Cate和体验设计师、Prins Experience Design工作室创始人Jeroens Prins共同合作的项目。该项目曾在纽约大都会博物馆晚宴上展出。

TABLE JEWELRY
桌面珠宝

Jasper的设计方法是挑战新问题并不抱有对结果的预期，创建新的问题对象，而不是基于旧技术和现有对象。除了不断创造新的口味、艺术品和饮食体验外，Creative Chef还设计餐厨物品：餐具、玻璃器皿和陶瓷。Jasper希望为食物设计一些物品。Table Jewelry就是这样产生的，它们曾在威尼斯双年展期间展出。

Table Jewelry探讨了吃饭状态和器具的关系，客人有可能在就餐时画一幅画吗？ Jasper捕捉到沙拉的形态，并把这些形状做成了陶瓷。同样的沙拉再放进"Table Jewelry"，整个餐桌就成了一块背景，客人们在吃饭的过程中，移动桌子上的陶瓷，就是在塑造一个特定时刻的关乎空间和时间的构图。Jasper会在过程中拍照记录，这样客人们不仅在吃饭，也是在自我发现，吃自己创作的"设计过程"。Table Jewelry是艺术品的另一种表达形式。让不同的人在不同的时间地点，做出完全不同的艺术品，反映他们当时的内心，并印刻成为记忆。Jasper试图在每个设计对象中找到作品本身外其他特征的新的可能性。像Table Jewelry，不仅是完整的陶瓷作品，它也可以用来继续探索产生新的内容，让一件物体到达最终目的地——记忆。

与食物设计 100 的对话

Jasper Udink Ten Cate
贾斯珀·乌丁克

"我专注于'当下时刻'。让客人感受到一刻的惊喜。故事、周围环境、物体、声音和食物在一定时间内完美的平衡，让一次体验成为永恒的记忆。"

FD100："你的食物设计方法是什么？"

Jasper： 食物设计是一个充满希望的领域，我们结合了食品、艺术、设计、科学、经济学、哲学、生物学、农业、讲故事和创新，为人类和更美好的世界带来美味的解决方案。

FD100："对你来说食物设计最令人兴奋的方面是什么？"

Jasper： 今天食物设计是我们解决世界重大问题的关键。food design 让我们可以跳出墨守成规的旧思路，为美好的新世界提供新方案。

FD100："你的可持续发展方法是什么？"

Jasper： 食物设计在可持续性方面的作用是非常重要的。我们正在引导人类走向更少的、更简洁包装的植物基饮食习惯，同时也为人类的生活增添了有意义的故事。

Juan Manuel Umbert

胡安 · 曼努埃尔 · 翁伯特

Makeat工作室

Makeat工作室专注于美食行业的创新、设计和产品开发。在设计、技术与美食中，寻求通过新的概念、产品和服务来创造惊喜、创造情感和创造完整的身临其境的体验。从构思、咨询到为每个客户开发和生产专业工具，专注于他们的需求，制定解决方案，优化流程，为他们的创作创造价值。备受业内肯定的是，Makeat提供的解决方案同时适用于B2C和B2B。2021年，他们的作品入选Syrha国际食品博览会。

西班牙 SPAIN

COFFEE CUPCAKE
咖啡杯子蛋糕

糕点师 Miquel Guarro 带着他 5 年来的梦想来到 Makeat，他想制作一个咖啡杯形状的提拉米苏，但不知道怎么做。工业设计中常用的设计软件帮助 Miquel 可视化了想法，通过 3D 打印设计，蛋糕的体积、尺寸和其他需要考虑的细节就都显而易见了。

持续的反馈是实现预期结果的关键，为了达到最佳的杯纹细节，蛋糕模具历经了反复多次的修改，制作了多个试验版本。由于巧克力蛋糕有深度，为方便制作时脱模，因此凹凸纹路部分的模型制作，需要恰到好处的夸张一些。这是与传统工业设计非常不同的，设计美食时，必须考虑食物的不确定性，尝试不同的参数。

蛋糕模具的杯子部分是在硅胶模型中制作的，而对于制作盖子形状的模具来说，热塑是常用的技术，但需要的3D部件必须没有负角才能脱模。考虑到巧克力会回缩，设计师最后用了激光切割制作了盖子上字母的模板。

这些富有创造力和胆识的设计师互相合作，不断相互学习，给 Makeat 带来了各种激情碰撞和挑战。

UNIVERSE MENU
宇宙菜单

Paradiso 酒吧菜单设计包含了多方面的创作，意在将客人带入一个身临其境且难以忘怀的宇宙体验。设计师观察捕捉了 Paradiso 酒吧的特征后，为原先的产品提升了体验，并赋予了故事意义。

让客人体验前往太空，叙事是设计的关键。未来感十足的光圈打在制作鸡尾酒剩下的橘子皮、薄荷叶等厨余原料做的杯垫上，讲述着设计师认为人类要照顾好自己的家，才能了解宇宙空间的观念。

第二个创作是可以和顾客互动的交互式托盘，用来放模拟龙卷风漩涡效果的鸡尾酒。根据调酒师的说法，鸡尾酒应该在7秒之内混合，必须要在不同的配方中找到那个完美的平衡时刻。因此，设计师编写了一个计时码，并在托盘底部安装了一个可旋转的磁电机，表面用激光雕刻着logo。这样一来顾客接到托盘，调酒师才当面打开漩涡开关混合杯子里的酒精，营造惊喜和乐趣。

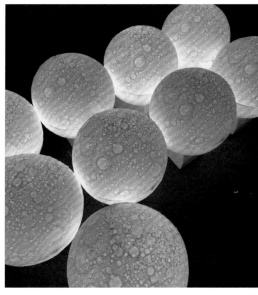

接下来是极光，一个闪光的杯托。故事来源于北极寒冷的土地上有极光的魔力。光源被放在了切割成北极冰形状的玻璃里，装着鸡尾酒的玻璃杯和杯垫形成了整体，营造出一种身临其境的体验。为了适应疫情下的环境以及宇宙的主题，设计师重新设计了扫码点单的下单方式，菜单二维码被放在了一个发光的月球里。

WASTE IS CREATIVITY

废料创造力

Tabisu 餐具系列的原料来自酒吧、酒店和餐厅厨房的厨房垃圾。它由八件物品组成，如杯垫、餐垫、餐具支架等。

这是一个实验研究项目，探究如何将食物废料转化为有价值的材料和产品。通过调研材料相关的故事背景，最终设计相关的产品，为常用的碗、盘子、玻璃、陶瓷和塑料盘子提供可循环可回收的创造性的替代品。例如将可可豆壳制成模具，用来做巧克力甜点。

这套餐具一部分用的是本地生产供应的新可持续材料，实现了资源的有效利用，解决了可持续发展的问题，并激励企业一起往新绿色市场迈进。还有一部分材料是从食物垃圾中提取的。食物废料制备的第一步是清洁和脱水，然后粉碎成粉末和小块，最后将不同比例的食物粉末与较大的碎片结合起来，根据具体的产品特性（如软的餐垫、硬的盘子）决定所需的成分及其比例，达到不同的性能。实验过程中，为了产品在3D塑形时有流动性和可压性，食物材料中还加入了蜡和松木树脂，一些样品还用到了油、酒精、甘油、海藻酸盐和琼脂。

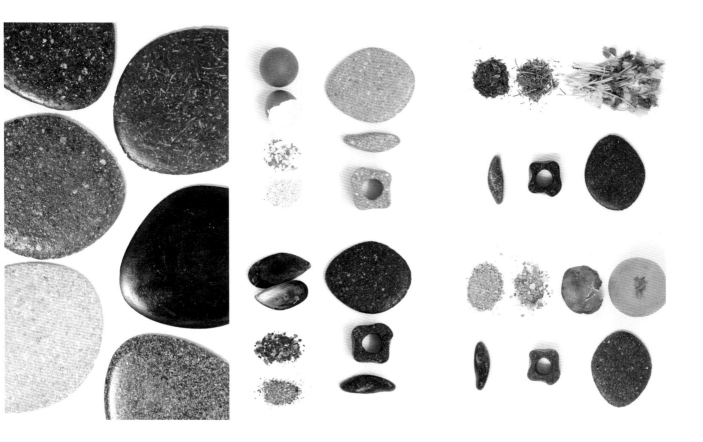

与食物设计 100 的对话

Juan Manuel Umbert
胡安·曼努埃尔·翁伯特

"定制的产品、制作的过程以及最终的应用，必须成为差异价值，不仅对餐饮行业，也为食品行业。"

FD100："你的食物设计方法是什么？"

Juan： 食物设计是将设计和创造性思维的各个方面引入食物生态系统。食物设计正在以客观标准发展一个概念，食物本身、食物体验、周围的材料、形状和质地、所涉及的感官等。设计师必须围绕食物创作故事和叙事，以增加体验的价值。此外，我们需要考虑文化框架、营养条件、更相关的社会或历史方面、新趋势等。就是问自己正确的问题，这样的设计概念在环境中才是有意义的。

FD100："对你来说食物设计最令人兴奋的方面是什么？"

Juan： 2020年，一切都变了；世界停止了，每个人都有时间思考自己和我们的生活方式。这意味着需要新的机会和意识，这是重新思考我们的行为和消费方式的必要时刻。这就是食物设计如此重要的主要原因。食物生态系统被认为是我们世界未来最重要的领域之一，我们需要设计每一个流程。我们如何做农业和生产食物，如何储存和管理食物垃圾，食物链中涉及的材料，我们吃、分享、分发的方式等。为了在不断发展的社会中管理有限的资源，一切都需要采取有意识的方法。作为设计师，我们专注于用设计、创造力和技术手段优化食物生态系统。不仅仅是要关注它的功能和美学部分，而是超越并试图理解每一个创作的真正目的：它为什么存在，它执行什么功能，它如何再次进入环境并融入循环的概念，它对社会的贡献等。

FD100："你的可持续发展方法是什么？"

Juan： 我们坚信浪费是一种缺乏创造力的行为。在Makeat，我们采用可持续食物设计，将食物垃圾转化为产品，并利用设计、技术和创造性思维改进生产。用咖啡渣做沙子，用蛋壳做陶瓷，用贻贝壳做石头。社会对材料的感知必须适应这种新的变化环境，并学会重视整合自然的新的颜色、纹理、时间和过程。我们将废物视为新一代产品的新材料来源。现在是时候进行材料和系统的革命了。

荷兰 NETHERLANDS

Julia Schwarz

朱莉娅·施瓦茨

Simiæn 工作室

Julia Schwarz 是一位体验研究设计师，专注于食物和基于自然的材料。地衣和石材是激发她创作灵感的主要材料。此外，她对设计、社会和科学的交叉学科充满兴趣，为此，她创造了概念、经验和工具来探索可能的未来。Julia 在 Arkitekturog Designhogskole 的有形交互设计硕士课程 Fiona Raby (dunneandraby) 和 Anab Jain (superflux) 的指导下，在 AUT 维也纳应用艺术大学学习工业设计和设计调查。在奥地利、德国、荷兰和斯堪的纳维亚的领先设计公司工作，以及在意大利的设计研究所 Fabrica 的国际工作经验，使她形成了自己的实践经验总结。

2018 年，Julia 展示了她的思辨性纪录片《Unseen Edible——Lichen as a source of nutrition（看不见的食物——地衣作为营养的来源）》作为她的毕业作品，为她的实践奠定了基础。同年，她获得了奥地利商业机构和维也纳设计周举办的城市食品设计挑战赛的冠军。此外，她还被 Design Indaba、世界设计活动和荷兰设计周选为"世界上最好的设计毕业生"之一。2019 年 Julia 入选了"Icon Design 100 Talents To Watch"，通过"Unseen Edible"项目，地衣被智威汤逊评为热门新成分之一的未来 100 强。2020 年 Julia 参与了奥地利新设计大学的食物与设计课程开发，现为该校食物与设计课程的主要导师和主管。2021 年，她与合作者 Lisi Penker 以及十位设计同事共同创立了思辨设计研究工作室 Simiæn，一个用于合作、创造创意和展览的空间。

UNSEEN EDIBLE
看不见的食物

在人口数量正在上升，粮食收成下降，全球气候变得更加极端的情况之下，我们还有哪些替代方案可以防止未来所预测的粮食短缺？

除了受到广泛关注的藻类和昆虫之外，地衣在未来作为营养来源具有巨大潜力。从历史和不同文化角度的调研显示地衣作为营养来源已经出现过多次。它非常耐寒，经常与苔藓混淆，被低估的地衣可以被称为超级食物，当用作药物时也非常有疗效，甚至可以在火星上生长！

常见的橙色地衣是藻类和真菌的复合生物，目前已广泛应用于城市地区和农业地区。"看不见的食物"这个作品想象了一个地衣盛行和普遍使用的社会。

LICKING ROCKS
舔石头

来自奥地利的茶文化？在这个国家，茶的消费通常纯粹是出于功能原因。一般消费于身体疾病的情况下或在人们感到寒冷时用它来温暖身体。相比之下，美酒是用来搭配美食的，当然维也纳咖啡文化也无处不在。

现在，除了简单的泡茶还能体验什么？如果可以通过它以多感官的方式品尝和体验大自然的宁静之地会怎样？如果将有价值的活性成分以更雅致和美观的方式去整合会怎样？

地衣具有独特的能力，它们可以吸收生长环境的味道。它们喜欢在清新的高山空气中、芬芳的云雾森林或崎岖的海岸上茁壮成长。亚洲茶文化带来了对社会行为的影响，同时也给人们带来了一种慢节奏的生活方式——茶文化的注入使得人们精神焕发与身心放松。这些因素都促成了由最基本的原始材料天然石材所制成的高茶杯的设计以及茶道的仪式。

HINTERTHAL，第一个以地衣为基础的体验式茶泡已经准备好被茶爱好者享用了。

REMINDS ME OF: LICHEN TASTE PROFILING
地衣的味道

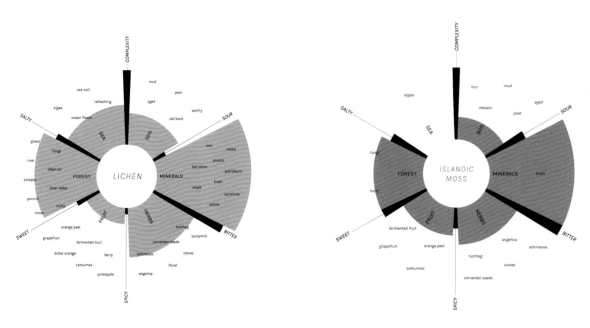

由于地衣的味道非常独特，至少对大多数欧洲人来说是不同的，所以设计师对 5 种不同的地衣类型进行了口味分类——在产品开发方面使用地衣。由于很难说出地衣的味道，所以给出了一些可以关联的味道区域，而且也可以填充一些其他的味道。一个非常好的结果是"让我想起了……"。结果表明，味道不仅与人们吃的食物有关，还与气氛和情绪（如海洋或阳光）或他们猜测的味道有关：如泥炭和旧书——也包括其他感官。

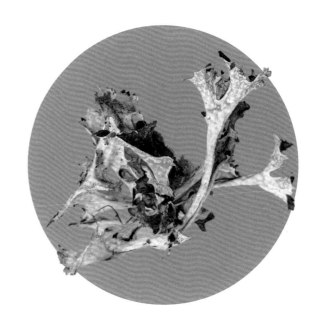

ISLANDIC
MOSS

与食物设计100的对话

Julia Schwarz
朱莉娅·施瓦茨

"我们提出问题，构建产品并创造体验，以帮助重新想象我们周围世界的可能性，特别是我们的消费内容和方式。"

FD100："你的食物设计方法是什么？"

Julia： 在工业设计领域接受过思辨性、调查性和批判性设计的培训，这些参数是我的方法的基础。概述未来的情景并通过此过程寻找替代方法是主要策略之一——与某些领域的专家合作或参与式调查。跨学科的工作对于食物设计来说尤其重要，因为在现实中需要建立很多不同的部分。在这里从设计师的角度使用概念和工具，尝试不同的场景，看看它可以以何种方式进行会有很大帮助。在这方面，协作和更中立的观点显得尤为重要。

在新设计大学，学生们总是以非常少的食物选择开始一个特定主题的项目——这激发了很多创造力，几乎所有人都有挣扎期，有些人真的处于边缘，但结果非常好。应用思辨和调查方法为有趣的探索提供了很大的自由——我通过我的工作进一步在食物设计环境中开发这种方法，并将其纳入食物和设计课程，希望它能够传播。

FD100："对你来说食物设计最令人兴奋的方面是什么？"

Julia： 食物设计——我将其拆分为食物与设计，因为它经常误导食物设计、我的方法以及在我看来更令人兴奋和重要的是食物和饮料在社会学内容中的呈现方式以及处理如何提高资源利用率的方法。将这种理解带给消费者具有挑战性，但设计那些小而重要的方面是关键。一个令人兴奋的方面是我们消费的方式和环境，如果我们以不同的方式设计它们可能会导致变化。非常熟悉的吃饭行为很舒服——目的是给人们一个小任务，让他们思考。晚餐场景的亲密环境可能会创建保存区，以便为新的食物和饮料提案开放。

设计体验来探索新开发的产品——食物或非食物——让我很兴奋，并使食物和设计环境对我来说如此有趣。当我想到食物的未来时，我总是将过去的文化和历史方面纳入我的研究中，这给了我很多启发，并为新思想和建立新概念提供了空间。

FD100："你的可持续发展方法是什么？"

Julia： 我在我和Simiæn工作室的设计方法中，可持续性是基本要素。这也是我教学的基础。它应该像道德或幸福一样牢记。例如，我们经常使用天然石材、优化资源或与当地生产商合作。

为了维持我们拥有的东西，在本地进行设计和资源优化仍然非常需要。食物设计还提供了与食物和非食物产品合作的有趣框架——两者都有可能更具可持续性。如果是种植、收获、加工或消费某物品的方式，这些都是食物设计的一部分，这使得它非常复杂，这些也是在开发新事物时所需要考虑的。有了Simiæn工作室，我们就可以采用更简约、基本和永恒的方法来设计事物，这也给消费者带来了一种熟悉和持久的美感。我们试图在这个框架内包含改变的部分。我们还认为，美学和实施方法对于日常选择是至关重要的——尤其是当它应该触发变革或舒适的替代方案时。

Justin Horne
贾斯汀 · 霍恩
Can Mimosa再生农场餐厅

Justin是一名生态厨师、觅食者和零浪费先驱，于2015年在伦敦创立了欧洲第一家零浪费有机餐厅Tiny Leaf。有500多份全球性杂志和报纸以及BBC全球新闻为他报道，观众人数超过1.5亿。2017年，Justin作为《大厨宣言》(Chef's Manifesto)的共创厨师之一，提出了关于2030年可持续发展目标的可执行框架。2022年Justin搬到伊比萨岛，创办了基于再生农业的农场餐厅Can Mimosa。

英国 UK

CAN MIMOSA & IBIZA PRODUCE
再生农业餐厅和微型农场

Can Mimosa是位于西班牙Ibiza岛的一家再生农业餐厅和微型农场。餐厅由一座有300年历史的乡间别墅改造，全年开放，为本地人和游客提供可持续可再生的菜品。Ibiza Produce组织为餐厅提供拥有生物动力、再生技术和可持续的农户网络。餐厅的大部分产品来自当地的工匠和厨房、花园，还有一些独具创意的用回收物制作的产品。

Can Mimosa喜欢寻找野生和有趣的食材。季节性菜单只使用当地最好的农产品,大部分食材来自伊比萨岛,我们甚至直接在自家的厨房花园种植了餐厅使用的大部分水果、蔬菜和食材,用自己的堆肥施肥,同时使用了许多当地农民和供应商每天为我们提供的直接从农场到餐桌的农产品。我们努力遵循自然的循环和再生循环,避免浪费。利用联合国秘书长2030年议程和《大厨宣言》,创建了一个可持续的零浪费厨房,同时不断寻求减少影响和提高可持续性的方法。

SOURCE EALING
水培项目

Justin Horne是水培项目Source Ealing的食品和可持续顾问,也是University of West London 大学的讲师。农业机构Cultivate London和MAD LEAP合作推出基金,用于支持研究提高真菌和植物之间的碳/氧交换问题,位于伦敦西部的阿克顿是这个项目的研究地,一座屋顶花园,由凸起的床体、隧道、种植的水培蘑菇组成。

CHEFS MANIFESTO
大厨宣言

2017年，Justin应SDG2中心的邀请，加入由厨师、食品行业领袖和非政府机构组成的团队，举行关于如何让所有人都更容易获得全球目标的研讨会。这是《大厨宣言》的开始，该宣言依照联合国可持续发展目标2030议程，为全世界厨房制定可衡量的行动框架，为所有人提供优质食物。自成立以来在90个国家有1100多名厨师为EAT Lancet食品指南委员会提供咨询，主办了与联合国粮食系统峰会的对话，将厨师们带到了EAT论坛、斯德哥尔摩和纽约联合国大会。

与食物设计100的对话

Justin Horne
贾斯汀 · 霍恩

"我的饮食哲学是模仿自然再生和自然整体循环，自然界没有浪费。我的菜单设计随着季节的变化而变化，用到了本地的野生食材和食物的全部成分。"

FD100："你的食物设计方法是什么？"

Justin：我利用生物动力和有机产品，以最少的加工来设计菜肴，突出每种成分的美感。每道菜都是各种口味、质地和风味的大胆创意组合。

FD100："对你来说食物设计最令人兴奋的方面是什么？"

Justin：食物设计最令人兴奋的方面之一是创造变化的机会。厨师和农民在全球粮食体系中占据着强大的地位，他们的选择影响着数百万人的生活。

FD100："你的可持续发展方法是什么？"

Justin：再生商业模式是减少碳排放负面影响的方法之一。我们从菜单设计和采购到与客户的整体工作，再到与再生供应商的合作中都在相互分享我们的精神。

Kate Jenkins
凯特·詹金斯
Kate Jenkins 工作室

Kate 用针线编织着俏皮与流行，作品涵盖钩针编织、针织和刺绣。最受欢迎的是食物形象主题的作品，幽默感与色彩缤纷的纱线交织在一起，应有尽有。Kate 的风格常常带有怀旧之情，以复古的态度让当下的日常生活焕然一新。她的作品登上过 *Viking Cruises*、*Royal Mail*、*Anthropologie* 以及世界各地的杂志和书籍。展览在香港、伦敦和纽约市举行。2022 年她获得了 Rijswijk Museum 2021 年纺织双年展观众奖，并将在荷兰举办她的首次博物馆个展。

英国 UK

PANZERS DELI
熟食店

Kate Jenkins 为庆祝伦敦北部 Panzers Deli 海鲜市场 75 周年纪念日，制作了一组独特的编织艺术品。实物大小的贝果面包饼皮，搭配客人可以自由选择的配料，包括当地特色的针织烟熏鲑鱼、钩针编织的切片黄瓜、番茄、柠檬、洋葱片、刺山柑和奶油奶酪，全都是由羊毛制成的。

PLAICE STITCHMONGERS
针线海鲜

2015 年 Kate 创作了一个完整的海鲜柜台，里面有各种各样精美的海鲜。包括数百种闪闪发光的亮片沙丁鱼、手工钩编贻贝、蛤蜊虾、螃蟹、鱿鱼、龙虾、牡蛎，以及有可能在海鲜柜台上看到的一切。作品历时 9 个月完成，在伦敦和都柏林展出。装置的一部分以沙丁鱼罐头为主，出售给参观展览的客户。罐头沙丁鱼是 Kate 的标志性作品之一，是她会持续创作下去的主题。

SHELF ISOLA-TIN AND SOCIAL DISTANCE-TIN
货架隔离和社会距离

在 2020 年新冠疫情期间，Kate 创作了与疫情相关的系列，探讨食物储存和社会距离。灵感来源于她的厨房，每个人都处在封锁状态，人们总是担心食物不够，在超市货架上抢购商品。Kate 希望制作一些令人轻松愉悦的东西，能让人们摆脱对疫情的恐惧心理。柜子里有 32 罐不同的农副产品，是 Kate 在家中的橱柜以及当地超市和食品店中选取的。这个作品入选了荷兰 Rijswijk 博物馆 2021 年纺织双年展，并获得了由参观者投票选出的观众奖。

与食物设计 100 的对话

Kate Jenkins
凯特·詹金斯

"九十年代中期我从 Brighton 大学毕业，成为针织服装设计师，后来一直在研究针织、钩针和刺绣等技术来达到更丰富的我想要的效果。我喜欢混搭很多元素，这样的呈现往往更加惊喜完美。食物和食品购物经历总是我作品概念的出发点。作为一名专门从事美食的艺术家，旅行支撑着我的创作和职业生涯！"

FD100："你的食物设计方法是什么？"

Kate：我创作的第一件以食物为主题的艺术品是一盘油炸早餐，包括鸡蛋、培根、香肠、蘑菇和吐司。早在 2003 年，我就沉迷于食物制作艺术，一直没有停止过。我对食物的设计以及自然形态着迷。食物让我的创作有更多可能，每次吃饭，都是在汲取灵感。我的作品中有一些幽默元素，针织、钩针和刺绣技术相结合，食物能让人微笑、大笑、哭泣、唤起童年的回忆、与人联系、分享好时光和坏时光，毕竟食物是快乐的源泉，我希望我的艺术能展示出来。

FD100："对你来说食物设计最令人兴奋的方面是什么？"

Kate：食物设计像时尚设计一样不断变化和演变。几个世纪以来，它一直是艺术家和设计师的巨大灵感来源，这种可能性永无止境。我喜欢旅行，观察各地食品市场、餐馆，分析不同地区人们消费食物的方式，我感到非常兴奋和鼓舞。无论是在香港吃寿司还是在英国吃烤肉，都给了我巨大的设计灵感。外面有很多东西等着被发现和创造！

FD100："你的可持续发展方法是什么？"

Kate：我认为如果世界上每个人都尽自己的一份力量，遵循更可持续的生活方式，这将极大地帮助地球。我们知道了气候变化的原因，人类活动如何对全球产生影响。我自己会尽量使用环保产品，支持当地企业的原材料。我在饮食中去掉了肉类和大多数乳制品，不再开车，下一步计划用可再生能源创作。小而积极的变化是前进的道路。

Katinka Versendaal
卡廷卡 · 维森达尔
The Eatelier工作室

Katinka Versendaal的作品揭示了我们现在和未来的饮食方式，可视化和质疑了我们与其他生命形式，以及我们与周围环境的关系。她与学者、科学家、厨师和酒店专业人士合作，开发"思辨美食学"。2020年她荣获荷兰设计大奖Young Designer奖，同年获得中国Future Mars Life Design Competition体验设计金奖。2016年到2019年她的作品连续四年入选荷兰设计周。

意大利 ITALY

THE GREEN PROTEIN
绿色植物蛋白

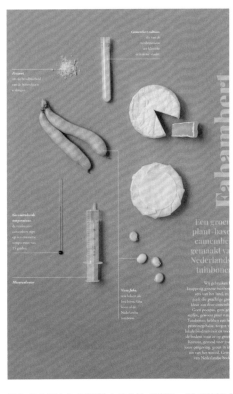

绿色植物蛋白如何促进本地生物多样性，我们的饮食如何能改善土地质量？在植物饮食中，我们如何享受到乳制品的特有味道？我们该在日常饮食生活中做些什么改善未来环境？ The Eatelier 与瓦赫宁根大学合作研究蛋白质转化，如何利用豆类来促进当地生物多样性和土壤质量。他们首先调查了蚕豆的文化历史、营养价值以及对未来气候条件的适应能力。

蚕豆是高效的轮作作物，可用于防治各种植物病害，还能提高土壤肥力，保护土壤中的微生物。此外，蚕豆对修复土壤有显著贡献，有助于播种其他作物，蚕豆甚至可以提高轮作后小麦的蛋白质含量。与其他作物轮作相比，小麦和蚕豆是拥有广大市场的消费品，轮作的经济风险较小。与其他豆类相比，蚕豆有完整的必需氨基酸谱，如异亮氨酸、亮氨酸和赖氨酸，还有相对较高的蛋白质含量、高纤维含量和丰富多样的生物活性化合物，很适合替代大豆蛋白和其他动物蛋白。更重要的是，蚕豆可以降低血浆中的低密度脂蛋白、胆固醇水平，对帕金森病患者有益。在动物蛋白产品中，所有9种身体必需的氨基酸都已经天然存在。但对于蛋白质含量高的植物性食品，其中一些氨基酸经常缺失，需要从其他地方补充。比如谷物和豆类搭配，就能完全代替动物蛋白。

谷物面包搭配酸酪、麦片酸奶是很多人的早餐习惯。The Eatelier 研究酸奶和奶酪发酵技术，并应用在了绿色蚕豆上，制作了荷兰家喻户晓的主食蚕豆"Tuinbonen"，还与食品生产商合作了一系列乳制品的替代品：用新鲜的绿色蚕豆制作的蚕豆奶，与酸奶培养物一起发酵，就有了酸奶，继续添加奶酪培养物发酵，就形成了媲美 Feta 奶酪和 Camembert 软奶酪的蚕豆奶酪。最终产品的新鲜的绿色是使用蚕豆为原料的自然结果。

OMNIVORE EVOLUTION
杂食动物的进化

气温上升会对普通食品的生产产生什么影响？如果我们把入侵物种放在菜单上会发生什么？我们在超市里能找到的番茄是先进技术的结晶还是自然过程的产物？快餐可以根据我们的口味个性化吗？或者食物可以成为药物吗？我们能吃掉我们的问题吗？那会是什么味道？

The Eatelier 与创意厨师 Pippens 在 2019 年荷兰设计周期间，合作了一场晚宴，主题为《杂食动物的进化：思辨美食的实验》。通过对当前的食物消费和生态环境的观察，揭示作为杂食动物的人类，在未来面临的饮食的可能性，并给观众带来一场切实的味觉体验。

这场美食实验是基于对气候、科技创新和药物医学的思考，提出了三种未来饮食方案：气候，一种受周围气候、温度变化和与入侵物种共存影响的饮食方案。科技创新，被食品生产技术创新、水培农业和作物基因操纵等严重影响的饮食方案。药食动物，是指医药行业的发展让每天饮食里充满了预防和个性化保健成分的方案。这三个领域都能扩展人类作为杂食动物的通用定义，其中包括 21 世纪我们饮食的生态、社会和生物复杂性。

晚宴的每道菜都旨在解决不同的主题。比如"有问题的菜"，反映了国际贸易对本土生物多样性的影响，世界各地的物种搭着全球贸易网络的便车，在其他地方找到了没有天敌、适合繁衍的舒适的栖息地，形成物种入侵。小龙虾 (Procambarus clarkii)，目前正在荷兰河流生态系统中威胁着那里的生态系统。而我们能否以某种方式将它们纳入我们的饮食中，从而成为它们的主要捕食者？我们能靠"吃"解决问题吗？这道菜就把小龙虾变成了辣椒蟹酱配皮塔饼。

晚宴中政策制定者、学者和经济利益相关者等，都积极参与并了解了食品系统目前面临的危险和可能的解决方案，探讨了食物可能的来源、传统美食的含义以及素食主义如何在物种入侵时为改善气候做出贡献。

TIDETABLES
潮汐表

海盐的制作需要两个关键条件，海洋和太阳。威尼斯的盐来自潮汐运动产生的盐沼。威尼斯又被称作海上森林，是一个平衡的城市，而盐关乎了一切美食味道的平衡。盐太少，即使是风味十足的豆类尝起来也像是少了什么，太多的话，整个口腔就会无比干涸。人类对盐的依赖，正如人类学家Margaret Visser所说，我们实际上是"行走的海洋环境"。

但盐同时也会破坏和腐蚀海上的岛屿和威尼斯的潟湖，潟湖一直是引发洪水的主要因素。潮汐：威尼斯思辨美食学（Tidetables: Venetian Speculative Gastronom）活动，灵感来源于威尼斯潟湖的历史，将食物作为体验威尼斯潟湖的重要表达，餐桌作为想象咸水世界和沿海未来的实验室。通过章节小说的形式，用每一道菜表达一个主题章节，呈现出一个想象的未来。

第一幕"老盐"——一块借鉴了发酵工艺，石化了的盐块。第二幕"逃跑的牡蛎"，名字来源于威尼斯菜osei scampài("逃跑的鸟儿")。这道菜虽然提到了"鸟"，但里面没有禽类，只有小牛肉、成年牛肉和猪肉。这种思维下，如果盐沼附近只有植物而不是动物，会发生什么？第三幕"对不起，我的汤里有潮汐"——表达了潟湖不能随波逐流，汤里的"潟湖"永远无法移动。第四幕，"不保留"——以名厨Anthony Bourdain著作的名字命名。这本书将旅游业视为一种单一文化，探讨了局限性和匮乏、热情好客和敌意之间的共同根源，以及对本地化的需求本身是如何危及本地化的。

一部分是用餐，一部分是调查，活动随着潮汐的节奏发问：吃东西意味着什么？顺势或逆势进食意味着什么？这些问题与更大的议题有关，人类的欲望如何改变气候，以及气候变化如何反过来影响人类的欲望。每道菜上桌的间隙，客人还讨论了几个中心主题：维持和恢复威尼斯与其环境之间的平衡；季节性节奏与周期；盐与时间的关系，保存与演化的关系；食欲、食物政治和威尼斯潟湖之间的冲突。

与食物设计100的对话

Katinka Versendaal
卡廷卡·维森达尔

"研究当前饮食的历史背景、其中的故事和价值定义，然后分析现状，并创造未来的可替代愿景。"

FD100："你的食物设计方法是什么？"

Katinka："思辨美食"是一个催化剂，重新定义了我们与食物的关系。我认为生态危机是我们的文化造成的结果，而不是一个可以通过经济、技术或科学的进步来解决的问题。我通过创建和提供带有假设功能的场景，鼓励人们想象食物和吃它的样子。我相信设计可以是愿望的载体，因此，我相信食物设计和思辨性的美食在社会变革方面具有独特的地位，它能激发新一代的食品专业人士以及其他设计师和创意家，参与讨论和共同创造未来。

FD100："对你来说食物设计最令人兴奋的方面是什么？"

Katinka：我是一个绝对的食物爱好者，有幸每天享受令人快乐的感官刺激。美食的技巧让食物的口味、质地和风味超出了我最疯狂的想象。食物是人类最基本的需求之一，它在很大程度上决定了我们交流和创造文化的方式，它建立了我们的物质世界和社会空间，以及我们与自然世界的关系。除此之外，科学研究表明，我们的饮食、公共卫生、食品生产、气候变化和生物多样性之间存在着直接的联系。因此食物是土地和行星，个人选择和全人类行为，人类健康和地球福祉等宏观和微观之间的关键媒介。通过它，我们可以开始重新定义我们当前的系统，并通过它，我们可以作出具体的干预措施。

FD100："你的可持续发展方法是什么？"

Katinka：想象世界末日似乎比想象一个更宜居、更公正的未来更容易。当前经济体系支配着我们的思维，潜移默化地影响着我们的感知、体验以及对可能的未来的想法。冰冷僵硬的二元价值体系占据主导地位，大自然的体验被描绘成"我们自己"的"外部"。一种廉价的甚至免费的，看似无穷无尽的资源，可以从中获取和利用。我试图揭示、想象和质疑，我们与其他生命形式，与周围自然、城市环境——人类与非人类之间的关系；我着眼于气候变化、人类行为和全球化对这些潜在关系的影响，以及我如何对它们产生积极影响。我想质疑二元价值体系，推动系统变革，让我们脱离全球气候危机和全球健康危机的慌乱。

荷兰 NETHERLANDS

Katja Gruijters
卡佳·格鲁伊特斯
Katja Gruijters 工作室

Katja Gruijters 是一位创新食物设计师，毕业于荷兰埃因霍温设计学院。2001年成立个人工作室，设计食物实验、概念、饮食活动和产品。她的工作基于全球粮食文化的趋势，以可持续发展的需要为动力。多年来，Katja 为荷兰食品行业趋势月刊 *Food Magazine* 写作；食品和农业机构 Ahold Delhaize、荷兰花卉理事会 Flower Council of Holland、酒厂 Protein Brewery 和瓦赫宁根大学等都曾委托她研究和开发概念。在教育方面，Katja 在 HAS 应用科技大学开发了食物设计课程，与埃因霍温设计学院合作食物试点，目前在荷兰阿纳姆的 ArtEZ 艺术大学教授食物设计，多年来担任意大利米兰工业设计学院 Scuola Politecnica di Design 的食物设计和创新硕士教授。Katja 经常在荷兰、新加坡、法国、西班牙、意大利、芬兰等地举办食物设计研讨会，创立了 Feed Your Mind 基金会，与食品、科学和健康等多学科合作，发展健康和可持续的食物系统。2001年，与食品品牌 Honig 合作的产品 World Wide Wrap 获得 Good Nutrition Prize 奖。2006年，她的项目 Another Face of Lace 获得荷兰设计奖 Dutch Design Awards 提名。2018年，Katja 出版了由 Ed van Hinte 撰写的有关食物创新探索的书目 *Food Design: Exploring the Future of Food*。

FARM FOOD FAMILY
农场作物家庭

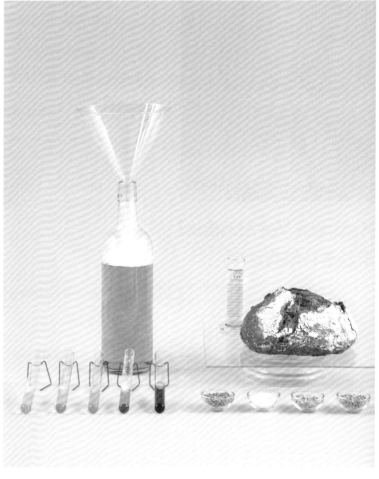

荷兰东部Achterhoek有着悠久的农业历史，Katja Gruijters追踪研究了当地作物的"家族"历史，将9个城市联系起来，创造了一个真正的农场作物家庭。"家庭"是绝对的主题，因为这也与该地区鼓励人们互相照顾的古老社会制"naoberschap"有关。Achterhoek有着独特的植物、动物、农作物、景观和产品以及充满激情的农民、种植者和生产者。他们中的许多人都在努力减少浪费，为可持续和循环做着贡献。

项目于2019年9月启动，在乌尔夫特的DRU工业园举办了一场大型活动，150多个农民、家庭单位、国际宾客、当地政客、生产商和美食爱好者参与。九个设施象征着来自该地区的9个农场作物家庭。客人品尝了美味的开胃菜，并一起进行了钓苹果、研磨芥末籽和砸榛子等活动。2019~2020年Farm Food Family在参与的城市进行了巡回活动。农民在自己家接待宾客，一起品尝古老的苹果，用本地谷物制成酸面包，制作花环，发酵卷心菜，分享知识，体验Achterhoek土地的一切，庆祝遗产、文化和食物。

摄影师：Marieke Wijntjes & Sabine Grootendorst

CONVENT LUNCH SERENITY
修道院的宁静午餐

2021年，Katja Gruijters 为了将修道院的工匠产品带给更广泛的受众，在荷兰南部布拉班特的修道院花园组织了几次午餐，挖掘午餐的"宁静"。在这个颇具仪式感的吃饭体验中，最重要的是清洁、过滤、沉默和对修道院产生的热爱。

第一次活动是在"Koningshoeve"修道院进行的。客人清洁完手后，像一家人一样坐在长桌旁，享受自己制作的美食。他们喜欢蔬菜酱和甜食，整场午餐有橘子酱，葡萄干面包，养蜂的兄弟二人带来的蜂蜜，来自比利时Catharinadal姐妹的白葡萄酒，还有葡萄汁和德国啤酒，最后以茶道和温暖的巧克力布丁结束。如今沉默是珍贵和罕见的。在修道院生活，沉默是重要的、古老的价值。修道院外，我们可以腾出更多的沉默空间。在沉默中，我们能更加意识到自己的感官。当食物安静时，味道、气味和声音都不同。

为了将修道院午餐概念转移到其他修道院，Katja Gruijters 和 Simone Kramer 组织了为期两天的研讨会，与志愿者、厨师、教师和其他有关各方一起进一步发展这一想法。修道院午餐的想法最终被整理在了一本灵感手册中，包括行动计划、食谱、需要购买的材料和创意建议，以便让更多人享受和体验这个活动，同时让修道院在社区中发挥更大的作用。

摄影师：Marieke Wijntjes

ALL YOU CAN EAT ENOUGH
你可以吃到满足

未来属于产生更少浪费的美味、有营养的食物。Feed Your Mind 基金会的实验项目"All You Can Eat Enough",旨在以科学的态度,探索更健康的饮食行为和美食方法。

Katja Gruijters 是 Feed Your Mind 基金会的创始人和董事。为应对未来挑战,Feed Your Mind 基金会组织设计师、科学家和食品链的利益相关者合作,努力建立一个更可持续、更健康的食物系统。整个食物链——从生产到运输,从包装和消费到废物处理需要彻底改变。

食物应该有趣、舒适、美味。人们的生活方式与健康和可持续性可以共同发展。"All You Can Eat Enough"是一个快闪餐厅,客人可以享受无忧无虑吃自助餐的过程,Katja Gruijters 团队会观察他们的饮食行为。第一次实验进行了两天时间,共有100人参与。餐厅会一直进行现场研究,提供数据和新的见解,追踪并系统地定期发布报告。Katja Gruijters 团队目前正在设计相关的移动餐厅项目 Snack Bar Snackery Street,意在于节日时测试菜肴并广泛分享信息。

摄影师:David Jagersma

与食物设计 100 的对话

Katja Gruijters
卡佳·格鲁伊特斯

"食物是一种自然、社会和文化现象。大自然是我们食物的来源，也是我工作的主要灵感。在自然循环中，不会丢失任何东西。"

FD100："你的食物设计方法是什么？"

Katja：为什么我们总是眼大肚子小？为什么茶在茶包里？为什么荷兰人午餐吃奶酪三明治，许多亚洲人吃一碗热汤面？我们将来会吃什么、喝什么？海藻、真菌还是草本混合物？我的项目总是从一个问题开始。许多人认为吃饭只是一种必需品，但它也是我们文化的一部分；与社会上的其他活动、仪式和互动有着密切的联系。因此，我的工作总是以人及其环境为中心。作为一名设计师，我让人们将食物视为他们国籍、习俗、口味等宏观概念的一部分。这就是我试图为饮食文化做出的积极的贡献。与此同时，我想提高人们对当今社会和生态问题的认识，如气候变化、食物浪费、肥胖——所有这些都与可持续性有关。

FD100："对你来说食物设计最令人兴奋的方面是什么？"

Katja：我对有机材料着迷。食物是易腐烂的，这与季节有关。食物意味着饮食和营养，这是生活中两个同样重要的方面。一方面，我们喜欢食物，这是一种让人欲罢不能的感官体验，食物让我们思考使用和文化。另一方面，我们客观上需要食物生存，你吃什么就是什么，这就是我着迷的原因。我的工作方法是有机和直观的，实验探索想法，并在实践中尽可能多地测试。我喜欢探索食物、科学、技术、文化、自然和设计之间的界限。这就是为什么我经常与来自广泛学科的专家合作：从厨师和科学家到电影制片人和商人，我们一起可以达到新的高度！

FD100："你的可持续发展方法是什么？"

Katja：多年来，可持续性、成分的力量和自然之美在我的工作中越来越重要，是我工作的核心。可持续性是一个持续的主题，我们一直在研究创新的方法。我们通常会举行研讨会、产品开发和品尝会，在大量的思考、测试和新成分实验中探索，这是一个持续的过程。

李景元
时印科技

李景元，现居中国杭州，毕业于浙江大学工业设计系，致力于通过数字化智能制造的方式，满足人们对食物的个性化需求。长期为星级餐厅、食品公司、品牌方等进行创新设计与艺术服务。曾获得德国红点工业设计大奖、2017年上海30位30岁以下青年创客、2018年杭州市西湖区创新创业百佳人才奖、入选2019年福布斯中国30位30岁以下精英榜和2020年胡润中国U30创业领袖等荣誉，带领公司获得2017年中国3D打印行业最具创新企业奖、2019和2020IFA 2020未来食品TOP100、2021年度十大文创新势力，其个人或公司4次参与CCTV节目录制。

中国 CHINA

3D打印巧克力

巧克力由于受热软化且挤出后易于固化等特性，非常适合用于3D打印。然而，目前普通巧克力存在黏度大、凝固慢等缺点，直接导致3D打印的巧克力模型在打印时发生拉丝拖尾和坍塌现象，非常不利于巧克力的成型。

为此，李景元团队专门开发了一款黏度低、加热挤出后凝固快的巧克力，这款巧克力配料由代可可脂、木糖醇、麦芽糖醇、奶粉、磷脂、聚甘油蓖麻醇酯、香兰素、食盐与香精构成，其工艺为：1.熔油缸化油，将代可可脂置于溶油缸中加热搅拌使其融化，温度为50℃；2.粉糖机粉糖，将木糖醇及麦芽糖醇投料至粉糖机中磨碎，粒径小于100 μm；3.配料混合及投料，将配方中的奶粉、磷脂、聚甘油蓖麻醇酯、香兰素、食盐与香精等混合；4.将步骤3的物料在精磨机中精磨24小时，使其物料颗粒直径小于15 μm；5.将步骤4中得到的巧克力酱料过250目筛，然后灌装至3D打印机专用巧克力容器中，灌装温度为37℃；6.冷冻成型，将步骤5中灌装好的巧克力置于冷库内冷冻2小时，温度11~12℃；7.包装及打码。这样制作的巧克力在33℃加热温度下，就能够实现流畅打印，不堵头，不拉丝且固化迅速，可以打印任意造型。

3D打印土豆泥

土豆泥在世界范围内被广泛食用，即食土豆泥的精细化3D打印可以为现在单一的土豆泥市场增添活力，可将其作为餐饮冷盘来满足人们的个性化、高品质需求。同时也可为吞咽障碍的患者和老年人提供专属的3D打印土豆泥。

为了改善单一土豆泥的流变特性和相应的可打印性，需要向土豆泥中添加一定量的胶体。首先将土豆（湿基含水率为78%~80%）进行清洗、去皮、切片后蒸煮20~25分钟，然后打浆至浆体细腻发亮。以打浆后的土豆泥为基准，加入一些食用胶体（如果胶、黄原胶和变性淀粉等），混合均匀后蒸煮以使土豆熟化并使胶体充分溶解。为了实现调理土豆泥的精细化打印，需要对喷头直径、打印距离、打印温度、喷头移动速度和出料速度进行调整。最终保证打印物体的精确度能够达到95%以上，且在打印后40~60分钟内不塌陷。

3D打印饼干

饼干作为人们日常普遍接受的休闲食品，是极具代表性的可个性化营养定制的产品。首先，"好吃"才是产品的基本点，其次是必须要具有健康功能，这是强劲的消费新需求，未来食品业的整体发展都将向着"功能化"迈进，最后是要具有时尚品位。

传统的饼干多采用模具来进行表面图案的印刻和形状的固定，但由于油脂作用，经过烘焙之后往往无法保持应有形状，不适合复杂细致的几何印花。针对普通饼干配方3D打印成型能力差和饼干后处理烘焙后易变形等缺点，我们通过调节饼干原辅料配方的比例来增加其成型能力，以及控制3D打印机预热温度、烤箱烘烤温度和时间，来调整饼干的口感和外形。在合理的反应条件下获得一种既具趣味性与可视性感官要求，又具一定营养价值的饼干。

与食物设计100的对话

李景元

"突破传统食物制作工艺的局限，提高审美价值，拓宽食物来源、降低污染与浪费，促进可持续发展，同时满足人们对食物与营养的个性化需求。"

FD100："你的食物设计方法是什么？"

李景元：食物设计一方面是视觉上的内容，更深层次的是从整个食品行业出发，以食物为媒介提供设计和体验服务。我们可以把其看作是创意解决方案团队或者具有强烈个人标识的活动策划，但使用的表达介质是食物，而服务对象并不一定拘泥于食品行业。例如，日本东京Sushi Singularity餐厅利用可持续原料结合3D打印食品技术制作了3D打印寿司，并可根据顾客的健康指数，为顾客量身定做符合顾客营养需求的3D打印寿司，3D打印寿司不仅满足了视觉上的个性化需求，提供了前所未有的感官体验；同时也满足了营养上的个性化定制需求。这些自带传播效果的设计经常为各种品牌所使用。

FD100："对你来说食物设计最令人兴奋的方面是什么？"

李景元：最令我感到激动的食物设计的方向是将3D打印技术与食物设计相结合，可以突破传统工艺的局限、增添复杂独特的审美体验，拓宽食物来源、降低污染与浪费，促进食物的系统性设计与可持续发展，并满足人们对食物与营养的个性化需求，对航天食品研究等议题产生深远的影响与启发。尽管3D打印食物还面临着技术与材料受限、缺乏心理认同、知识产权较为模糊等困难和挑战，但作为食物设计工具仍然有着极大的发展空间和潜力。

FD100："你的可持续发展方法是什么？"

李景元：人类社会的持续性由生态可持续性、经济可持续性和社会可持续性三个相互联系不可分割的部分组成。国际环保条约《里约环境与发展宣言》指出："为了可持续发展，环境保护应是发展进程的一个整体部分，不能脱离这一进程来考虑"。可持续发展非常重视环境保护，把环境保护作为它积极追求实现的最基本目的之一，环境保护是区分可持续发展与传统发展的分水岭和试金石。
1.减少开空调的次数；2.选择绿色出行、践行低碳生活；3.垃圾减量分类、促进资源回收；4.反对铺张浪费、践行光盘行动。

李岩

晓楼餐厅

李岩大厨是中国可持续餐食的先行者、2020年度良食节冠军大厨、"大厨宣言"签署者、全国第一家"良食餐厅"晓楼（中国首批"Meatless Monday"授权餐厅）的联合创始人、主理大厨、良食基金签约专家，获2021"食物可持续转型领域"最佳实践奖，2020年主理过全球"顶级远见奖"获奖项目良食"妈妈厨房"试点项目，并被洛克菲勒基金会资助的好莱坞纪录片《食物2050》拍摄在内。他曾经参与过"拯救海龟"国际志愿者、云南漾濞地震厨师救援团队、苏州"美味丑蔬"活动等活动。李岩大厨从业始于爱尔兰，至今21年。他的厨艺源于对烹饪和食物的热爱以及不断自我挑战。

中国 CHINA

发酵番茄

主厨李岩为支持大理本地农户，在选择西餐最常用到的番茄方面，亲自带领团队在集市选购新鲜番茄。大理本地番茄，长得并不漂亮，通常大小不一，淡粉的，不像人们习惯想起的那种，圆滚滚的、通红的、标志长相的番茄。但大理番茄尝起来却有着浓郁的香气和果味。晓楼餐厅有道代表菜品番茄浓汤深受西餐爱好者的喜爱，李岩用盐、鼠尾草、迷迭香等干香草加水浸泡番茄，这样发酵一个月后，番茄的风味闻起来、尝起来，都达到了媲美地中海番茄浓汤的最佳效果。晓楼的菜品会随季节调整，番茄浓汤通常在入秋做。其他番茄产量少的季节，李岩会用发酵番茄做成风味番茄酱，搭配其他肉酱面、意大利饺子等菜品。

素食酱料

纯素美食想做得吸引人是不容易的，对于吃肉长大的人，素食有再多独特的美味，也代替不了动物蛋白的营养和难以抵挡的香气。主厨李岩为丰富植物食材的风味，研制出了20多种纯植物酱料，在李岩看来，酱料是素食的灵魂。

晓楼餐厅最受喜爱的一道网红菜，千张串串，里面有云南盛产的各类菌菇以及各个季节的蔬菜。不同于辣味的串串，这道菜的串串搭配的是甜椒酱。甜椒由木炭熏烤至外皮焦黑，内里果肉清甜中带着丝丝烟熏味。甜椒、腰果、枫糖浆、白葡萄醋，一起搅打成酱，这道备受好评、老少皆宜的甜椒酱就做好了。

全食是主厨李岩一直追求的，豆苗南瓜子青酱诠释了这一理念。西南地区的餐桌上常见豌豆苗，但人们通常只吃最嫩的豌豆尖部分，老的根茎部分营养成分都在，只是口感不好，少有人食用。主厨李岩用了豌豆苗全部的部分，搭配炒香的南瓜子、椰子油、菠菜、豆奶、营养酵母，制作了这道颇具云南特色，奶油质地的青酱。

传统的西餐酱料通常会用到大量的乳制品、蜂蜜、蛋黄等动物成分，在探索素食酱的过程中，主厨李岩发觉坚果经过高速搅打至顺滑，其所饱含的大量油脂便会发生乳化，能取代牛乳脂肪带来的饱满香味，并且带有丰富的坚果香气。姜黄芥末酱，主要用到腰果、姜黄和芥末。芥末本身酸苦，姜黄独有的药材气，富含脂肪的腰果酱中和了这些刺激性味道，只留下独特的清香。

豆腐芝士蛋糕

传统西餐甜品，乳制品是不可或缺的食材。在素食甜品中，椰浆起到了同样的作用。在豆腐芝士蛋糕中，主厨李岩用豆腐、腰果和椰油，做到了风味无限接近奶油奶酪的效果。有了奶油和奶酪的代替，在此基础上，李岩选用云南特产芒果制作了芒果慕斯，以及用云南四季薄荷制作了薄荷椰浆冰淇淋。很多客人品尝后都不相信这些甜品是不含乳制品的纯素食。

与食物设计 100 的对话

李岩

"我倡导植物领先，一切由身体说话。"

FD100："你的食物设计方法是什么？"

李岩： 首先，要十分清晰自己的职业方向（餐饮风格）。我们选择了"植物领先"的可持续饮食的倡议。所以接下来所做的一切都是围绕这个主题。

其次，在日常生活中不断地吸收和积累。多去体验不同类型和风格的餐厅，多与同行和美食爱好者交流，从中总结并受到启发。

最后，根据在地的季节和特色的饮食文化把理念及个人的表达融合在一起。

FD100："对你来说食物设计最令人兴奋的方面是什么？"

李岩： 我曾花一年的时间研发了一款纯素的雪糕。灵感完全是来自小学时的第一口巧克力脆皮雪糕……记忆中最深处的味道通过自己的双手实现出来，那种满足感无与伦比！

我也曾研发了一款结合大理当地特色的"豆腐芝士蛋糕"，让人眼前一亮！至今仍在热卖，每次看到客人眼中那种不可思议的眼神是一种不可多得的享受。

通过食物设计在充满新意的菜品中传递着"健康，生态，可持续"的餐饮及生活理念，无疑也让我体会到了对大众负责的价值感！

FD100："你的可持续发展方法是什么？"

李岩： 我们的日常菜单的饮食结构为85%左右的植物基菜品加上15%动物肉类。以这样最直接的方式来提醒和倡导大家提高对健康和生态的关注。（每周一停售仅有的15%肉类菜品，即"蔬适周一"）

除了研发菜品的付出，我们也投入了一定的人力物力来从多维度实现"可持续"目标：

1. 减少浪费，物尽其用。不能被食用的食材会被垃圾分类制作成酵素和堆肥。
2. 支持有机农业，当地当季，间接帮助减少碳足迹。
3. 循环永续。利用厨房的废油和自制酵素制作天然洗手液。
4. 食物教育。接受一些团队和机构的合作来实现推广可持续理念的初衷。

廖青
莫方食验室

莫方食验室 Mofun Eating Lab 致力于构建艺术与生活之间的桥梁。秉持着"艺术经由胃进入生活"的理念，莫方潜入食物世界，通过对艺术作品的理解，从口味、色彩、结构、体验等多重方面探索食物与艺术的关联，从而多层次地传达我们对文艺作品的解读。莫方食验室经常为文化艺术展览、戏剧舞蹈演出等艺文活动定制设计紧扣作品内核或活动主题的食物及饮食体验，希望从食物设计的角度诠释对于艺术作品或活动概念的理解。

中国 CHINA

甜品里的艺术史

莫方食验室研发了一批面向大众食客的艺术主题系列甜品。灵感来自于西方艺术史上有名的绘画作品，设计师将对画面内容及画家作画背景的理解，用食物的语言诠释出来。当顾客品尝到这些与艺术作品相关的甜品时，就能新认识一位艺术家，或从另一个角度对某件艺术作品有了更多元的理解，这也许能为探索更有趣的大众艺术普及方式提供新的思路。

颅内剧场：源于挪威画家蒙克的《呐喊》。设计师选择带红色、螺旋纹的盘子来表现这幅画中卷入深渊般的漩涡感。用马卡龙表面红色、橘色的漩涡纹理来表达画中猩红扭曲的天空。马卡龙中间的夹心是香蕉腐乳芝士，小鬼头饼干是四川花椒味的。很多人听到这个口味搭配会露出惊奇诧异的表情，这个反应也恰巧对应了画中描绘的那种对未知事物的恐惧感。这款甜品利用餐盘纹理、食材的颜色造型、清奇的口味来呼应这幅画里表现出的人类共通的痛苦与恐惧的情绪。

山雨欲来：这款甜品是根据奥地利画家克里姆特的《聚集的暴风雨》为灵感进行创作的，表现的是暴风雨即将来临黑云压城的场景。画面中灰色的色调，点状的笔触，使设计师联想到了灰色带点的盘子和黑芝麻口味。这幅画的构图里，翻滚的乌云占据了很大的篇幅，压迫着下面的地平线，所以在做甜品时用黑芝麻慕斯来表现低矮的地平线，灰色棉花糖来表现背景里聚集的大片乌云。用芝麻薄脆来表现高耸的白杨树。

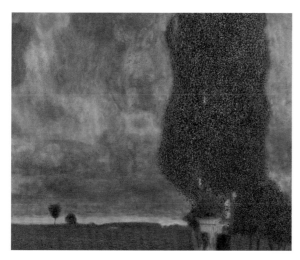 

康定斯基的色彩歌剧：这套下午茶甜品是根据现代抽象画的创始人瓦西里·康定斯基的《黄·红·蓝》为灵感创作的。康定斯基是一位"色彩的灵魂演奏者"，他擅于将乐曲中的旋律和音符转化为画布上抽象的线条和色彩。而这款下午茶则是将画面中的图案与颜色，根据音乐旋律的质感转化为了可品尝的美味。乐曲中的重复、变奏、渐强和渐弱，都化作了甜品的醇厚、酥脆与甜蜜。多重口味和口感默契搭配，仿佛将画面的层次也融化于嘴中。

落月森林：马克斯·恩斯特是一位德国艺术家，也是达达主义和超现实主义运动的中坚力量。童年的恩斯特接触到和森林有关的怪神传说与幻觉梦境纠缠在一起，使他对森林的秘密充满了好奇，这种恐惧感和神秘感始终交错着被留在了他幼年的脑海里，成为他成年后一系列"森林"作品的源泉。甜品中用到黑巧克力薄片堆叠成山，配合咖啡、黑糖、可可坚果多层次口味交融的"土壤"及白巧克力月亮光环，营造出了梦幻迷人的梦境氛围。

饰宴

当项链和戒指上的"主角"被换成了可以吃进肚子的甜品时会发生什么呢？该系列作品将首饰与餐具进行戏剧性拼接，将首饰的价值属性赋予食物，以戏剧化的表达形式刺激使用者的用餐体验。这套展览限定甜品是为莫方空间里的当代首饰展"饰宴"设计的。艺术工作室YDMD把对日常器物和餐饮方式的思考融入到当代饰物作品中去，以一种怪诞的仪式感重新刺激人们去体验习以为常的"日常"。莫方食验室为了让参观展览的观众能沉浸式体验这些跨界到餐具的首饰，而设计了此甜品系列，参观展览的客人可以以穿戴首饰的方式为线索，探索不寻常的饮食方式。器物、甜品、食者，谁读懂了谁，谁又成就了谁呢？

童心铠甲

一场为董瑾个人画展《纯粹的想象·虚拟》设计的展览主题甜品，在视觉上设计了透明果冻层包围蛋糕球的结构，透明果冻代表了一个不愿长大的孩子，在这个乱象丛生的大地上构建的容纳童心与幻想的"保护层"。甜品中心悬浮的蛋糕球既是被保护的童心，也是好奇观察世界的眼球。从不同角度看甜品还会感受到甜品也在不同角度诠释每个人心中隐藏的日常。口味上一层彩虹糖珠的甜，包裹内部黑巧慕斯的苦，巧克力又包裹酸甜的草莓流心，用这样味觉的对比与交叠来表达展览画作中浪漫与黑暗互相裹挟交融的质感。

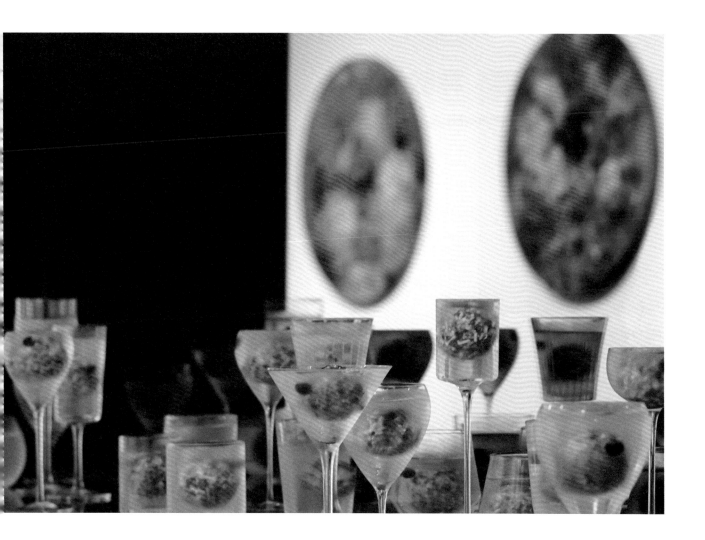

与食物设计 100 的对话

廖青

"艺术与设计的教育背景和剧场工作经验造就了我还不错的'通感'力,这也是在我的食物设计创作过程中,将对文学艺术作品的理解在餐盘之上'重塑'的底层逻辑。食物也用它独有的语言,从视觉、味觉、嗅觉、听觉上的综合表现力丰富着我对世界的感知层次。"

FD100:"你的食物设计方法是什么?"

廖青: 我之前做过空间设计专业的老师,会让学生练习将抽象的概念比如听觉、情绪用建筑模型三维地表达出来。这样的训练其实练的就是通感能力,因此在为艺术展览设计主题食物和饮食体验时,我常常会用与空间设计相似的创作思路,从食物的颜色、口味、造型结构的设计,饮食氛围与五感体验的营造方面去展现我对艺术作品的理解。

FD100:"对你来说食物设计最令人兴奋的方面是什么?"

廖青: 食物作为每个人都再熟悉不过的烟火气元素,却以小见大可以窥探食物背后蕴含的历史、文化、习俗等。因此在我看来食物很适合承担桥梁的角色,衔接起艺术与生活。比如我们会和艺术家合作,通过食物的介入将他们作品的精神内核传递出来,为他人提供一个欣赏和理解艺术作品的新视角。我们目前也在探索让食物跨界到戏剧教育、心理疗愈、中国古代文化等领域去,碰撞出更多有趣且有意义的合作。

FD100:"你的可持续发展方法是什么?"

廖青: 我们在创作过程中一直坚持探索本地食材的更多可能性,做食在当季、食在当地的本地农业支持者。如何全方位地利用上本地食材的各个部分、避免食物浪费也是我们的日常思考范畴。

林敏怡

肉丝实验室

林敏怡是 Voisin Organique 邻舍有机餐厅的联合创办人，并在 2019、2021 年获得了黑珍珠一钻的评价，2022 年 8 月，获得"美食台 X 格兰菲迪"年轻料理人奖，2020 年，受美国纽约著名出版社 Phaidon 邀约出版名厨书籍《主题 Today Is Special: 20》。林敏怡创立"肉丝实验室"的初衷是希望能够以传统为基础，敢于持续创新，探索食物的一切可能性。从 2012 年至今，都在保持每日坚持研究各种时令食材的不同做法，目前林敏怡正在筹备新的中餐餐厅，同时在做餐饮顾问及食材供应链。除了"肉丝实验室"的设计理念，林敏怡在做餐厅菜单设计的理念上，坚持使用可持续发展的、环保的、时令的优质食材作为菜式的基础。烹饪理念是尽可能采取不同技巧和烹调方式挖掘出食物不同状态下的原本风味与魅力。通过打通五感联动食客心灵的方式，以中国语境和中国而并非西式审美的思维逻辑，表达当下的中国菜，为客人提供独特的用餐体验。

中国 CHINA

"肉丝实验室"设计春季菜式

渍春笋、刀鱼虾滑、荠菜、日本柚子、鸡油顶汤琉璃芡

春笋、荠菜、刀鱼，都是春天不能错过的时令食材，刀鱼和虾混入猪肥膘调味后作馅，酿入高汤渍卤过的毛笋，边缘裹上荠菜碎，蒸熟后淋上以火腿、老鸡、黑猪、干贝等材料熬制浓缩澄清后的顶汤做的琉璃芡，最后加入几滴鸡油和日本柚子皮增加香气层次。

笋和荠菜搭配出来的颜色淡雅，用白色的瓷器盛放它会显得有春意与宁静。

蚕豆糕

春天的蚕豆选的是四月底上海南汇产的蚕豆，最佳赏味期只有一周，细嫩到皮都能吃掉。蚕豆通常都是做咸菜，而川菜却有一道软炒蚕豆作为甜菜，加入大量的猪油和糖，味道绝佳但吃多几口会腻。借鉴蚕豆甜吃的方向，将蚕豆当作绿豆一样做成甜的糕，没有了浑厚的猪油掩盖住植物的清香，仅仅加入少许糖，就能充分体现出蚕豆的风味。

蚕豆糕做成了蚕豆的样子，此时天气还比较冷，搭配温润的红色漆器，颜色对比强烈，"蚕豆"显得生动，春意盎然。

"肉丝实验室" 设计冬季菜式

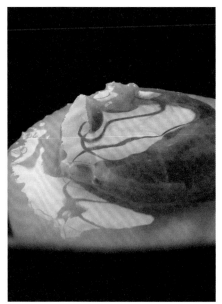

沙葛橙子辣白菜、烟熏卤水溏心蛋、烟熏奶酪胡萝卜干、百里香梅子地瓜干、富平吊柿沙窝萝卜

早期成名的代表作品，农场拼盘。一组代表了来自有机农场冬季食材的餐前小食，按顺序食用，清淡—浓郁—清淡。沙葛如梨般的脆甜混合酸辣的渍白菜，加入了橙子的甜与清香，混合吃口感丰富清爽；入味的中式卤蛋做成溏心蛋更香滑，荔枝木与松针落在炭火上燃烧烟熏卤蛋，脑子里瞬间出现了冬天柴火燃烧温暖的画面；延续上一道的烟熏元素，奶油奶酪烟熏后增加了香气，搭配多个工序制作而成的胡萝卜干，神奇地感到类似地瓜干的口感，却没有了胡萝卜奇怪的土腥味；为了让食客感知胡萝卜干与真正地瓜干的区别，接下来是地瓜干，以酸梅增酸甜，百里香增加奇特又融合的香气；最后以脆甜的沙窝萝卜和甜糯的柿子加广东香水柠檬皮的清爽作为结束，起到了清洁口腔的作用。最后将食物放在木桩上。

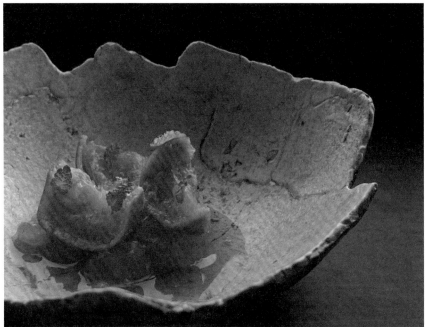

糖煮台州涌泉蜜橘、雪莲子或天竺葵大红袍茶

冬天时令的台州涌泉蜜橘是连皮都可以吃掉的，不发苦，糖渍煮后搭配雪莲子的独特口感，加入玫瑰天竺葵大红袍茶汤，增加了茶与玫瑰花香似的草本香气，清新怡人。

明亮的橘色搭配看似破碎瓦片拼凑而成的器皿，尽显冬日的枯槁之美。

白萝卜、日本柚子

一碗素净的清汤白萝卜，为了尽可能凸显萝卜的风味，用白萝卜汤加点盐煮萝卜"菊花"，只能加点味精提鲜，因为含有菌菇和海带的高汤都会掩盖住萝卜清淡又独特的气味。最后用日本柚子皮增香。用黑色的器皿搭配白色的食物，能让食物成为眼中的主角，日本柚子皮的点缀如花蕊般巧妙般配，当双手捧起温热的汤碗时，白色的"花朵"与波光粼粼的清汤在幽暗处摇曳。

"肉丝实验室"设计夏季菜式

仙进奉荔枝、西班牙红魔虾、脆藕、芹菜

夏季当然不能错过最好的荔枝品种广州增城仙进奉、汕尾的水果莲藕、上海的有机芹菜。
广东清炒的方法是将它们混合炒到迸发出香气，之后淋上红魔虾头汁增加鲜度，最后搭配上生藕让食客感受到吃水果般的莲藕带来的不同体验。洁净低饱和度的器皿搭配饱和度高的菜式，以及富有特色的八角高足器型，拿起一勺一口地吃颇有趣味。

六月黄燕窝、冬瓜盅

当粤菜的冬瓜盅、火腿燕窝羹，遇上了六月黄。搅拌之前是冬瓜盅，搅拌之后是蟹肉燕窝冬瓜羹。晶莹剔透、煮得入味的冬瓜里透露着若隐若现的六月黄蟹的金黄和渍毛豆的碧绿，看着十分清爽，搭配火腿螺头老鸡汤煮过的燕窝，淋上高汤和元贝做的琉璃芡增鲜与湿润度。蟹壳作为"盖子"，打开后如发现了宝玉的惊喜，让人眼前一亮。

鸡汁鲜莲子

鲜莲子凉拌生吃脆甜，煮汤水口感清爽比干莲子更适合夏天吃。它更适合做成咸的菜式，火腿鸡汁煮鲜莲，微脆甜，带着鸡的鲜味一起送进嘴里，鲜美温暖，清淡极鲜美！荷叶盛放着鲜莲子，莲子与芡汁如荷叶中的露珠，看着像是从未离开过荷塘般自然。

老药桔、海石花

海石花是夏季沿海地区解暑良品，这里借鉴了海石花凉粉的做法，把它混合潮汕的凤凰单丛茶做成了小凉糕，里面偷偷嵌入了一粒潮汕的老药桔，冷藏后冰凉，用贝壳当作勺子挖着吃十分有野趣，底下的天竺葵叶散发出一阵阵的玫瑰香。以贝壳作器皿，贝壳的堆砌与天竺葵叶的搭配，让海石花回到了海岸岩石边的感觉。

16头日本吉品溏心干鲍、松茸牛肝菌干巴菌烩饭

松茸与三种牛肝菌和干巴菌混合炒香。米粒吸饱了野菌和鸡汤的鲜香，每一口都是让人满足的鲜味与饱满的口感，年糕口感的溏心干鲍美味不用说，妙的是它的口感能与这些菌的口感结合得相得益彰。土黄色的器皿与菌的颜色融合协调，器型随意自然，亮晶晶的鲍鱼堆在烩饭上显得丰富而有食欲。

与食物设计100的对话

林敏怡

"我创立'肉丝实验室'的初衷，就是希望能够继承传统，敢于持续创新，探索食物的一切可能性。从2012年至今，都在保持每日坚持研究各种时令食材的各种做法，目前我在筹备新中餐餐厅，同时做餐饮顾问及食材供应链。除了'肉丝实验室'的设计理念，我在做餐厅菜单设计的理念上，坚持使用可持续发展的、环保的、时令的优质食材作为菜式的基础。"

FD100："你的食物设计方法是什么？"

林敏怡： 首先，选择时令的可持续发展养殖或种植方式下产出的优质品种食材，通过最简单的生食、水煮、清蒸或炖、风干、腌渍等方式解锁食材不同状态下的风味、味道与口感。最后慢慢加入复合调味，与其他食材进行搭配组合，以调香的方式进行气味上的调和，提升香气层次。其次，在视觉上的设计，选择合适的器皿搭配，摆盘方式需要考虑到客人的食用方式。有时通过手绘设计摆盘会是一个记录灵感很好的方式，便于后期修改。

FD100："对你来说食物设计最令人兴奋的方面是什么？"

林敏怡： 能够亲密接触与了解大自然的产物，每当发现某个好食材，解锁它们不同的新的吃法，感受到极鲜美的食物时，会让自己感到异常的感动和震撼，觉得自己短暂的生命从未被浪费过，尽可能地每天去尝试新事物，去享受与感受一切。食物设计只是菜单设计甚至运营餐厅中很小的一个环节，最终需要落地到实体店，关乎到客人的整个用餐体感。整个体验就是自己的一个艺术作品，凝聚了自己的思想、审美与修养。我通过餐厅的核心理念、空间、器皿、花艺、气味、音乐、服务等方面的设计，提升用餐体验的方式去唤醒食客对美的觉知，当得到一个好的反馈，我会觉得一切值得！

FD100："你的可持续发展方法是什么？"

林敏怡： 1.确保一切的行为出发点，是在对人的关怀与社会责任感的基础上基于自然万物之间的关系和谐共生，良性循环。2.食材选购上，选用是在可持续发展的种植或养殖的方式下生产出的优质品种食材。3.条件允许下，尽可能选择当地产物。4.农场到餐厅或菜市场到餐厅之间的蔬菜运输，自备购物框，杜绝带着不可降解的材料包装。5.条件允许下食物厨余分类与厨余发酵循环利用，作为土壤营养剂。6.物尽其用，很多蔬菜边角料可以做高汤，蔬果皮可以重新腌制发酵或烘干作为其他食品享用，会带来惊喜。7.通过改变自己的生活、工作方式，以身体力行的方法去感染身边的人，也可以通过公司的品牌核心理念、政府或媒体人的号召力去倡议与引导，或者通过设计用餐体验，使得客人感受到环保与可持续的意义。

刘柏煜

痣 birthmark 工作室

刘柏煜是平面设计师、产品设计师、中央美术学院客座讲师，生于内蒙古呼伦贝尔。2000年获靳埭强设计基金奖和"人与水"巴黎国际海报大赛全场大奖。作为独立设计师2004年开始服务于21cake品牌及产品设计。2008年创办痣birthmark品牌设计工作室，团队专注品牌设计和推广服务，提倡"策略先行""生活设计"的设计理念。为21cake蛋糕品牌服务长达10年，从品牌出生到成长。团队在品牌设计服务的过程中，发现触摸的设计更贴近日常生活本身，因此2007年开始着手准备器皿的品牌。

中国 CHINA

流动的咖啡席

每个人能掌控的事情并不是很多，但可以拥有"萃取和过滤的自由"。当我们知道如何准备一个流动的咖啡席，便代表着正在生活中开始变得主动。

咖啡席，是以咖啡为载体的旅程。当经过淬炼的器具，参与到挑选豆子、烘焙、研磨、萃取、饮用时，一种感知叠加另一种感知，全然地完成每一个片刻。流动的咖啡席，是设计师对咖啡风味的捕捉。咖啡的味道因时间各有不同，有归自然的时候，有归人工的时候，也有失手的时候，所以有趣。整套咖啡席装备容器根据手冲咖啡流程分为：

内丘储存罐：
源自潮汕地区传统的茶叶罐结构，内盖双层结构，称为"内丘"。看似松动的盖子却有效形成了罐口的气流阻隔，外气无法入内，同时内部气体可以排出，起到了单向排气阀的作用。
十棱滤杯：
内部十条滤槽，流速清晰，适合冲泡的咖啡烘焙度更宽广，容易达到萃取厚度与风味的平衡。内部着釉水，外部无釉，同样便于清洗。
300毫升量杯：
加大传统量杯底部弧度，摇晃时使咖啡液的融合更流畅。300毫升以上的预留空间，适合手持，不易烫手。
单孔咖啡勺：
紫铜锻造，捕虫网造型。勺心有孔，可以透过它看清世界。

折把铜杯：
紫铜锻造，矮胖，把手可挂。可作为称咖啡豆的容器，也可收集滤杯余液。

耳垂杯：
几何，转折，口沿轻薄。把手上耳垂的结构，能抵住手指不被烫到。有时候器皿坐落在那里也像建筑。

月盏系列威士忌酒杯

大月盏：
满杯容量240毫升，融入更多的酒液，每一次晃动，都将是一次月震。环形山、月海、月谷历历在目，遥远却又触手可及。标准古典杯，微微束腰，便于拿握。一只地道的古典杯，能舒服地放下一整个大冰球。冰球就像另一个星球，悬浮于月球之上，它慢慢融化前，酒已干尽。透过冰球的一个特定角度，能窥视放大后月球表面的环形山，细节历历在目。

古人钟情园林和文玩来对应大自然的山川与河流，以呈现一种"近的远"。月亮的圆缺，影响潮汐，定义耕作，最终又指代团圆。这一次，遥远却又触手可及。

旋转的烈酒盏：

这款杯盏是坚持人工吹制的小批量日常玻璃器皿。先收后展的杯型在弱化了酒精气味的同时，使酒体本身的芳香物质更加突出。敞口的杯沿使酒体进入口腔呈片状结构，最大化接触口腔，瞬间释放更多细节层次，这是能使烈酒温顺、适口、芬芳静播的秘密。

喜好驰骋马背的刘柏煦称："让烈酒旋转，可以使烈马温顺。"

一半一半料理盘

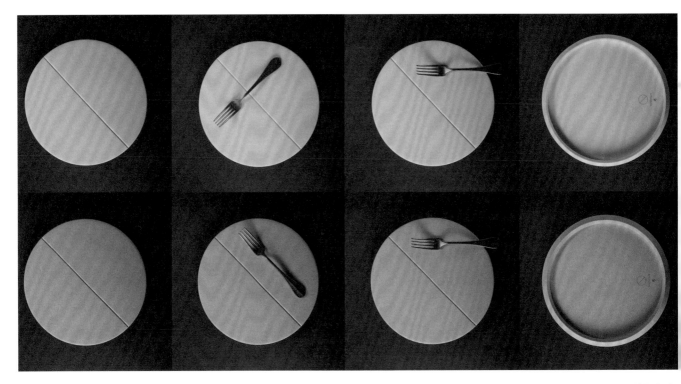

中线凹槽，将盘子一分为二。有使用的触感和摆放食物时的互动。盘子表面无釉，瓷胎呈现出细腻砂岩的质感。舔盘子爱好者，会有打磨舌苔的体验。
平盘在盛装食物时，总要面对一种"危险"，同时这种"危险"也会更加凸显盛放之物的脆弱，本能使人会小心翼翼地托拿和完成整个食用过程。

与食物设计100的对话

刘柏煜

"任何材料都拥有自己的痣，这也是材料本身的秉性和特质。使用，是阅读器皿最好的方式，使用的样式，也承载着生活方式的延续。"

FD100："你的食物设计方法是什么？"

刘柏煜： 观察和感受吃东西、喝东西的行为，用器皿来协调人和食物的关系。因为器皿的尺寸通常为均码，尺度多大可以满足绝大多数成年人就特别关键；南北方饮食习惯的不同也决定了食器的尺度；西式生活流向的今天，盘子也越来越多参与到日常的使用场景。人们尝试通过器皿来传递生活方式的延续，比如日常餐具都是以"碗"为母型，因为中式的食器是从碗开始的，现在农村的宴席还都是以碗为主。我们设计的咖啡具系列器皿，大部分都没有把手，就是受功夫茶里盖碗和茶杯的影响，手能直接对温度产生认知，手也在喝东西。

FD100："对你来说食物设计最令人兴奋的方面是什么？"

刘柏煜： 器皿可以促进身体感官对食物的感知。比如，我们设计的"旋转的烈酒盏"，盏状的口部使酒体进入口腔呈片状结构，最大化接触口腔，瞬间释放更多细节层次，这是能使烈酒温顺、适口、芬芳静播的秘密。再比如"半釉厚唇杯"，加厚的杯壁，不仅保温良好，喝东西时还有触碰厚厚嘴唇的体验。内部空间呈梯形，收口杯型，有效聚香。对"痣birthmark"而言，设计的驱动必须满足两点，一个是使用的实际需求，另一个是为使用提供新鲜的内容，这点更重要。

FD100："你的可持续发展方法是什么？"

刘柏煜： 目前我们使用最多的两种材料是陶瓷和玻璃。玻璃还好，可以回收。但传统陶瓷，算是高能耗材料，泥土经过高温变成陶瓷，就不会回到最初的状态了。所以我们会更认真谨慎地出品陶瓷器皿，希望使用者能更长久地使用，也就是长效设计。团队甚至尝试用牛奶和树叶来制作可以"消失"的器皿，食器在完成它一段时间的被使用价值后，可以选择被吃掉或者顺利回收。

刘道华

LDH刘道华建筑设计事务所

刘道华是LDH刘道华建筑设计事务所的创始人、中央美术学院特聘课程教授、中装协软装陈设专家委员会专家委员、中国室内装饰协会陈设艺术专业委员会（ADCC）副秘书长。他用建筑构建价值体验至上的空间，提供国际化的建筑、室内等整体空间环境设计，这其中包括：高端餐饮空间、商业空间、精品酒店、会所空间、豪华住宅的设计及艺术顾问的工作等。他是高端餐饮空间设计界的"风向标"，米其林、黑珍珠餐厅首选餐饮空间设计机构，为空间设计行业不断发展助力。

中国 CHINA

北京郇厨 · 芦园

在北京北芦草园胡同的一座四合院里，郇厨·芦园中餐厅悄然营业，不同于时下流行的高端餐厅，郇厨除舒适的现代艺术外，还覆盖着古香古色的建筑外壳。

这样一个优秀的四合院项目，具有极强的稀缺性与文化指向性。刘道华和餐厅业主汪小菲、王振宇希望在这样北京味儿十足的建筑里，能把中国优秀的原创家具、艺术品结合起来。因此空间融入了陈大瑞的木美Maxmarko系列等为空间设计的家具、张占占的作品"pupu熊"等，共同打造一种生活方式，使得空间更加多元，对于未来导向有更多可能性。

空间的对称分布既体现了
古典美感和秩序感，又巧
妙呼应了东方哲学里的
'天人合一'的中庸思想。
传统建筑的古韵更大化地
被表达出来，每一根房
梁、立柱，都引发了人们
关于古时国人风雅情趣的
神往。

上海子福慧餐厅

子福慧，由"绅士主厨"周子洋先生主理，餐厅名字取自本身的"子"，再取"福""慧"二字的美好寓意。

餐厅以清、幽、雅示人，暗下来的光影与外部相比显得深沉而独立。入口处静立着的"拴马桩"极具仪式感，有"迎客下马"之意，又予空间驱邪镇宅的内涵。

建筑思维贯穿整个餐厅，简洁几何的线条交锋将整体空间串联。刘道华以刚性材料，将城市里钢筋混凝土引入室内设计中，更多的建筑设计手法搭配以素水泥作为空间主材，营造震撼的视觉冲击力。

余秋雨说："文化是一种养成习惯的精神价值和生活方式，它的最终成果是集体人格。"刘道华怀揣东方情怀，结合国际审美的视角，并不局限于烟火餐厅设计，更多的是体现餐饮的价值和艺术性，进而呈现一个时代的文化表征。

拾起久远的味道

久远味道是儿时家的味道，有烟囱、漏光的屋顶、阳光、树叶、剪影……湖畔拾久，在蓝色港湾的繁华中取静，京菜新做，将所有被遗忘的好奇心拾回，把北京老味道藏在烹煮者制作的佳肴里，唤醒所有生锈的感官。从第一个拾久厂房式的设计，到现在更新升级的湖畔拾久，刘道华再一次对建筑进行重构，用建筑师Kerry Hill的手法解构建筑，在蓝色港湾的湖畔新建拾久。

东方美学中，设计讲求和而不同。拾久餐厅的清水混凝土外立面，内敛淡然，灯光的运用下，建筑的形态肌理显现，浑然散发先锋设计的高级气场。外立面开窗以红色为灵魂，在黑夜的灯光里释放温馨，建筑也有了儿时房屋的记忆。整间餐厅充斥着丰富的、历史感的元素。故宫的红色、莹润的琉璃，让空间变得更有北京味和吸引力。中央吧台区，设计师用玻璃砖和艺术肌理漆纵横阡陌，特殊材料所带出强烈的风格特色，粗粝与精致交错，为空间赋予了丰富的可能性：白天，在自然光下两种材质呈现虚实之趣，晚间，中央吧台琉璃砖由内浸润出温暖静谧的光。明与暗、虚与实、呼吸式流转，从不同用餐区看过来，或是不同时间来用餐，景与境皆不尽相同。落地大窗把公园的景色搬入室内，模糊了餐厅与自然环境的边界，希望能激发空间活力，回归传统的、充满生机的生活。二层利用建筑本身的坡屋顶，包间以中式院落为灵感而来，设计了茶台、壁炉，把过去的记忆、家的味道用现代的方式表现出来。

不破不立，设计师重建了部分结构，在宏大空间内设计了不同的层次，地下一层为艺术品鉴区的空间概念，设计简洁，加以艺术品点缀其间，宛如艺术馆。楼梯做了一个金属旋转的形式，扶摇而上，移步换景，连通一层空间。楼梯的色彩是质感的铜色，点缀其间的艺术品，挺立空间内，本身就是一件美学雕塑品。整体质感饱满，一以贯之，令空间极富张力。拾久对于食物的态度，深深根植于北京千年的独特气质，东方神韵于内，形意不拘一格；而空间的设计亦是如此，非对称布局之中，中式、西式元素圆融组合，令每一"食刻"皆不凡，真正演绎了食境合一的现代餐饮空间趋势。

与食物设计 100 的对话

刘道华

"好的设计，通过自然、空间与人对话，将艺术情感注入在商业迭代建设中，提供自己的思考、意图和价值，创造各种空间的无限可能性。"

FD100："你的食物设计方法是什么？"

刘道华：我做了很多餐厅设计，也接触了一些食物设计。我觉得食物设计最重要的是把味觉、视觉、嗅觉这三者融为一个整体向大众呈现的形式。所有的大餐一定离不开这三个元素。因为这三个元素是相互有冲突的，食物被美好地呈现出来的背后，食材本身却会受到破坏，味道也可能受到损失。想保持食材本源的属性，又得到特别美好的结果，中间肯定会产生很多矛盾。所以怎么把三者融合，来向大众呈现，是一个很重要的设计思考。

FD100："对你来说食物设计最令人兴奋的方面是什么？"

刘道华：我觉得有两个，第一个是本源的味道，第二个是呈现的方式。味觉、视觉、嗅觉这三者在食物设计上尤为重要，是食物设计的本质和根源。一道美味的食物被呈现出来，首先就是视觉的呈现，丰富的色彩搭配会给人视觉上的冲击，然后是味道随之而来，给大脑刺激，让人食欲迸发。

FD100："你的可持续发展方法是什么？"

刘道华：我觉得一道贯彻环保可持续理念的食物，应该是取自自然，生长于自然，成长过程中不使用化学肥料，采摘剩余的枝叶进行环保无害化处理，采摘后的食物加工方式简单环保。我自己在生活中，购物时就会关注食物有无环保标识，也经常使用环保可多次循环的帆布袋，为可持续发展贡献一点力量。

刘芳
Foundesign 设计事务所

刘芳，汀家 TingHome 品牌创始人、Foundesign 设计事务所创始人和艺术指导。中央工艺美院视觉传达学士，伦敦中央圣马丁学院优等硕士。设计作品曾于 London Design Museum 展出，并收录于英国艺术年鉴。前 4A 公司合伙人，对艺术与设计持开放态度，创作经验涵盖视觉、产品、影像等领域。提倡"比起设计，发现更加动人"的理念，在理性审美上融入东方细腻的思考方式与生活体验。2014 年创立"汀家"，试图发现源自内心的真实需求，通过具有人文质感的现代造物，为人们带来长久的安静陪伴，去关照、去激发更多维度的灵感。作品曾获日本优良设计奖、德国IF设计奖、德国红点最佳设计奖、意大利 A' 设计金奖等多个国际奖项。

中国 CHINA

汀壶

电器也可以成为有温度的家庭一员，陪伴人们度过每一个美好的日常。

汀家 TingHome 品牌的主打产品：汀壶（T55G 电水壶），经历 8 年时间打磨，既保留了东方美学的禅意，又兼具西方现代工业设计的包豪斯理念，成为电器家居化的代表之作。"设计一只好用又能成为桌面风景的烧水壶。"——这便是初始动力。

汀壶的灵感来自于设计师记忆里的安静优雅的硬提梁。汀壶独有的硬提梁式设计，打破了"很平"的桌面，成为了桌上的一道风景。由此也打破了侧把式电水壶一统行业的格局，让东方美学为生活注入了禅意。这一标志性的独创，还包含了独一无二的按压式开关——提梁即开关，随手一按提梁，即可开启烧水模式。这种特别的交互方式，让使用汀壶的人感到仿佛开启了一种崭新的烧水仪式。

精致壶身，全金属制造，出水精准。流线型壶嘴，刚好的弧度使得出水利落干脆，水柱的粗细掌控随心，聚而不散，随手勾勒出东方人日常生活中倒水、斟茶的曲线。

汀壶自 2014 年立项，历经两年的设计打磨，于 2016 年 3 月上线京东众筹，额度瞬间突破 1500%。2016 年受世界杰出华人设计师卢志荣之邀，汀壶首次亮相于意大利卢志荣生活馆，受到世界各国的关注。在伦敦皇家艺术学院设计展中，前来观展的戴森创始人 James Dyson 先生，也对汀壶爱不释手，赞誉有加，亦引得观展的英国菲利普亲王驻足流连。从此，汀壶开始走向量产，进入更多人的视野，成为安缦、君悦、璞瑄、璞丽、文华东方等国际酒店集团指定使用产品，为全球超过 20 个国家和地区的用户所使用。一路荣获德国 IF 设计奖、德国红点最佳设计奖、日本优良设计奖、意大利 A' 设计金奖等多个国际奖项，并拥有 3 项创新专利。在 2017 年的日本优良设计奖颁奖大会现场，评委的评语是——"就连不喝茶的人也会被汀壶打动，想要开始喝茶了。"

21CAKE 食品设计

庞贝蛋糕

庞贝,一款在情人节推出的需要用明火加热的威士忌熔岩蛋糕。经过亲手火烤后,火山苏醒,"庞贝"才成为食物。我们为这款蛋糕设计了一个被火吻过的盒子。火烧边腰封,每一张都经过洗礼,呈现自然而唯一的火痕轮廓。在纯净的纸张上,透光可见如同蚀刻般的告白。

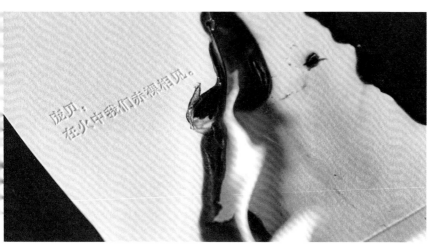

面包刀

一把银色镜面钢刃，比想象中更有分量。加厚手柄让手在握持的时候，有着愉悦的舒适。可轻松穿过酥脆面包壳，软切时，不碾压松软内芯，不易掉屑，亦不损伤微小气孔。优雅的弧线细节，贯穿整把刀的设计，波浪纹锯齿刀刃，刀头圆润，让切分的动作平缓自然，如水拍岸。在吃面包前，享受切的乐趣。

雨杯

即使面对未知的挑战，也要从容地喝一杯茶——这即是"雨杯"的缘起，汀家团队打造的户外纯钛泡茶工具。2013 年的戈壁挑战，依然记忆犹新。汀家团队在经历了四天三夜的艰难徒步，还剩最后一天路程时，人的状态几近极限。漫天星斗之下，同行友人用温水泡出的一杯茶，犹如及时雨，为疲累的我们注入新的勇气。"即使前路未卜，也要从容地喝上一杯好茶！"属于雨杯的精神气一下就有了。我们将坚固却轻盈的钛材料，作为泡茶的最佳载体。一正一斜、简单叠加的两个长方形，随即触发一种新的泡茶工具灵感。它可将饮茶的三个核心要素包容其中：泡茶、茶水分离、倒茶。通过简单三个动作：一入（投茶，注水）、一按（轻按提钮，分离茶水）、一出（倾倒出汤），便能实现浓淡适口的一杯好茶。既轻松融入现代日常生活，又不失中国传统茶美学的韵味。让新进的慕茶之人可以简单上手，爱茶之人的日常饮茶也随性自在。

真实地经历疫情后，我们开始重新认识"健康与可持续"的深意。纯钛，源于自然，对人体友好。亲茶，不与茶碱发生反应，不辜负每一片茶叶，没有金属味，只有茶香味。坚固却轻盈，可上天入海，更是旅途中温暖、可靠的陪伴。雨杯抽象的几何外形，同样源于自然的设计，杯嘴形似飞鸟，茶水分离如雨落下。在自然和人工的对话中，反复推敲，达到一种刚好的平衡。一杯，即一席。自游，自在。

与食物设计 100 的对话

FD100："你的食物设计方法是什么？"

刘芳： 我们在进行设计时，会充分了解食材的天然特性，尊重它本真风味的同时，也尊重它的局限性。不会为了追求视觉呈现，而采用添加剂、色素或其他手段改变食物的最优口味配比，即使这样会看起来更加诱人，更吸引眼球。好的食物一定带来好的能量，带给人更健康的生活。很多时候，"发现"比刻意的设计更加动人。

FD100："对你来说食物设计最令人兴奋的方面是什么？"

刘芳： 天然的食物让人感到真实、笃定。做食物设计的整个过程，都因这份美好而心怀感激。自己设计的食物，是可以与朋友分享的最佳选择。而体验之后，真心喜爱的人（无论朋友还是陌生用户）也常常会毫不吝啬他们的赞美。这样的时刻，总能让设计师的内心小小自豪一下吧。

FD100："你的可持续发展方法是什么？"

刘芳： 我们践行将可持续的愿景注入设计。所造之物，不只迎合一时，而是追求长久的陪伴。选择与人体无害的自然材质、可降解回收的塑料、恰如其分的包装；持续关注环保可持续材料的应用可能。在这个物质过剩的时代，创造日常中历久弥新、值得珍惜的 long Life 器物与经典产品。

刘芳

"设计是一场'发现'之旅。以好奇与充满敬意的目光在生活中寻找启示；洞悉心中向往，照见需要的本质，这即是旅程的开始。而永恒的自然、深厚的人文永远是赋予灵感的源头——看到事与物之间的细微连接与刚好之度，设计会随之自然而然地发生。期望所造之物可相伴用者，让生活中的'发现'之旅在每个人眼前展开，与自己、与世界，生发出更为深切的连接。"

中国台湾 TAIWAN，CHINA

刘禾森
凌珑餐厅

凌珑餐厅Ling Long Restaurant自开幕后备受餐饮业的注目，风格深挖中餐更多样貌，也致力研发更多中国本地食材的可能性。主厨刘禾森游走各地，亲身感受地方菜系的冲击力与当地人文，并与当地人探讨在地食材的特殊。2022年凌珑餐厅收获米其林一星与2022黑珍珠一钻主厨的评价，刘禾森本人更获得2022米其林北京年度年轻厨师与2022黑珍珠年度年轻厨师奖，在这一年内携程美食林Time out 等奖项中更获得了五个专业大奖的年度厨师肯定，目前刘禾森是大中华区最年轻米其林与黑珍珠主厨。

中西并举

新中餐（Modern Chinese Cuisine）在近几年获得了超乎寻常的关注，很多充满实验色彩的餐厅如雨后春笋般出现，恰好，刘禾森也是其中的一员，他曾用了半年的时间去旅行，足迹遍布了大半个中国，探索食材，研习各个菜系的技艺。在他看来，八大菜系变得越来越模糊了，随着食材的广泛使用，已经没有很严苛的界限感，很多菜系或是菜式正在慢慢消失，优势已经有点模糊了，但新中餐会重新串联起来。他愿意用自己所学过的艺术进行研究，用他自己的方式来做新中餐。

用自己的方式去诠释精致的中式料理，借由西式烹调的技法，继承一脉相承的精髓同时又传承着一种不同于主流的风格：洋为中用，古为今用，中西并举，南北结合，这也是Ling Long凌珑的精神所在。

在刘禾森看来，玉也好，石也好，木也好……都是从一个偌大的原料，通过时间与技术雕琢成精巧的物品，灵活、精致、突破，在锤炼中逐渐成器。才配得上"凌珑"二字。"凌珑"的菜品就是把整个中国几千年来的饮食，精心雕琢成一个凌珑的样子。这就是餐厅名字"Ling Long 凌珑"的由来，就像骨子里的"融合"概念，从致敬经典到天马行空，在这个就餐环境犹如话剧的实验剧场的餐厅，中西融合式创意菜品基于中国传统文化，打开了通向世界的另一扇大门，拥有无限的创新可能。

"鲜"味的来源

刘禾森在做的 Modern Chinese Cuisine，在他的理解中有三要素，首先是采用中国的食材，严选在地食材入撰是很重要的。其次是鲜味的延续，刘禾森在自己的菜式中去探索"鲜"味的来源，比如肉类、蔬菜，海鲜可以用堆叠的方式让鲜味延续，笋子的鲜味在前段，昆布在后段，无论是美食家还是食客，都能感知到极致的鲜。

鸡汤汆海蚌选用了唐山农家散养三年的老鸡的鸡腿，盐渍风干成鸡火腿后取代金华火腿，得以获得更纯粹的鸡汤。这道汤中只有鸡、海蚌、水与盐，除此之外再无调味。

刘禾森始终觉得鲜味是中餐的味觉特点，在他的构想中要做一个"鲜味实验室"，研究鲜味的构成，他甚至会用显微镜来观察，用更数据化的方式去解构味道。在显微镜下面可以呈现出味道的延展性，微观世界里的一切看似是无趣的，却让他找到了像是化学实验一般的乐趣。可以发现"味道"的细枝末节。

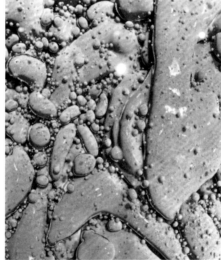

Ling Long 的菜中不使用工业调味剂，而是从食材中提取鲜味，比如说在"蚝与牛"这道菜中，一小勺自制的极鲜的蚝油酱汁是以真材实料的二十多只生蚝结合土法熬制而成。蚝油盒子的设计来源于创制蚝油的李锦记，仿佛玩笑一般将其换成"凌瓏"字样，逗人开怀一乐。

鲟鱼的一生

这道"鲟鱼的一生"用了西式熏鱼的概念来做，用盐腌渍鲟鱼保留它的弹性，低温慢煮之后再冷熏；鱼筋用姜水煮 20 分钟，之后的口感会很像海蜇，有一种脆爽感；鱼子酱用了松针去烟熏；用瑶柱浓缩汁和酸奶泡沫做汤底，鲟鱼是非常腥的，处理起来非常麻烦。用松针去烟熏是在中国湖南和四川当地经常使用的方式，烟熏是可以去掉腥味的。被尊贵对待的鱼子酱，终于可以跟没人要的鲟鱼肉一起变成一道精致料理了，同时可以让更多的客人感受到 Ling Long 对于可持续发展的坚持。

与食物设计100的对话

刘禾森

"借鉴各大菜系经典菜，挖掘在地食材并思考更多新的样貌，萃取天然鲜味，透过回忆来让用餐体验增添趣味与共情感。"

FD100："你的食物设计方法是什么？"

刘禾森：Ling Long 的名字来自于凌珑二字，我的理解是被用来形容凌珑的也许是精美的玉器、石器、木器等，这些艺术有个共通之处：取一个硕大的长时间自然形成的原材料，经过工匠费时费力地去芜存菁雕琢出来。餐厅的菜其实是来源于历史悠久的中餐文化与纯天然的原材料，再由我雕琢出属于 Ling Long 的菜品，我自认自己不是创造者而是个三棱镜，把光线折射出更多色彩与样貌，让用餐这件事情有更多的可能性。

FD100："对你来说食物设计最令人兴奋的方面是什么？"

刘禾森：我在尊重传统与自然的同时存着一颗叛逆的心。我发现有些所谓的传统，也许在这个时代可以有更多样貌，于是没日没夜地研究。例如传统高汤中会加入大量老鸡、猪骨、金华火腿等食材，做出复合型的风味。一个念头让我在思考，有没有办法能让这件事更纯粹，所以我选了唐山农家自养的三年以上老鸡，将鸡腿盐渍熟并风干成鸡火腿，再提出鲜味，这样风味更纯粹。

FD100："你的可持续发展方法是什么？"

刘禾森：每个食材一定有值钱的部位与不常被利用的部位，一头牛除了经济价值高的部位之外也有很多用途。我们有一道菜的设计理念是"鲟鱼的一生"，来源于我在鱼子酱场的感悟。一只鲟鱼在十到二十年的生长过程中逐渐有了强大的生命感，其实一条鱼的价值远远不止腹中的鱼子酱，全身上下都有很多值得使用的部位，于是我们用了鲟鱼骨、筋、肉、子等部位做出一道菜，来诉说鲟鱼这一生漫长的生长是有价值的，其他食材亦然。

立陶宛 LITHUANIA

Less Table 工作室

Julija Mazūrienė&Živilė Lukšytė

朱莉娅·玛祖列涅&日维莱·卢克希特

Less Table 工作室是立陶宛第一家专注食物体验设计的创意工作室，制作装置、准备表演、组织研讨会、策划活动和婚礼、展览、制作产品和礼物等，所有的工作都是城市和自然环境的结合。在立陶宛维尔纽斯举行的 2017 年 "Christmas 2 Business" 展览和竞赛上，Less Table 和 Labu 食品公司合作制作的 "Edible Wreath" 可食用花环被提名为 "最佳圣诞商务礼物" 和 "最受公众同情的礼物"。

PINE TILES
松针茶

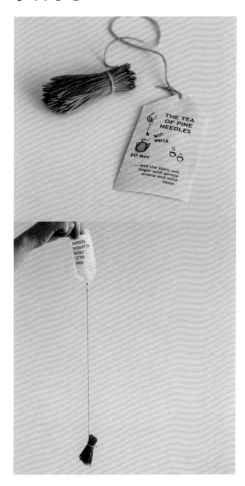

一束松针茶，是为来立陶宛旅游的外国游客设计的纪念品，简单却又亲切。

立陶宛是一个自然资源丰富且独特的地方，松树是海边常见的。松针本身就具有雕塑一般清晰的美感，干燥后的松针茶纯天然很健康。泡一杯松针茶是非常地道的立陶宛体验，让人立刻想起那里美丽的自然风光。

松针采自野生环境，而且在干燥而阳光充足的日子里，才能找到内部结构最好的松针。采摘时也要非常小心，要保证树木不受损坏。松针原料收集好后，分装、捆绑晒干成松针茶。最后用天然纤维固定好每一束茶叶，另一头悬上使用说明，既有创意又牢固且环保可持续的松针茶包就做好了。

用来装松针茶的外包装是一个折纸信封。展开后是一幅海洋主题的插画，水、海浪、轮船、当地的房屋、海鸟、松树……以及一段问候：

在大海和潟湖之外，还有一片土地，空气中充满了海浪和摇曳的松树的气息。松树拥抱着这里，引导着游人和鸟儿，它们是阳光琥珀和喷泉的源头，带着永远茂密的针，带着青春力量和智慧。松树知道这座被大自然庇护的小镇的一切，保护着原始的风景和历史文化，保佑了几代人。品尝一杯松针茶感受这里过去的历史和当下的真实，再来一场旅行，到这个让你探索历史和自然的地方。

SUMMER MEETS AUTUMN
夏天遇到秋天

夏天是最好的时光，人们尽情享用丰富、新鲜和健康的食物，充足的阳光带来天然维生素，这是自然循环中的圆满阶段。

立陶宛位于凉爽的温带气候区，夏季温暖冬季寒冷，有着鲜明的季节变化，因此每个季节都有传统节日来庆祝。比如自古以来立陶宛人就会在夏秋交汇时庆祝。通常八月中旬农务劳动已经做完了，谷物在运输中，水果收集好了，果酱也煮好了。人们在8月15号传统天主教节日，走入大自然，采摘能带来富庶和好运的鲜花和草药，感谢地球的丰收和美丽，农民通常也会在这一天全家聚在一起，用新鲜的小麦粉烤面包。

Less Table传承和创新了这个节日活动。面粉做成的可食用的碗和筷子取代了塑料盘子和餐具，也可以当作主食直接吃掉，这样人们在聚会的时候不用洗碗，也不会有垃圾产生。欧洲人不习惯用筷子吃饭，用笨拙的餐具慢一些吃有助于集中注意力和放松。想象一滴牛奶掉落，卡在了茂盛的野花青草交错的缝隙。大自然是餐桌，田野上摆放着奶酪球，像诗一样。在这个快速而繁忙的时代，花时间吃饭是奢侈的。

整个活动装置都是用绿色装点的，各式各样的沙拉菜组成了花束，人们可以自由选择喜欢的蔬菜制作沙拉。自己动手总是会更有体验感和成就感，即便是一个小小的选择和创造也能带来乐趣。

DOUGH ABOVE BONEFIRE
篝火上的面团

在城市中，篝火聚会和露营非常少见，这在很多城市都是明令禁止的。但在立陶宛首都市中心，有一处被大自然包围着的地方是被允许的。人们可以待在帐篷或露营车里，可以在篝火旁烧烤或躺在吊床上。每年夏天这里都会组织各种丰富多彩的活动。

独立音乐机构为团结社区、增强人们之间的联系，打造了这个开放式沙龙，男女老少包括宠物都可以参加。立陶宛那些最好的音乐表演、DIY工坊、诗歌朗诵、公开采访、街头美发师和纹身师、厨师、艺术家等都会来参加。一般来说，有些人只喜欢音乐，有些人只想玩游戏，但毫无疑问，自然对他们都是最重要的。节日期间，曾经的旅馆变成了一个狂野的城市岛屿。

现场没有常见的食品卡车，而是在一个简单朴素的场地等人们自己来做饭。工作人员首先准备了大量的发酵好的面团，满满地铺在青旅户外的桌子上，另一张小桌上放着各种天然的香料，像个博览会。人们过来挑选甜的、咸的、彩色的面团配上喜欢的香料，卷到准备好的树枝上，然后在炭堆边上围坐起来，一边聊天一边等着面包烤好。这是一个旧的仪式，也是这个时代人们的娱乐放松方式，简单的面包让人们珍惜当下相伴的时光。

团队在这个过程中，全程指导面包工艺，人们会学到准备食物的技巧。同时还设有洗手点，以保证手部清洁。节日期间，人们往往会因为活动太丰富而在一天的后半段感到疲惫，做面包填补了他们的休息时间，也填饱了肚子。

与食物设计 100 的对话

Less Table 工作室

"我们研究当前饮食的历史背景、其中的故事和价值定义，然后分析现状，并创造未来的可替代愿景。"

FD100:"你的食物设计方法是什么？"

Less Table: 我们相信，食物是实用的、具有意识形态的，对人们来说也是最重要和最亲密的材料。每一个动作、情绪或健康状况一般都直接取决于我们所吃的食物。如何设计食物是很有意义的，我们只是结合了知识，使它变得特别一些，给忙碌和疲惫的日子带来更多的快乐、智慧和想象力。Less Table 的名字是一种宣言，反对糟糕或无聊的习惯和被动，让人变得有意思、好奇和好玩。我们希望打破规范，重新诠释传统与核心价值观。食物设计可以是一个活动、表演、装置、工坊、产品或礼物。食物是一种复杂的现象，它可以很容易地适应任何情况。我们的项目和每个人都相关，核心是改变世界的食物，所以我们的想法可以通过食材表达，这样更容易理解。

FD100:"对你来说食物设计最令人兴奋的方面是什么？"

Less Table: 我们在找到食物的灵感的过程中很兴奋。概念一开始更多的是对自然、环境和社会的研究，然后讨论，在森林中散步或参观博物馆。产生想法的第一阶段是神奇的，受到了大自然的深刻影响。我们跟随季节和野生动物来获得审美感觉，加强个人直觉。我们很高兴能让别人加深对食物和饮食的了解。食物设计将人们聚集在一起，我们很高兴能参与创建友好和诚实的社会。食物设计也能够帮助我们看到细节的美。在食物设计领域工作，随时随地都能学习到创意。

FD100:"你的可持续发展方法是什么？"

Less Table: 作为设计师，我们认为足够热爱食物设计就会在乎可持续发展并为之努力，从而带动其他人，让所有人都逐渐意识到可持续性，从长计议什么是正确的，什么是错误的。我们工作和生活产生的垃圾都会回收利用，并使用季节性的和本地的食材，与小农场合作，种植我们自己的食物，尽可能多地做任何其他事情或依赖于我们的事情。正如之前提到的，自然是我们的主要价值之一，因为它是生命中一切事物的核心。

Lucas Posada Quevedo
卢克斯·波萨达克·韦多
Cocina Intuitiva 工作室

Lucas的作品好比食物、生态、文化、政治和精神的交叉点，人们能体验这些元素的连接和相互作用。他试图拓宽食物的意义，展示我们在日常选择中决定权的力量。他是Food and Land Coalition哥伦比亚粮食土地联盟的大使，2021年 Food System Summit dialogues 2021食物系统峰会的主持人和策展人、再生美食节、Mercado Creativo de Regerso al Origen 2021的设计师和策展人，也为当地报纸Vivirel Poblado写作分享他对食物系统、农业生物多样性和食物再生方式的看法。

哥伦比亚 COLOMBIA

HIGH DENSITY NUTRITION SAUCES
营养丰富的酱料和调味品

哥伦比亚有成千上万种营养丰富的食材和"超级食物"，然而哥伦比亚的饮食模式并不能反映这里的生物多样性，而是依照着 SAD（Standard American Diet）美国饮食标准，这里面缺乏全食物、微量营养素、纤维和多样的健康脂肪。

为了一款自制的全食物能使餐食多样化，设计必须符合一系列原则：原料必须来自当地可再生的生态农业；必须使用那些被当下市场遗忘的原料，必须包括富含微量元素的超级食物；必须含有可获取的健康脂肪；必须是为家庭烹饪增添风味的调料。团队最终设计了 Cocina Intuitiva 调味酱料，有两种不同的口味：木薯叶味和木槿花配 Yuquitania 辣椒味。酱料的另一个主要成分是芝麻，它能带来鲜甜口味和 Omega 健康脂肪。虽然芝麻并不原产于哥伦比亚，但它被广泛种植和使用了多年，而且与坚果、鱼类等其他富含健康脂肪的食物相比，芝麻通常更便宜。

木薯叶味：木薯根是世界上最重要的主食之一，但几乎所有木薯叶都没有能得到充分利用。实际上木薯叶非常有营养，含有丰富的微量元素，如铁、钙、维生素 B$_1$、维生素 B$_2$、维生素 C 以及和豆类含量相仿的蛋白质。而且木薯叶的味道类似于藻类，很鲜甜，能为各种不同的食物调味。与根一样，木薯叶需要在食用前煮熟。

木槿花配 Yuquitania 辣椒味：Yuquitania 是一种亚马孙地区古老的调料，由人工种植的和野生的辣椒，经过熏制、脱水再制成粉。辣椒能让人发热，并且含有高浓度的维生素 E 的合成，提高免疫力。辣椒和木槿花结合能带来浓郁又丰富的辣味。

产品设计过程包括产品的制定、供应链研究和实施。特别是木薯叶，设计团队与当地农民建立了深度合作关系。

FOOD RENEWAL PROGRAM
饮食改变计划

人类在生命最初的 1000 天里发展出与食物的关系。哥伦比亚只有十分之一的儿童和学生吃推荐的水果和蔬菜，儿童早期肥胖率急剧上升。食品政策，尤其学校的供餐大都以提供热量为主要目的，含有过多的超加工食品。Cocina Intuitiva 专门为幼儿园儿童设计了一系列饮食转型计划，在生命的最初 1000 天，引入多样化的本地食材，并对学校饮食的各个方面进行系统干预。

El Camino Del Alimento 是一个食物旅程的故事，讲述了我们对食物的基础需求，食物为地球生态系统所做的贡献，食物的文化精神。这个故事的含义贯穿于这个项目。

计划包括以下干预措施：1. 分析和审核当前的菜单，重点是找出反式脂肪、添加糖、合成防腐剂和着色剂。2. 用当地的全食物设计新菜单。3. 进行厨师培训和餐饮服务设计。4. 为教师和工作人员举办食品知识讲习班和饮食活动，让他们亲身体验营养的饮食方式，尝试新菜，以便之后教学。5. 为父母监护人讲解食品知识以及提供烹饪培训。

实施计划的过程也扩展到了其他有趣的方面，例如普及学校花园植卉和饮食文化。老师们策划了一系列体验活动，将饮食文化融入到学校课程中。

AGROBIODIVERSITY LAB
农业生物多样性实验室

哥伦比亚被粮农组织宣布为最有潜力在世界范围内供给食物的国家之一，但目前的粮食政策、落后的哥伦比亚农村、缺乏归属感以及缺乏对哥伦比亚生物多样性了解的国民，浪费了这样潜在的价值。

在2019年世博会 AGROFUTURO 食品和农业展期间，Cocina Intuitiva 设计了一个装置，用以收集人们对饮食文化的见解和对未来哥伦比亚的期待，并提高人们对哥伦比亚农业生物多样性的认识。实验室是一个独立的装置，人们从装置入口进来，在一面大墙上以书面形式回答：哥伦比亚的味道是什么？随后在这里与超过350种本土生物互动。实验室里有各种提示和问题，能引发思考的食物，猜谜游戏，还有些关于嗅觉、味觉和视觉的感官挑战。离开时墙上会有第二个问题：哥伦比亚的未来是什么味道？

这两个问题是为了让哥伦比亚人意识到，他们缺乏对于本土故事、本土食物的认识，并希望农民、政府、厨师、餐厅老板等利益相关者们，使用更多的本地原料来探索哥伦比亚农业生物多样性。农业展的最后一天，观众者被邀请去吃他们想要的食物，并鼓励保存和种植种子。在为期3天的展览中，有超过一万人参与了装置互动。

这两个问题答案之间的对比也很有趣。第一个问题唤起了人们对当下的意识。答案往往是脱口而出的典型的食物：鸡汤、豆类，常见水果如芒果、香蕉，还有常见的烹饪技术如炖、烧烤，还有些与哥伦比亚历史有关的感受。然而第二个问题的答案更积极，蕴含哲思，人们并不强调舌尖上的味道了，而是围绕着哥伦比亚多样的新食物，想象更有希望的未来的故事。

与食物设计 100 的对话

Lucas Posada Quevedo
卢克斯 · 波萨达克 · 韦多

"我天生对生物感到亲近，很自然地被食物所吸引。是食物将我们编织成生活网络，让我们在自己内部、与他人、与自然建立联系。我们几乎忘记了去理解自然而不是脱离自然，我们本身就是自然。"

FD100："你的食物设计方法是什么？"

Lucas： 我们的创意来源于质疑危险的意识形态，从不同的视角看待事物，放弃幻想，捡起勇气。我喜欢为问题设计具有包容性的、与生活相关的故事。比如食物的卡路里被分解成不同的营养素，但食物不仅仅是能量、碳水化合物、脂肪和蛋白质，食物是调节我们的身体，与我们的DNA和情绪相互作用的信息。当食物被视为一种信息时，就很容易与环境联系起来了，实际上我们吃的每一口食物都是在设计景观。

FD100："对你来说食物设计最令人兴奋的方面是什么？"

Lucas： 食物设计最令人兴奋的方面是，它能帮助我们从多重生态社会危机中恢复。食物让我们回到创造守护者这个神圣的角色，在永恒的生命网络中，促进复杂生态系统的多样性和真正的可持续。食物也提醒着我们，生物先天会繁殖生命，食物在本质上是可再生的。食物设计让我们的文化与自然的关系返璞归真。

FD100："你的可持续发展方法是什么？"

Lucas： 在我看来可持续性是危险的意识形态，因为它使我们陷入稀缺而不是丰富。强调可持续性还意味着我们已经造成了伤害，应该保持所剩下的资源持续循环，将我们束缚在一切似乎都无法恢复的思维中。然而大自然是智能的，自我修复的系统，它能够从生物中治愈且恢复活力。食物设计应该脱离可持续性的范式，让"再生"成为我们更综合、更积极的设计原则。我们必须变革，转变观念，产生新的价值观、行为和意图。

Maham Anjum

马哈姆 · 安朱姆

Maham Anjum Design 工作室

Maham Anjum 是陶瓷设计师，在伦敦经营着陶瓷咨询公司和车间，为世界各地的厨师和餐厅、酒店、陶瓷品牌设计和制造餐具。15年时间里，Maham 在南亚探寻丰富的传统食物与简陋而精致的陶器的美感。2011年她为Jamie at Home设计的餐具获得House Beautiful设计比赛金奖；2016年至今，她一直为伦敦的顶级厨师定制餐具。

英国 UK

DARJEELING
DARJEELING 餐厅

Maham 与屡获殊荣的厨师 Asma Khan 合作，创新设计了印度传统烹饪中的材料和使用体验，低温陶土餐具在繁忙的餐厅环境中发挥着重要作用。为了在 Asma 的 Darjeeling Express 餐厅供应 Masala Chai（香料奶茶），Maham 制作了一款低温陶杯，比餐厅原先的奶茶杯容量更大。Asma 在加尔各答出生和长大，她希望这些杯子更接近她回忆里的样子。在她手里陶瓷技术也得到了创新，她使烧出来的陶色能还原传统加尔各答杯子的暗橙色，并更耐高温、更耐用。

Puchka 是一种传统的加尔各答街头食品，油炸面包里面装着50~60 毫升辛甜的罗望子水，街上的商贩通常用低温烧制的赤陶壶盛着水。Maham 保留了与传统的壶一样的壶嘴，但缩小了它的体积，并在底部设计了托盘。

为突出餐厅特色，Maham 还推出了一系列原色的触感真实的土陶碗。她重新设计了压面杖 Chakla 和案台，做成了一个稍微高一点的可以用来放炸面包的盘子。她还为配菜辣土豆和甜粗面粉做了一个小碗。Biryani 是菜单上的明星单品（传统以纯银盘盛装），Maham 将这道菜盛在黑色瓷盘中，上面涂有釉料，代表了印度高级珠宝 ganga jamni（字面意思是金色和银色）。

甜点盘是厨房非常重要的一部分。在加尔各答的街道上，装米布丁的碗随意地叠放在一起，Maham用红土做陶碗的原料，做出来的陶碗不那么坚硬。杏和奶油甜点用椭圆形盘子盛装。奶油是用小袋子来装的。酸奶布丁（Bappa doi）装在高温烧制的曲面陶碗中，和加尔各答街道上的碗一样，外层没有上釉。

Maham为Asma设计的餐具，是与Steelite品牌合作的，既可以批量生产又可以手工定制。

VINEET BHATIA LONDON
伦敦印度厨师 VINEET BHATIA

摄影师：Matt Inwood

Vineet Bhatia被誉为当今最优秀、最具想象力的印度厨师之一，在全球七个国家经营着成功的餐厅。他坚持发扬印度美食，不仅精通烹饪，还是摆盘创意大师。2016年，Vineet为他的伦敦餐厅Rasoi揭开了新的面纱，新菜单展示了他创新的印度风味菜肴。Maham为这家新餐厅设计了打破界限的创意餐具。

菜单非常具有季节性，但我的烹饪是发自内心的，你不能分类说它来自印度南部或印度北部，它融合了印度本土的美食，但我们使用了英国当地的食材并给予了新的角度。"Vineet的话引起了Maham的共鸣，她希望使用英国的黏土和材料打造传统印度餐具。

Half platter半盘：半盘是将一个完整的盘子分成两半，切片边缘的釉料使中间有一个干净的刀口。为了搭配完美的菜肴，达到完美的分割形状，而不是一个破碎的盘子，Maham测试了12种不同的切盘方式。最终两个半盘放在一起，看起来就是一个完美的盘子。

Elevated platter高脚盘：Vineet不仅深深植根于印度美食，还将印度传统烹饪手法与其他地方风味的食材相结合。鲑鱼并不来源于印度，但Vineet用古老的印度的Tandoor（圆柱形烤箱）烹制它。Maham受此启发，设计了不同高度的盘子。三文鱼装在22厘米大的盘子里，上面的钟形罩能完好地保留住烟熏味，盘子底部高出的部分类似Tandoor的颈部，也象征着高昂厨师精湛的厨艺。Maham用了经典英国黏土，骨色能展示更多印度陶瓷的微妙。盘子边缘是南亚陶器中常见的一种黑色的暗纹。

Splatter Plate飞溅盘：黑色的黏土装盘，边缘是对称的飞溅纹理，中心的米色釉料区域用于装盘。

Reverse Plate反向盘：Maham在印度西部调研时了解了高脚托盘的历史，这启发了她的创作灵感。这个盘子看起来像倒放的高脚托盘，由两部分盘子构成，底下的黑陶大盘子和上面小的釉陶白盘。上边的盘子是 Vineet 的画布，Maham想要一种类似于印度陶器颜色的自然色，转角的光泽像一个画框，框住食物，中间17厘米的菜品区域保持干净的白色。

Petit four花色蛋糕：Maham希望设计一个特别的陶器用来盛装花色小蛋糕，让人们看到时不会马上联想到是盛蛋糕的。她想到了印度北部常用的长颈水壶，想做一个更高的花瓶形状的陶器来放巧克力薄饼和糖果。在做试验模型的过程中，Maham有一次不小心碰到了正在制作的底部是球形的长颈花瓶，瓶身立刻像枯萎的花朵一样弯曲了。Maham沮丧地把照片发给了Vineet，Vineet非常欣赏这个形状。于是他们在边上切割了缝隙，把饼干夹在中间。有时候打破边界往往能带来意想不到的惊喜，实际上制作一个不规则的花瓶比对称的花瓶更容易。而花色小蛋糕也不一定要放在盘子上，可以和酱料一起放在木板上。

SRI LANKA CRAFT REVIVAL
斯里兰卡工艺复兴

摄影师：Matti Rang

Maham从2003年开始研究无釉红土陶器，她与斯里兰卡陶艺社区的女性一起致力于复兴和发展轮陶手工艺，并探索更广泛的市场。

由于制造设备陈旧，大量的工业陶器和塑料制品取代了手工陶瓷，也削弱了手工陶瓷出口的机会。Maham对工匠进行了技术培训，比如如何在更高的温度下烧制陶土，让出品地陶器更加耐热、更耐用。这个项目得到了名厨Jamie Oliver和零售品牌Habita的支持，确保陶艺工匠得到利润的30%。每个产品都有工人的签名，每一件都是独一无二的。

这个项目让 Maham 兴奋和满足。不仅在技术上，而是作为设计师和工艺师，她能为社会上更多的手工业者们创造收入和工作，改善他们的生活。Maham 与团队密切合作，为 Jamie at Home 品牌设计了面向欧洲市场的餐具、炊具。厨房工序中需要用到的工具和细节都是设计好的，而这些产品都是斯里兰卡的陶艺师手工制作的。对 Maham 来说，这三个方面很关键：保持传统技术的活力；创新材料技术，将陶土高温烧制；与品牌合作，设计面向市场需求的产品。

与食物设计100的对话

Maham Anjum
马哈姆·安朱姆

"伦敦 V&A 博物馆里那些品质极高的陶瓷，并没有出现在生产和市场中。我想根据市场需求，重新引入创造性的材料和生产方法。"

FD100："你的食物设计方法是什么？"

Maham：倾听客户和一起工作的厨师的意见，了解他们的愿景和菜品。所有项目都是我作为设计师和工艺师的情感的结合。了解黏土、釉料或生产方法可以以简单有效的方式制造。我们有一系列生产陶瓷的方法，我不断地回顾历史，将技术融入到每个项目中。我们的餐具应该表达厨师最好的能力，并实现感官最兴奋的体验。

FD100："对你来说食物设计最令人兴奋的方面是什么？"

Maham：和厨师一起工作。和我一起工作过的每一个厨师都有自己独特的方法。此外打破材料、技术和概念的界限是非常令人兴奋的。David Queensberry 和 Martin Hunt 对我的设计方法产生了巨大的影响。在对材料和生产技术的试验中，我从陶瓷悠久而丰富的历史中学到很多东西，它们也带给我无尽的灵感。

FD100："你的可持续发展方法是什么？"

Maham：在伦敦我们使用节能型的电窑，并且尽可能地只烧一次。

越南 VIETNAM

Mai Pham
迈范
Lemon Grass 餐厅

Mai Pham是美国加州地区Lemon Grass餐厅和Star Ginger餐厅的创始人和主厨。作为公认的亚洲美食专家，Mai以其新鲜的东南亚美食而闻名。她是电视烹饪栏目"Vietnam: My Country, My Kitchen"的主持人，也是越南菜烹饪书*Pleasures of the Vietnamese Table*的作者。该书获得了James Beard Award奖的提名，并被《纽约时报》和《洛杉矶时报》评为最佳烹饪书之一。另一本烹饪书*The Best of Vietnamese and Thai Cooking*收录在NPR网站的*Fresh Air*和*Martha Stewart Living*杂志上。她的第三本烹饪书*Flavors of Asia*与美国烹饪研究所The Culinary Institute of America合作，以亚洲七个国家的最佳食谱为特色。

LEMON GRASS
美国第一家越南泰国餐厅

Mai Pham于1990年在美国萨克拉门托创办美国第一家越南泰国餐厅Lemon Grass餐厅，这是第一次有人将越南和泰国美食一起呈现。当地很少有人知道越南菜，对外来美食虽然欢迎但只是谨慎尝试。几年后，客人才习惯称餐厅为"Lemon Grass"而不是"Lemon"，并不再像在西餐餐桌上一样要面包。餐厅创办第二年，Mai出版了她的第一本食谱，引起了食品媒体传奇人物Martha Stewart的注意。Martha对餐厅进行了拍摄并撰写了文章，当地媒体也对此非常感兴趣，报道了Martha与她的团队，为此做了一个关于萨克拉门托厨师的专题。这些媒体曝光让Mai Pham和Lemon Grass有了知名度和追随者。在过去的二十年里，这家餐厅每年都被评为The Sacramento Bee's Top 10餐厅之一。顾客热情地支持这家餐厅，他们惊叹于这里始终如一的食物品质，以及正宗新鲜的东南亚香草（许多在当地种植）。现在尽管时代发生了变化，但Lemon Grass仍然忠于其最初的愿景和承诺，提供最好的正宗东南亚风味。

COOKBOOKS/NATIONAL MEDIA
民族美食书

20世纪90年代，美国人的美食口味从时髦的法国菜过渡到意大利菜，公众渴望新的味道。人们对泰国风味感兴趣，但对越南的食品和饮食文化不太了解，Lemon Grass是当时全国范围内的顶级东南亚菜品牌之一。对Mai来说，幸运的是，由于她的第一本烹饪书 *The Best of Vietnamese and Thai Cooking* 的发布，各路媒体邀请她出现在国家公共广播电台的 All Things Considered 和 Fresh Air 等备受好评的节目中。她的第二本烹饪书 *Pleasures of the Vietnamese Table* 像是她二十多年来第一次返回祖国的日记，不仅激发了人们对越南风味更深的好奇心，也激发了随之而来的移民体验。因此，包括《纽约时报》和《洛杉矶时报》在内的多家美国全国性报刊刊登了Mai的故事。《旧金山纪事报》邀请她担任食品专栏作家长达十年。此外，她还主持了 Vietnam：My Country, My Kitchen 的特别电视栏目，把观众带回了她的家乡越南湄公河三角洲。

PLANT FORWARD CONCEPT
植物优先概念

Mai的童年在越南和泰国度过，二十世纪六七十年代的东南亚人对以蔬菜为中心的饭菜并不陌生。传统的家庭餐通常主要由蔬菜和汤组成，动物蛋白质或鱼类比较少，三口之家通常只吃半斤多肉类。Mai的祖母会在后院种植蔬菜，用椰浆制作椰子油，自己研磨谷物，用收获的大米制作米浆和米粉。椰奶炖的鲶鱼和虾来自附近的河流……所有的食物都来自后院种植和当地集市。我们现在知道，这种以植物为中心的饮食是理想的，有助于个人和地球健康。我们紧迫地需要缓解气候变化，祖母的传统饮食教导并启发着Mai。许多美国大学和企业都在关注这个问题，Mai也开发了一个植物领先的概念，帮助合作伙伴在不牺牲美味的前提下实现可持续性目标。

从2022年秋季开始，北亚利桑那大学将成为第一个开设植物领先项目"Lemon Grass Asian Plant Forward Kitchen"的地点。学生可以尝到来自越南、泰国、韩国、印度和日本的各种美食，这些大多是用植物蛋白和蔬菜制成的。Mai认为，食物选择推动着可持续发展，这个认识不断在提高，越来越多的厨师、餐厅和这个行业的贡献者会将植物领先的概念纳入产品中。

与食物设计100的对话

Mai Pham
迈范

"我想烹饪美味的食物，努力为我的客人设计独特而丰富的食物体验，不仅通过风味、质地和香气，而且通过食谱及其文化背景来讲述故事。"

FD100："你的食物设计方法是什么？"

Mai：对我来说，食物设计——食物体验设计——是有目的的表达。我希望客人对我创造的口味有一定的体验，我也想以深刻体验和有意义的方式烹饪和展示这些口味。用特定菜式讲故事是我的任何菜肴或菜单整体设计的一部分。我是一个纯粹主义者和传统主义者，出生在越南，在泰国长大。我们到达美国时背着衣服，花了头二十年重建生活。对现在的我来说，开餐厅是治愈的，尽管我当时还一无所知。最初我想通过食物将人和文化联系起来。但在随后的几年里，我了解到烹饪、饮食和分享，是最有效的和最可爱的让人参与和影响的方式之一。因此我对美食体验设计的想法肯定是首先要美味，口味需要平衡，食材必须是无可挑剔的新鲜和季节性的，并尽可能是本地的。

FD100："对你来说食物设计最令人兴奋的方面是什么？"

Mai：最令人兴奋的方面之一是可以选择配料。我可以从中国买到最香的花椒，印度最新鲜的绿色孜然籽，东南亚最好的椰奶和咖喱酱，因为我住在加州，我几乎可以全年都能买到一系列令人惊叹的新鲜的当地种植的蔬菜、香草和水果。因此，当市场能使菜篮子里充满了无穷无尽的可能性时，厨师们在诠释我如此热爱的传统亚洲风味方面便更具创造性了！另一方面，随着世界变得更加互联，全球风味越来越受欢迎，厨师们正在以开放的、大胆的态度重新定义传统。在美国，除了我心爱的东南亚美食外，中东市场和面包店也越来越多，黑人厨师及其烹饪也正在兴起，新兴的印度美食，以及世界各个地区的传统美食，饮食文化遗产都在蓬勃发展。厨师现在非常多样化，来自不同文化和背景的新兴"明星"厨师不仅经营传统餐厅，还经营啤酒厂、快闪小吃店、卡车餐厅等。它们并不完全是我印象中的童年街头美食文化，但反映了一种更轻松的设计美学，在我看来，一切都很好。

FD100："你的可持续发展方法是什么？"

Mai：说到可持续性，我的第一种方法是在采购方面尽我们所能。我们必须把一些食材带到餐厅，比如泰国制造的鱼露。但我们想尽可能多地用当地供应商的产品。我们的越南香草和海鲜就是在本地生产的，我们在他们那里买了近30年。夏天的大部分农产品都来自离餐厅不远的农场。像我的许多厨师朋友一样，我们尽量只从致力于可持续实践和ABF产品的生产商和供应商那里采购肉类蛋白质。另一种充满希望的方法是植物领先菜单。我们推出了美国校园版的植物厨房菜单，希望大学生多吃水果和蔬菜，少吃肉、家禽和奶制品，希望能对全球可持续性努力产生积极影响。就个人而言，植物领先让我想起了祖母在餐桌旁说的话——"rau cho mat"意思是"吃蔬菜保持平衡"。我是一个地球的孩子，我是一个生活和呼吸的爱好者。如果我必须带走，我会确保付出比拿走的更多。我们可以维持这个世界，拥有一个没有饥饿的世界。只要我们能以自己的小方式尽自己的一份力量，从家里开始，联合国在2030年减轻饥饿的目标就是可能实现的。

Marije Vogelzang

玛瑞吉·沃格赞
Marije Vogelzang工作室

Marije被认为是"吃设计"领域的先驱和"教母"级人物，拥有20年丰富的从业经验。她从事艺术装置设计，是各种饮食和设计展览的策展人。她是2014年设立的埃因霍温设计学院本科专业"FOOD NON FOOD"的负责人。她的作品在全球范围内出版并获得广泛认可，她还是一位出色的演说家，经常受邀参加全球各地的会议并发表演说。2015年，她入选美国 *Fast Company* 杂志100位最具创造力的商业人士名单，并成功进入"世界技术奖"（World Technology Awards）设计领域的决赛环节。2016年，她登上了 *Good* 杂志的"GOOD100"榜单。同年创办了荷兰食品与设计研究院——一个致力于探索食物和设计之间的联系的全球性网络组织。在荷兰食品与设计研究院设立了"未来食物设计奖"（Future Food Design Awards），并组织了一场关于食物未来的巡回展览（2019年在加拿大启动）。

荷兰 NETHERLANDS

THE FOOD-MASSAGE SALON
食物按摩疗愈沙龙

在今天的时代，我们似乎被数字屏幕所吞噬。我们虽然在一天中都会吃东西，但真正接触到有生命的东西的时刻十分罕见。有机的食物，我们不只是触摸它，而是摄入它，让它成为身体的一部分。吃的行为是人与世界之间的门户和维系纽带。The Food-massage Salon是一场疗愈，人们在这里接受按摩并聆听舌头的声音，让舌头带领我们在口腔里旅行。这个小小的锻炼，会让我们远离已知的生活经验并回归到自我中的一部分，让我们知晓被自己遗忘的那部分。

互动装置非常简单：一个大吊床像茧一样覆盖整个身体，耳机里播放故事，疗愈师随着故事与客人互动。疗愈师会轻柔地从吊床外表面按摩客人的身体，并恰到好处地完成所有的疗愈动作。舌头会不自觉发出有些"生气"的声音，日常舌头总是被忽视的，视觉总是优先于味觉和嗅觉。疗愈过程中舌头、味觉会主动选择9种不同的食物。

瓷器是疗愈体验的主要材料。比如用一点点酸奶在嘴周围摩擦（因为酸奶对皮肤有好处），然后用一个蛋形的陶瓷物体轻轻摩擦嘴唇和口腔。其他的食物体验包括：在下唇和下牙之间放一点芝麻酱、脆苹果块，戴着耳机咀嚼，朗姆酒刷在舌头上等。每一个步骤，舌头都会诠释这个过程并指导。舌头在我们还是个婴儿时就和我们在一起了。它记得咬到舌头时，沙子和金属一样的血味。它分享了你初吻的记忆，以及当你试图用另一种语言发音时是如何扭曲舌头的。舌头渴望和人体有更多的联系，它渴望我们以一种更有趣的方式来享受这种联系，帮助理解你小时候的世界。

整个治疗只是20分钟的体验，但立即给参与者带来一种放松和好奇的状态。该活动已在柏林、波尔图和多尔德雷赫特(NL)执行，总共超过400人参与过。大多数人，即使他们显然知道自己的舌头，但从来没有以这种方式感知自己的舌头和嘴，也没有以这种方式思考食物。他们感觉刷新了与本我的联系，体验增强了他们的敏感性，增强了他们对食物和食物价值的认知。大部分参与者（约40%）感到情绪的深度触动，一些人甚至哭泣，因为他们找回了一种与单纯童年和美好生活的遗失的联系。

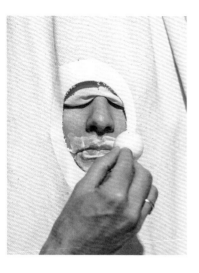

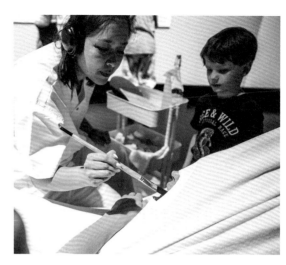

VOLUMES
体量

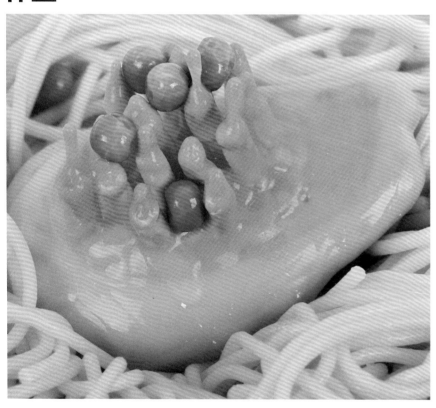

研究表明，人类真的不知道他们到底吃了多少。在这方面，眼睛没有能力与大脑进行很好的交流。如果我们把大盘子填满，通常会吃更多。当我们吃一盘捣碎的食物时，比吃一盘精心设计的食物吃得更多、更快。胃只有在我们饭后20分钟后才有饱腹感的反馈，所以快速进食往往会让我们吃得过多。从长远来看，当我们衰老的时候，所有这些少量的物质加起来就会导致超重和肥胖。

Volumes 是放在盘子里食物之间的物体。它们在视觉上填满了盘子，作为一种摆盘风格，这有助于人们更用心地享用食物。这些不可食用的物品有一类是由浸有硅酮的岩石制成的。其目的是让大脑认为它是可食用的，并认为盘子里装满了食物。这些物品玩起来很有趣，可以帮助进食者创造出有趣的食物造型，以减缓进食过程。还有由瓷器做成的，它们可以倒过来，也可以固定在盘子里，食物可以放在上面。

Marije 并不想量产这些物品，设计的初衷是为鼓励人们使用自己的物品。用一个倒置的咖啡杯，一些干净的石头、宝石或其他可放置在食品之间的东西，把盘子装满。

INTANGIBLE BENTO
隐形便当

Intangible Bento是在东京大都会艺术博物馆举办的一件关于日本便当盒文化的装置作品。当我们想到食物时，会想到能看到、品尝和触摸的东西，或者考虑农业和烹饪，但有很多东西也是看不见的。这个装置看起来像一个巨大的便当盒，人们从它周围进入，从上面看像是缩小到豌豆大小的精灵。在日本，很多人相信"万物有灵论"。一个物体可以有灵魂，人们需要以尊重的态度对待，这个理念涉及到日本生活的方方面面，比如缝纫店就有小的破针神社。Marije想要表达便当的"灵魂"。灵魂是看不见的，它们代表着看不见的东西。她说："我想做一个装置，游客被带到一个便当盒里，并由'灵魂'引导。在那里他们会被圣灵指引着去发现。"

这个装置由一个巨大的丝带森林组成，游客通过"精神电话"和音频指南发现便当隐藏的一面。便当的灵魂生活在便当盒里，标志性的日本寿司、腌梅作为盖子。游客们在纸丝带上写下他们对便当的记忆，形成一个有形的记忆纪念碑。便当文化对日本人来说是富含情感的话题，许多父母通过便当盒来表达爱。

装置还有几个其他和食物有关的讨论模块。处理塑料垃圾的模块，让人们意识到现在许多便当盒的塑料垃圾，已经造成了巨大的问题。专门探究有益细菌的模块，表达由食物链建立的人类联系和信任。海藻模块探讨未来海藻不仅仅用于食品，还用于生物塑料的可能性。以及有关大米的、未来的肉类消费、鱼类供应收紧、真菌和菌丝体等话题的模块。每一章节游客都积极参与故事构建：通过添加记忆丝带、在布料上贴标签来模仿细菌的生长，或者互相拥抱的触觉来感知食物联系。装置中还有精心设计的气味，来增强在没有食物的环境里"便当内食物"的氛围。

与食物设计 100 的对话

Marije Vogelzang
玛瑞吉·沃格赞

"面对食物时，你不仅是和食物打交道。只有吃进去的东西才能被认可为食物。否则就可能是浪费、装饰或堆肥。这意味着食物总是与吃这些的人类的行为有关，当你咬了一口，你会立即与世界上几乎所有的东西联系起来。与文化、身份、农业、科技、经济、你的感官和心理等一切有了关联。我不设计食物，因为食物已经被大自然设计了。我设计吃的行为。"

FD100："你的食物设计方法是什么？"

Marije： 我认为字面意义上的"食物设计"和塑造食品一样有趣，但只是其中的一小部分涉及对食物的作用。我对"吃的动词"更感兴趣，而不是仅仅关注食物的形状。我认为可以找到新的思考食物的方式来了解自己，并帮助我们感受食物的真正价值。我们需要一个更深刻的与食物的关系，"设计思维"可以帮助我们找到关于食物的新视角。

FD100："对你来说食物设计最令人兴奋的方面是什么？"

Marije： 食物设计中最令人兴奋的一点是，最平凡的、日常的材料，同时具有最高的神圣性、多样性和复杂性。我觉得让设计成为身体的一部分很有意思。这是很私密又很情感化的创作。如果把设计看作是一种可以为某些事物创作出新的视角的工具，那么这个事物是食物的话，那将会有无穷的世界可以去探索。

FD100："你的可持续发展方法是什么？"

Marije： 我认为可持续性很重要，但不应该是第一个目标。项目的第一个目标应该是创造人们渴望的东西，然后自然地让它也是可持续发展的。可持续性本身是非常无趣的，如果有些东西是可持续的但不被需要，它就不可取。最终我们是有情感的人类，所以如果你想让人类改变，你需要创造改变人类的东西。本质上，我是在设计人们如何思考和事物打交道，就像你在设计食物一样，也在设计感知。

Martí Guixé

马蒂 · 吉谢

Martí Guixé工作室

1994 年，住在柏林的 Martí Guixé 制定了一种了解产品文化的新方法，Guixé 于 1997 年开始展出他的作品，其特点是寻找新的产品系统、在食品领域引入设计以及通过表演进行展示。他非传统地提供了一种奇特、严肃、精彩而简单的想法。他在巴塞罗那和柏林工作，并担任全球公司的设计师。

Martí Guixé曾 在 2004年 出 版 *Martí Guixé's Cook Book*、2010年 出 版《食 品 设 计》、2013年 出 版 *Transition Menu*、2019年出版 *On Flower Power*、2021年出版 *Casa Mondo: Food* 等书籍。

他曾获得1999 年Ciutatde Barcelona 奖、2007年加泰罗尼亚国家设计奖和马德里设计节奖，2018 年起担任米兰工业设计学院食品设计教授。自 2021年起在Corraini Edizioni策划了*Unevaluated Essays*系列丛书。

西班牙 SPAIN

SOCIAL WARMING
社会变暖

摄影师：Inga Knölke

烹饪是一种沟通不畅的行为。没有人喜欢被讲课，过多的解释反而阻碍了沟通。社会变暖是一组五道菜的餐点，与一系列装置物一起呈现，这些物品仿佛在无意识地交流想法、评论价值观或提出与 28 Posti 餐厅厨师Marco Ambrosino的美食相关的替代愿景和看法。菜单上的每道菜会发现它们都是一个非功能性但可以交流的物体，仅仅通过它在桌子上存在这一点就可以引发人们的好奇心。这些"说话的对象"的加入以一种有趣的方式扩展了一顿饭中的简单摄取行为，并让人们在取悦感官的同时自由地控制思想和意识形态。

这是米兰工业设计学院食物设计与创新专业硕士研究生一起完成的项目。

BEER TAP FOR EXPORT

啤酒水龙头

摄影师: Inga Knölke

 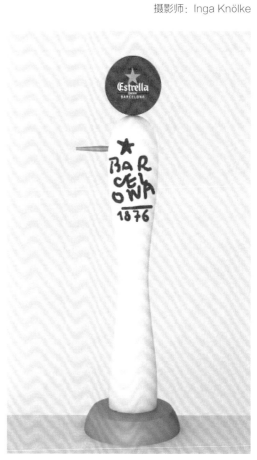

液体没有形状，因此从啤酒中感知物体的概念是通过它的语境化来完成的。在这种情况下，啤酒水龙头和啤酒杯就是啤酒的延伸。

WAVE WINE GLASS COLLECTION
WAVE 酒杯系列

Wave 红酒杯系列旨在将葡萄酒视为一种特殊但又熟悉的东西。杯脚是曲线构成的，设计师希望为这个熟悉的杯子赋予更多情感。

Wave 红酒杯的形态有着中国古典器具的韵味，并呈现出了一种情感氛围，饮用者以一种完全自然和直观的方式举起品尝，让葡萄酒自然地融入各地传统食物文化、餐桌仪式和礼仪中。杯子形状是光滑流畅的曲线，柔和的形态使葡萄酒及其香气以更自然的方式流动在美食之间。

与食物设计 100 的对话

Martí Guixé
马蒂·吉谢

"我是一个产品和室内多学科设计师。我认为设计是决策的过程，在过程中调整和控制当代设计中的复杂关系，而食物设计是具有思辨性的设计。"

FD100："你的食物设计方法是什么？"

Martí Guixé：在我的标准定义中，食物设计是用来作为对象进行思考、感知、情境化、仪式化、实施和消费的。该对象必须与设计项目一起设计。

FD100："对你来说食物设计最令人兴奋的方面是什么？"

Martí Guixé：与建筑类似，建筑师不用手建造房屋或建筑物，食物设计师不做饭。因为只有将制造与思考分开，才有可能创造和设计基于当代饮食的新饮食，其中应包括政治、社会和文化方面，以及生态和经济方面的问题，同时完美兼容味道和健康营养。

FD100："你的可持续发展方法是什么？"

Martí Guixé：食物是一个非常复杂的问题，可持续性只是其中的支柱之一。

英国 UK

Maud de Rohan Willner
莫德·德·罗汉·威尔纳
Salty 工作室

Maud de Rohan Willner 是法国和英国的创意食物与体验设计师，也是 Salty 工作室的创始人。她生活在伦敦，但经常环游世界收集故事和视觉灵感。在伦敦中央圣马丁学院学习了一年的基础课程后，她开始研究食物设计并从一些先驱者那里获得灵感，之后她继续在英国法尔茅斯大学攻读可持续产品设计学士学位。在这三年中，她了解了她将在工作中使用到的生态设计策略和可持续方法。为了完成学业，她在米兰工业设计学院攻读了食物设计与创新硕士学位。作品项目包括包装设计、产品设计、服务设计和食品科学。受感官、社会和饮食文化的影响，她喜欢通过讲故事和创造互动体验，让客人记住她的设计。Maud 探索通过质地、颜色、味道、香气等来传达信息和传递情感的创新方式为可持续发展和共同福祉而设计。Maud 创建并举办各种活动，从晚餐俱乐部到私人餐饮、食物和设计工作坊以及创意烹饪体验。她还在英国各地的大学教授食物设计，并主持 Edible Words 播客，调研过去、现在和未来的食物与设计趋势。

CREATIVE CATERING
创意餐饮

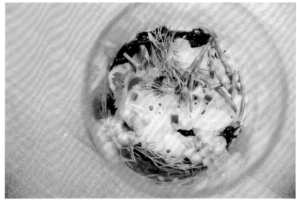

Salty 工作室的主要项目之一是为品牌和公司提供创意餐饮，通常在伦敦地区。

团队的活动和餐饮工作以及工作的方式使他们试图了解品牌的价值和故事，或活动的主题，以便他们可以找到一些灵感并将其转化为难忘的餐饮体验。

为了做到这一点，他们在视觉方面进一步做工作——颜色、质地、他们用来展示食物的陶器、提供鸡尾酒的玻璃器皿，当然还有味道。他们喜欢使用不寻常的食材来唤醒味蕾，而一些更熟悉的食材，会为他们再次举办的活动带来启发。

CAN WE CHANGE?
我们能改变吗？

"我们能改变吗？"是与 Isola 设计区合作为 2020 年荷兰设计周创立的一个项目，其主题是"Materialized"，该主题侧重于研究使我们使用的材料更加可持续的方法。

我们吃的大部分东西仍然是包装好的。无论是在超市购买蔬菜、纸盒装果汁、薯片包还是外卖餐，其中总会有某种塑料或不可回收且最终被填埋多年的材料。

为什么我们使用如此多的塑料和其他不可持续的材料？因为它们具有经济优势、重量轻、易于找到、卫生且食品安全等特点，但我们现在意识到了塑料和这些其他材料对我们的身体和环境的所有负面影响。许多品牌正在重新考虑他们的包装，超市正在（慢慢地）尝试减少一些产品的包装数量。

食品行业的卫生和食品安全要求使改变这些习惯变得很困难：这并不容易，也不便宜，而且即使在今天，也往往不是很容易获得。那么，我们如何才能挑战这些问题和障碍，以创造一个更可持续的环境呢？

许多设计师和品牌都在研究可食用的包装和可食用材料，我们觉得这很有吸引力和令人兴奋。有很多可能性和有趣的方式来开发一些更可持续的想法，我们也想强调这些。

该项目旨在提高人们对仍然需要做的事情的认识。我们走在正确的道路上，对于食品行业的创新设计来说，这是一个非常激动人心的时刻。

对于这个项目，Salty 工作室举办了一场关于如何制作可食用餐具的研讨会，以及一场关于食品行业零废物系统的小组讨论。小组成员包括从事可持续生物制造开发的材料研究员和发明家 Alice Potts、Elisava Research 总监兼 Material Designers 合伙人 Laura Clèries、Space 10 战略设计负责人 Johanna Stevns 和 Stroodles 意大利面吸管创始人 Maxim Gelmann。

EDIBLE WORDS PODCAST
可食用的词播客

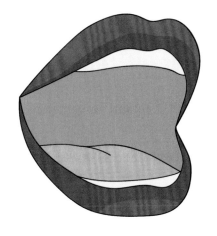

Edible Words 诞生于 2020 年活动行业突然停摆后的第一次封锁期间。在围绕食品和设计进行了一系列关于不同主题的在线小组讨论之后，Salty 工作室在世界重新开始开放时切换到播客版本，以适应更多的现场演讲。

在每一集中，Edible Words 的主持人 Maud 都会深入探讨创意食物和体验设计的世界。这些剧集汇集了来自不同背景的鼓舞人心的人们，谈论过去、现在和未来的食物和设计趋势。

从饮食文化到饮食空间、食物科学和体验设计，再加上一点点幸福感、好奇心、可持续性、创造力，当然还有我们的感官！

与食物设计 100 的对话

Maud de Rohan Willner

莫德·德·罗汉·威尔纳

"我还热衷于在我的项目中'策划'——为 Food Design Nation 的 Safari 讲座选择合适的人参加讨论小组，以及致力于未来的项目，该项目更专注于小型创新和创意企业的食品与饮料品牌零售。"

FD100："你的食物设计方法是什么？"

Maud： 食物设计既可以是广义的术语，也可以是狭义的术语。我觉得所有食物设计师都有自己的方式来描述食物设计是什么，即使我们在大多数观点上意见都是统一的。对我来说，这是关于通过设计和使用传统方法之外的不同方法与食物周围的人建立联系，以创造创新的解决方案。食物设计也是一种使用食物作为工具和材料来传达信息和传达情感的方式。我们使用设计思维过程来分析简报，旨在讲述有关食物的故事并唤醒您的感官。

FD100："对你来说食物设计最令人兴奋的方面是什么？"

Maud： 我喜欢这样一个事实，作为食物设计师，我们经常跳出框框，以及食物使我们能够与来自世界各地的不同行业的人们建立联系，创造出神奇的东西。食物设计并不总是与食物有关，而是围绕食物：从健康到可持续发展，从食物科学到建筑、包装、图形和服务设计，可能的合作和联系，内容广泛没有限制。对我来说，体验食物不仅仅是味觉，气味、声音、视觉和触觉也是其中的重要组成部分。我认为，如果我们能够提升一种或多种感官体验，那么与您提供普通食品和饮料相比，您的客人会更加记忆深刻（以及您的品牌、产品或故事）。

FD100："你的可持续发展方法是什么？"

Maud： 当我第一次开始在大学学习可持续产品设计时，那是在 2013 年，当时可持续性并不是一个普遍关注的问题，现在这似乎很令人惊讶。然而，我在那里度过的三年确实改变了我对这个主题的看法，让我意识到让它成为我工作的重要组成部分是多么重要。我特别热衷于零浪费技术，并不断尝试学习新方法来重新利用剩余食物或限制浪费。这仍然是酒店业必须迎头赶上的领域，但有很多人和公司正在改变我们的心态，这肯定已经产生了巨大的变化。

印度 INDIA

Megha Kohli
梅加 · 科利
Cafe Mez/The Wine Company

Megha 目前运营着两家位于印度德里的餐厅，Cafe Mez 以及 The Wine Company，她是《大厨宣言》（*Chef's Manifesto*）签署者。Megha 刚毕业就加入了 The Oberoi Groups 享有盛誉的 STEP 计划。2013 年，Megha 担任烹饪学院 The Olive Culinary Academy 的培训负责人和主厨，2015 年成为印度最早坚持本地采购的餐厅之一的 Lavaash By Saby 的主厨和运营主管，2016 年入选美国著名的奖学金计划 Cochran Fellowship Programme。2019 年为联合国粮食及农业组织 (FAO)，在促进可持续发展烹饪和多个论坛上发表讲话，联合国在 ACTNOW 运动中也对她进行了专题介绍，她还曾入选粮农组织的可持续海鲜烹饪书籍。2020 年获得泰晤士报年度厨师"Times Chef of the year 2020"奖。

LAVAASH BY SABY
印度传统餐厅

Lavaash 是印度唯一的亚美尼亚餐厅。 Megha 从 Lavaash 成立之初就参与其中，并在加尔各答 2 个月研究加尔各答 - 亚美尼亚美食。 Lavaash 在 Megha 的领导下获得了很多好评和赞誉，如 *Conde Nast Traveler*、*Travel+Leisure*、FOOD FOOD、Times Food Awards，也因其独特的美食和理念而备受媒体关注。 Megha 因促进可持续发展方面所做的工作而被授予 Times Chef of the year 2020 奖，还获得了 2019 年印度 40 岁以下前 40 名厨师的 Conde Nast Award。

Megha 在这里与当地和区域产品广泛合作，Lavaash 也是印度首批拥有 100% 本地采购菜单的餐厅之一。 她也非常热衷于推广鲜为人知的地域性美食，Lavaash 专注于季节性菜单，每年有 4 次菜单变化，与德里的季节产品相对应。 Megha 还发起了一个 "thaali 节"（thaali 是一种传统的印度餐），每个月她都会推出印度不同地区的产品。Megha 还与 Chefs Manifesto、联合利华、家乐合作，发起了 "future 50 foods campaign 未来 50 种食物运动"，每个月她都会在 Lavaash 重点介绍 2 种未来的食物。

CAFE MEZ
印度地中海餐厅

Cafe Mez 是德里地区为数不多的中东和地中海餐厅，在开业的短短时间内它就赢得了 Times food award 时代美食奖最佳中东餐厅、值得关注的新人奖、评审团选择奖。Megha 在 Cafe Mez 的菜单中强调了地中海饮食对我们的健康和地球健康的好处。Cafe Mez 在一年内根据季节有 4 种不同的菜单变化。尽管是地中海和中东菜肴，但 Megha 已将进口食材替换为了当地替代品，并采用当地供应商和员工。

THE WINE COMPANY
红酒餐厅

The Wine Company 是德里第一家独立的葡萄酒酒吧和餐厅，菜单反映了 Megha 对印度美食和新鲜当地农产品的热爱，她将印度美食的特色和欧洲美食融合，以世界各个葡萄酒国家为灵感，通过合适的菜肴搭配，减少葡萄酒的一些让人难以接近的味道。这些菜肴有着独特的一面，也会唤起一种怀旧的感觉。

餐厅 90% 的菜单是基于当地食材、时令农产品和肉类，并与为当地社区妇女提供生计的非政府组织 NSK-Nari Shiksha Kendra 等小型生产商合作，制作纯手工磨碎的 masalas 香料。菜单上还有传统泡菜。Megha 发起了"无肉星期一"活动，鼓励客人点更多以植物为基础的菜肴，并提供特殊的无肉星期一菜单和折扣价。

与食物设计100的对话

Megha Kohli
梅加 · 科利

"我想客人享用食物时唤起他们的情绪。"

FD100："你的食物设计方法是什么？"

Megha： 我非常热衷于使用当地产品，大部分菜肴都与当地供应商合作，所有的菜单都是基于季节的。陶器都是本地采购的，没有品牌，来自城市的街道和人行道上的商店。陶器颜色和质地也非常通用——从陶瓷到黏土或陶器。为了给我的菜增加质感，我用花生糖、炸大蒜、脆饼等配料来增加一层脆脆的口感。我还在每道菜中使用各种蘸酱和酸辣酱来增加颜色、浓郁度、层次感和口感。对比色在视觉上更吸引人——所以从盘子的颜色，到主菜的颜色，再到配菜的颜色——我花了很多心思，确保整体色彩醒目且相互协调。最后是配菜——我确保每道菜的配菜都反映了这道菜的主要风味，但质地不同。例如椰子和咖喱叶，油炸咖喱叶是菜肴的主要风味，配菜烤椰子块会产生对比鲜明的质地。

FD100："对你来说食物设计最令人兴奋的方面是什么？"

Megha： 作为一名厨师，我被回忆吸引。我经常参考家庭食谱，团队成员的家庭食谱，并与他们一起创造新菜肴，同时保留原始食谱的灵魂。我几乎所有的食物记忆都是大家庭聚会，餐桌上摆满了美味佳肴，房间里充满了混乱、笑声、无数不同的对话和饱饱的肚子！精细不是我的风格，我的食物总是很大份，以质朴的方式装在大碗里，让人想起在家吃饭。

FD100："你的可持续发展方法是什么？"

Megha： 可持续发展对我来说是一种生活方式。不是大的改变，而是我们所有人所做的最小的改变，这将对地球产生最大的影响。作为一名厨师，没有什么比与客人谈论菜肴的多样性、种类繁多的食材以及将这些食材融入日常饮食的方法更让我开心的了。在当地购买和当地生产，不仅可以减少碳足迹，而且还可以支持当地农民和这么多小企业的生计。作为《大厨宣言》的一员，我意识到修复食物系统是我们应对全球变暖的最大机会之一。仅仅改变饮食习惯，我们每个人都可以产生巨大的影响。食物，是变革的最有力的工具之一，而厨师是变革的中心。

菲律宾 PHILIPPINES

Michelle Adrillana
米歇尔·阿德里安娜
Unfrench Bistro

主厨 Michelle Adrillana 是一名餐饮顾问、餐饮服务商、企业家、品牌代言人、菲律宾抵御饥饿大使以及《大厨宣言》(Chef's Manifesto)的成员。她通过减少食物浪费、使用本土和鲜为人知的食材、使用食物的全部部分，来保证可持续发展。她在包括 CNN 菲律宾在内的所有本地网络上制作了许多电视节目。Michelle 在全球各地旅行，与各国大使馆，以及洲际、皇冠、希尔顿、喜来登、The Grace、Mandarin 和 Westin 等品牌合作，在澳大利亚、亚洲、欧洲等不同地方推广菲律宾美食和文化。她努力推动，让菲律宾美食在全球市场、包括高级餐厅和酒店享有一席之地。2020 年，她与世界自然基金会 WWF 合作了促进可持续发展的视频，并于 2021 年创建了可持续发展的餐厅食谱 SAVOR PLANET。Michelle 通过她的旅行、经历、教育以及人生中各种各样的故事，向世界诉说着舌尖上的菲律宾。

DOHA GASTRO-CULTURAL DIPLOMACY
多哈美食文化外交

Michelle Adrillana于2016年在卡塔尔多哈市参加外交文化交流项目。在完全陌生的环境里4周，这是她离开自己家人最长的时间。Michelle沉浸在东道国的美食中，四处挖掘美食，为此活动里的本地人、中东各地和国外其他专家设计和烹饪美食。

Michelle的理念是用食物抚慰心灵，并强调可持续的观念。卡塔尔和她家乡菲律宾同样有着丰富多彩的文化，她想到用菲律宾美食做法呈现香料鸡肉、羊肉和牛肉，同时，尊重当地人的饮食习惯和宗教限制。从可持续的角度出发，所有材料都从本地采购。她沉浸在当地文化中，使用当地食材制作菲律宾菜肴。卡塔尔人喜欢和家人一起吃饭，彩色盘子作为画布的点菜菜单分享部分。设计理念的灵感来自混合香料优雅的香气，同时保持了可接受的界限。这段旅程让Michelle更好地了解了自己作为厨师的优势和劣势，以便创作更好的内容。独自在中东的生活考验了Michelle作为厨师的韧性，并跨越了一些她认为不可能的事情的边界。

GZ GASTRO-CULTURAL DIPLOMACY
广州美食文化外交

Michelle在成为厨师之前，曾有过在中国当歌手的经历。这次的广州文化之旅，不仅是她第一次在酒店环境中推广菲律宾美食，也是她对人生的一次回望。

此次活动的设计理念大胆而简单、实诚、温和、纯粹。中国菜讲"阴阳"，在各个方面保持平衡。Michelle饮食设计因地区而异，她看到中国人即便在正式用餐场合也非常轻松，于是她设计的餐单中既有用筷子吃的，也有赤手就能拿起吃的。Michelle深深植根于她的根源和文化，制作了去皮牛筋、烧韭菜小笼包、香辣椰咖喱水煮罗非鱼片配藏红花烩饭、Adobo沙拉以及 Halo Halo 芝士蛋糕等菜肴。 中国有着丰富的自然资源和特产，厨师不必做得更多，有些东西在最简单的状态下更美丽。

WORLD GOURMET SUMMIT SINGAPORE
新加坡世界美食之夏

2022年8月，Michelle Adrillana与新加坡 THE NEST的世界美食峰会合作，制作了5道菜的午餐和9道菜的晚宴。

Michelle自豪于戴在袖子上的菲律宾国旗。她设计推出了一款小笼包，不仅是厨房食品安全标准的颜色编码，也是对祖国国旗颜色的致敬：蓝色是菲律宾厨房鱼类和海鲜的编码，在国旗上，它象征着和平、真理和正义。红色是厨房里肉类和野味的代名词，在国旗上，它象征着勇气和爱国主义。黄色是厨房里家禽的代码，在国旗上，它象征着太阳，代表着革命运动开始的吕宋岛、棉兰老岛和班奈岛这3个主要岛屿。

与食物设计 100 的对话

Michelle Adrillana
米歇尔·阿德里安娜

"我的目标不是做最好的食物——那些日子已经过去了。我的目标是提供一个环境，让我的每一位员工都有能力和机会每天早上醒来并能够说'你好，世界'。"

FD100："你的食物设计方法是什么？"

Michelle：我不仅考虑盘子里的食物，还要考虑我的处境、空气中的香气和味道、各种意义上的文化因素，以及食材的颜色、纹理、情感，然后把它们翻译成自己的设计。虽然我们总是先用眼睛看，但归根结底，食物仍然是要吃的。因此，周全的设计过程很必要，味道也必须结合在一起，一旦达到舌头，就必须和谐并且有意义。我的食物设计方法仍然深深植根于我的文化。食物就像艺术一样，对艺术家来说是非常私人的东西，这意味着自己需要非常理解和欣赏，才能让其他人感受到意义。

FD100："对你来说食物设计最令人兴奋的方面是什么？"

Michelle：最令人兴奋的方面是食物能够玩和实验，在不同环境刺激下创意和感官感受都是不同的。食物设计是对灵魂的诠释，食物设计将情感翻译成可以吃的东西，让人怀旧或者带给人启发。与此同时，食物设计是厨师表达自己和烹饪风格的方式，可以是时髦、温和、天真、纯净、干净、粗糙、火热或刺激的——盘子会讲述耳朵听不到的故事。它不需要翻译，任何人看到、品尝和体验后都会有不同的解释。

FD100："你的可持续发展方法是什么？"

Michelle：我是菲律宾抵御饥饿大使，《大厨宣言》成员，拥抱树木，热爱一切有生命和赋予生命的东西，我的可持续性方法很简单——尊重一切。我教育家庭节约水和能源，教他们将废水重新用于清洁车库和其他东西，重新使用旧食物，适当储存食物，通过腌制延长保质期以防止食物浪费，使用本土产品，只烹饪我们能吃的东西，并尊重食物的每一部分。最重要的是，作为一个动物爱好者，我尊重动物的付出和生命，不浪费任何一个部分。

可持续性就是尊重地球，只拿走我们需要的东西，让人类得以延续。我尽量少吃动物产品，积极地影响身边人。简单的行动，一点善良足以拯救和维持我们的地球环境，拥有一个没有饥饿的世界。我是一个地球的孩子，生活和呼吸的爱好者。如果我必须带走什么，我会确保付出比我拿走的更多。

法国 FRANCE

Miit 工作室

Léa Bougeault & Aude Laznows

利亚·布乔特 & 奥德·拉兹诺夫斯

Miit食物设计工作室，通过新颖的、参与式的、视觉上的和美味的美食体验，重新创造经典的鸡尾酒和美食活动。作为食物设计师，他们颠覆了传统的自助餐，提供创新、好玩、有创意和定制的烹饪服务。Miit的所有的体验都是在工作室里构思和设计的，并与餐饮专业人士合作推出。曾为巴黎"Cité de la mode et du design"开幕式提供餐饮服务；并为"Saint Etienne International Design Biennial 圣艾蒂安国际设计双年展"开幕典礼制造过美食体验。

FLYING SPOONS
飞勺

如何以引人注目的原创方式向客人传达信息或宣布新闻？ Miit的设计师想用食物来表达进入典礼时的签名仪式。Flying Spoons 是一个参与性的美食装置，将个性化的可食用勺子悬挂在丝带上。客人用剪刀剪下饼干，然后可以直接吃掉或者用作勺子来享受美味的甜品。

用餐体验是完全可定制的，可以选择出现在勺子上的信息以及丝带的颜色。饼干是法国里昂的定制饼干公司Fabulous Biscuits自制的脆饼，厨师将根据季节或需求调制摩丝、奶油或蜜饯。Flying Spoons 饼干看起来像原木风格的装饰，适合与任何装饰融为一体，以一种巧妙而生动的方式，向宾客传达信息。Flying Spoons 最初是为圣艾蒂安国际设计双年展的开幕设想的动作，象征着"剪彩"，让公众进入一个新的空间。这种参与式的饮食体验特别适合就职典礼或者公司鸡尾酒会散场仪式，用于生日或婚礼上的"飞勺"可以刻上新娘和新郎的名字。无论是庆祝、祝愿、宣布、表达、揭示都可以用饼干说出来。设计师同时强调每一场活动都能做到零浪费，所使用的材料都能食用掉，并以此让每个参与的客人了解生态问题。

TIPI
小屋餐桌

Tipi 是 Miit 工作室与 Guillaume Bouvet 合作的标志性产品，彰显了他们对于美学和实用性的共同追求。产品要达到既美观又坚实、实用的效果，总是面临着诸多挑战。Miit 工作室通常会提出草图和最初的想法，再和善于运用榫卯结构的 Guillaume 一起讨论结构细节，最后产品通常用到很少的螺丝，甚至是零螺丝和黏合。

Tipi 是完美的烹饪体验，巧克力火锅、熔岩奶酪酱，让烛光下的自助烹饪美食为冬季带来温暖和友好的一面。在夏季盛上冰块，和好友一起度过漫长的夏日夜晚……设计灵感来源于唤起温暖和聚集的想法。Tipi 原意是古老的帐篷小屋，也是壁炉的象征。夏令营期间的篝火的形象能让人回到童年。

Raclette 奶酪火锅是阿尔卑斯山地区冬季的传统烹饪，几个人聚在一起用食材蘸取融化的奶酪。对于最饥饿的人来说，短短 3 分钟就足够 Tipi 餐桌融化好一锅奶酪酱。如果喜欢吃甜食，可以用新鲜水果或玛德琳蛋糕蘸取用 Tipi 餐桌融化的巧克力酱。无论是甜点还是咸点，都有很多食谱。Tipi 餐桌快速、有趣、非常美味，并且可以无限期使用，常出现在交流和欢乐的时刻，人们传递食物，看谁的奶酪会最快融化，回忆夏令营的记忆和趣事……

桦木结构巧妙将两个结构二合一，方便移动又极简，它可以在任何情况下轻松快速地组装和拆卸……蜡烛系统供热并不需要电气，它简单又生态，同时保证了加热速率。

TARTINOMÈTRE
可移动面包开胃菜餐桌

Miit工作室通常每年有两次创意研讨会，在两天内团队聚集在一起，表达创新想法，说出期待一起玩的食物，灵感甚至可以是看起来很有趣的烹饪手势，或者从各种地方收集到的图案。Tartinomètre就是在这样的创意研讨会中创作出来的。Tartinomètre是烤面包tartine和计量仪meter的组合，"Tartinomètre"字面意思就是仪表盘上的面包。而面包在法国有强烈的象征意义，在法语中，copain的意思是朋友，其中pain的意思是面包。copain就是可以一起分享面包的那个人。

Tartinomètre是一个可移动的开胃菜餐车。一米长的法棍放在一个一厘米宽的砧板上，旁边配有桌子和碗，里边装着酱料、奶酪泡菜、冷肉等配料。客人选择面包的大小，再由服务员切成片，然后自己选择食材搭配。这种自选的方式打破了传统的用餐规则，让客人们相互分享和交流。在此基础上Miit工作室还创作了一个甜品版本的奶油面包仪表盘。巨大的奶油面包取代了法棍，碗里装满了果酱、巧克力酱、果酱和新鲜水果，适合放在公司、会场等场地的咖啡休息间。

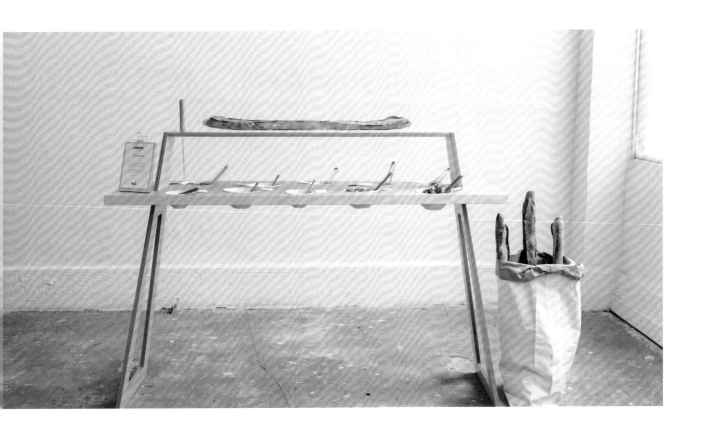

与食物设计 100 的对话

Miit 工作室

"设计是一个全球性的创造性过程，它既响应需求，也传递想法和价值观。设计将用户置于一切的中心，所以我们做食物设计要格外有同理心。"

FD100："你的食物设计方法是什么？"

Miit： 对我们来说，食物设计正处于设计、美食、工业、奢侈品和烹饪艺术的十字路口。食物设计探索新的感觉，并且是用一种不同的方法来表达食物的仪式。食物设计使用餐成为感官上的庆祝活动。我们不仅关注客人盘子上的东西，还关注它周围发生的事情，食物的摆放以及客人将如何吃，由食物的整体体验创造更深刻的意义和联系。食物设计是沟通工具，为客人传达一个信息，有趣的食物体验促进了客人之间的交流。食物设计也是合作，我们需要合作者的技能来实现想象。我们与厨师、巧克力制造商、糕点师，甚至是专门研究爆米花的专家密切合作。

FD100："对你来说食物设计最令人兴奋的方面是什么？"

Miit： 食物是一种非常令人愉悦的材料，设计让我们对食物有创造性，颜色、纹理、形状，一切皆有可能。对我们来说，食物可以被不断利用和重新审视，而且用户吃着我们想象的东西，让我们感到很亲密。有时候团队也在活动现场，我们可以直接观察客人的反应，这让我们非常满足。食物设计不像其他设计领域需要工业生产的过程，我们通常生产时间非常短，所以可以快速积累经验。

FD100："你的可持续发展方法是什么？"

Miit： 我们提倡快乐的哲学，爱简单的东西，比如引起一段回忆的蛋糕，欣赏已知或未知的口味，品尝优质的原料，用爱和激情成长和生产。正是在这个意义上，我们可以做到慢食。对我们来说，强调良好、清洁、公平和优质食品的原则是重要的，甚至是必要的。无论是针对成人还是儿童。我们专门与当地的供应商合作，无论是为烹饪生产还是实现家居。当然，烹饪中我们尽可能多地使用有机产品或可持续农业的产品，并根据季节进行选择。我们喜欢那些突出食物的经历，使食物被视为珍贵的东西，这也意味着是在照顾那些生产它的人。

约旦 JORDAN

Namliyeh (A+M) 工作室

Aya Shaban&Manal Abushmais

阿雅·沙班 & 马纳尔·阿布什梅斯

2012 年 Namliyeh 成立了食物设计公司，建立了一个新的食物系统，通过丰富的创新产品和食物体验，将传统农民、养蜂人和野生采集者与城市联系起来。2013~2015 年，A+M 每年举办季节性的聚会，跨学科对话农民、设计师、工匠、政策制定者和官员，为促进更健康的社区和建立有意义的合作奠定基础。2017 年在 ADW7 策划 "Design For Impact" 展览，A+M 指导 12 名设计师和 6 名工匠共同创作，用食物复兴社会结构和大自然工艺。2019 年至今，每年举办季节性欣赏与研讨会，对日常习惯和选择提出质疑，通过食物让参与者以自己的方式和节奏作出改变。A+M 的工作是多方面的，通过重新梳理我们周边的事物，在实践中努力创建新的参照框架，让个体成为创造新现实、模式和习惯的中心。同时他们关注当下，在深刻的个人层面上感动每个个体，将民族植物学、心理学和现象学交织在一起，用食物的普遍相关性，创造新的意义来解释世界。创建一个与人类动态复杂的生活环境相关的、开源的、不断进化的知识库，同时为这样的工作提供孵化的土壤。

THE HUMBLE TABLE
布衣之桌

The Humble Table 这个交互体验旨在推广当地彩色的食材原料，以及它们的制作工艺和仪式。这是 Namliyeh 策划的表演艺术展览的一部分，参观者受邀表达自己对食材的想法，挑战传统餐饮体验。人们大都不认识这些色彩斑斓的食材，出于好奇或惊喜，只是对这块物产丰富的土地以及生活在这个美丽的季节感触深刻。目前的食物系统将人类与自然这个慷慨的星球隔离开了，人们失去了一种相互联系的感觉，植物和动物被减少，成了仅供提取的资源。

这些野生香料、草本植物、种子和谷物已经被简单处理过（卤水、发酵、发芽、蒸煮），但没有名字或指示，每个人都在直觉和感官的引导下随意发挥，观察、研磨、搅拌、混合或组装。简单朴素的大桌子取代了主人的位置，成为了知识和故事的叙述者。客人不再接受服务，也不用服从聚会的组织者，而是置于创造新菜谱、仪式和意义的中心。桌子周围的每位来自社会各方各面的参与者，会因此从他们的身份出发提出问题，并带来独特的观点，将食品设计民主化，作为自我创造和自我表达的工具。这个项目后来成了 Namliyeh 为更广泛客户准备的季节性圆桌会，主题通常是感恩、专注和儿童游戏，探索我们脚下的土地。参与者在过程中专注于肢体动作，以及感官意识与物质的结合，同时与在场专家一起探索香味、风味和技术，最终用自己的语言描述这种跨感官的体验。

在这里，参与者在共享、重建、交换、讨论中延伸出对文化、政治或社会固有限制的看法，每个人都相互独立。但在结束时，每个人的贡献又组成了一个偶然的社区和新的故事，它包含了每个人的历史、身份和故事的一部分。

NOMADIC FOOD STORIES
游牧美食的故事

Namliyeh 在 2019 年发起了 Nomadic Food Stories 游牧美食的故事项目，这个项目旨在探索土壤 - 植物 - 动物的相互关系，以及这样的关系如何让人产生依恋并再形成更深层次的存在感。贝都因人的生活依赖于自然景观，他们能从自然的呼吸中吸收能量，自如地穿越广阔的沙漠，这似乎与他们的饮食也有关。如果不了解部落及其在历史和发展中所扮演的角色，几乎不可能了解约旦文化。而关于贝都因人传统部落的信息现在仅靠口耳相传，现代化让曾经的生活丢失和扭曲了。部落主义现在被简化为思维模式、权力结构和血统，在许多方面阻碍了进步。然而，极简又丰富的游牧生活方式有很多值得我们学习的地方。

Nomadic Food Stories 是 Namliyeh 与建筑师 Abeer Seikaly 合作的实验性用餐体验。Abeer Seikaly 深入研究了帐篷制作工艺，收集羊毛，并在已经非常边缘化的贝都因社区恢复母系编织。沙漠美食的食材包括古老的谷物、野生树脂、沙漠草药，以及以这些植物为生的骆驼和山羊的奶。人们曾相信那些古老的元素可以穿过地质层，到达根茎和植物，进入人类的意识；而现在，可以通过一场游牧生活方式的盛宴到达现代人的生活。

项目活动设定在市中心一处废弃房屋里，破旧的内饰与高度城市化的社区形成了鲜明的对比。沙子、木柴、树脂、牛奶和草药被带到了现场。但与贝都因人通常为现代游客提供的肉类盛宴不同，这次盛宴发扬了已经逐渐消失了的那些不起眼的食物，突出了游牧民们之间的谦虚和正念，这是与斋月有关的美德。在斋月中，简单用餐才是真正的禁食精神。

菜单由三种食材组成：山羊黄油、沙漠植物和 Arboud 面包，这些食材做成了七种不同的菜肴，简单而丰富。 Arboud 是一种埋在沙漠柴火里用余烬烘烤的扁面包，具有独特的烟熏味。Nomadic 在活动中制作 Arboud 时，上面同样点缀着一些沙粒，食客为这一口又咸又脆的沙子感到惊讶。将面包放在盛宴中心的灵感来自于最古老的面包屑，这违背了普遍认知里的面包是定居和农业发展的产物，使用野生古物和简单技术制作的面包是古老游牧饮食的一部分 。

TEASCAPES
茶景观

Teascapes 旨在探索我们与土地之间的复杂性。Teascapes 是诗意的，它表达在冲泡茶叶的过程中，内在和外在景观之间的统一性是如何增强和扩展的。人们在一杯茶中体验风景，同时反思、观察和想象，等待杯子中的植物释放魔力。人在触碰茶叶和被茶叶触碰时，有着开放和存在两种关系，他们在"外部"与"内在"间交织，相互塑造，但从不完全融合。

Namliyeh 在实地研究中经历了不同的生活，穿越沙漠、山谷、高山和平原。约旦虽然面积较小，但由于独特的海拔范围（-414 米 至 1854 米），约旦有着多样化的生物圈和小气候，从茂密的亚热带到干燥的沙漠沙丘、橡树林和肥沃的草地。2016 年，Teascapes 在第一届安曼设计周上展出。精心挑选的茶叶沿着不同的路径展示，景观被抽象成纹理地图。四种茶描述了人在不同地形上的体验：宇宙之夜（沙漠）、隐藏的花园（山谷）、迷雾山（高地）、黄色的草地（平原）。同年植物茶系列推出，贯穿安曼设计周的不同场地，层层释放记忆、香气、颜色和风味，将人传送到特定的时间和地形。每个人都在这里重新审视经历，并创造一个解构和重建的动态记忆。

Namliyeh 在 2017 年将植物茶添加到产品线，尊重传统的同时改进了从收获到包装的过程，强调了可持续收获、处理、记录和发展这种生态遗产。供应网来自250个全国不同村庄的女性采集者，植物茶从文化产品转变为生产和丰富文化的媒介。

Namliyeh 沉迷冲泡茶叶的冥想过程。饮茶时完整的直觉打开了人们通往无限想象花园的大门，一个新的镜头在重新发现人们的内心逐渐回归野外的景观。让景观倒入一杯茶中，让饮茶者穿越时空来体验变革，回归自然。

与食物设计 100 的对话

Namliyeh (A+M)
工作室

"设计哲学源于这样的信念，即我们在统一的意识中联系在一起，并因此完整体验。作为设计师，我们在创造有机的结构，让美学的力量到达人的精神，激发人们对世界的自我认同，从而深深地感受归属和宁静，而不是异化和痛苦。"

FD100："你的食物设计方法是什么？"

A+M：我们的方法是寻求个人对环境的解释，作品不受地点的限制，但总是与地点的本质产生共鸣。我们相信，有意义的创作必须重新发现现有事物的无限可能性，而我们的任务是发现、识别和恢复可见的隐藏力量。我们的概念通常是复杂且多层次的，旨在解决个人与整体之间哲学上的相互关系，将微观编织成宏观，我们将食物当作一种普遍的、简单的语言。我们工作的核心是设计驱动的批判性思考，研究将人与环境分离的过程与将人积极融入自然的过程之间的差异，并将其转化为动态的和适应性的食品系统。我们相信社区和协作，创造有弹性的、共同扩展的社会生态结构。我们在一个由农民、采集者、养蜂人、工匠、政治家、专家和儿童组成的多元化网络中追踪无形的联系，这些人都在积极参与关于我们食品未来的持续对话。

FD100："对你来说食物设计最令人兴奋的方面是什么？"

A+M：最让我们兴奋的是食物复杂的意义，通过饮食行为来传递深刻的知识和塑造新的观点。食物可以呈现有时难以吞咽或消化的世界状态，强调我们日常选择的重要性，激励我们从内部超越，并采取小步骤，通过微小的干预来治愈世界的状态。食物设计可以和不同学科一起创造新的知识，为我们打开了质疑规范、传统和社会结构的无穷无尽的途径，并为我们提供了一个镜头，从新的角度来看待同样的旧问题。通过食物进行交流，为更深入、更有意义的对话创造了一个安全的空间，因为它很自然地在人类层面上解除了人们的自我武装，超越了语言、文化和意识形态的限制。

FD100："你的可持续发展方法是什么？"

A+M：我们选择专注于季节性、可追溯性和可衡量的影响的工作，并且达到经济利润和社会目标平衡。打破当前的线性系统，并为新的动态的、复杂和进化的模型创造空间，使它更横向、整体和富有想象力。我们希望我们的研究、设计和品牌能够提醒人们对日常选择的主权、对未来的流动性以及重塑现实的能力。从这个国家开始，人们将努力整合、建设和保护自然，而不是破坏、孤立和脱离自然。

Nicole Vindel Barrera

妮可 · 温德尔 · 巴雷拉

Nicole Vindel 工作室

Nicole 出于对今天的文化、消费和身份的高度兴趣，探索艺术和设计的交点——食物设计的新叙事。她的实践基于批判性思维和跨学科方法。《Vogue》杂志评价她为"一个渴望改变的美食艺术家，将奇思妙想的智慧融入形式美，创作认知冲突"。除此之外，她也是革命性的艺术团体 Random Happiness 和食物未来设计平台 Food Design Nation 的联合创始人。同时她也积极参与共同创建的项目，在大学里教学。她的作品极具表演性和观赏性，在西班牙和欧洲各地广受欢迎。

西班牙 SPAIN

SWEET DEMISE
甜蜜的死亡

在发达国家很多人死亡是因为肥胖，而不是饥饿。"甜蜜的死亡"是一个关于我们食物状态和周围环境的对话。我们在选择食物时非常明确，但我们能控制对食物的选择吗？我们消费的食物取决于整个食物系统，糖包围着、引诱着、改变着我们的未来，让我们沉迷于这种及时的、微小的满足感，我们如何才能抵挡广告宣传中最多的甜味呢？

糖的发展历程和社会的发展交织在一起，在困难时期糖是唯一的热量来源，但这也形成了一个错误的观念，即甜蜜可以释放悲伤和压力，增强我们的幸福感。我们小时候，糖被赋予为一种奖励的含义，这完全与糖的本质不符，但我们就这样长大了，重复着这个观念给下一代。在庆祝晚宴中，健康的饮食不在菜单上，如果我们做一份礼物，糖往往是细节的装点。在一天结束时，我们会吃一个甜点来放松。这些短暂的刺激当然有意义，但在每次快乐上升又下降的过程中，我们的身体习惯了糖的存在，并要求更多，最终导致我们走向一种不稳定的状态，不断地追寻短期的快乐。

在过去的很长一段时间里，甘蔗的生产是高成本的事情，因此甜味是贵族的奢侈品。那时候我们的味蕾还不习惯甜味，但随着更多的人尝试到甜味，需求也在增加。现在我们可否问自己，是否就此停下来，尊重自己的健康和地球的健康？

糖的作用已经完全改变了，它无处不在，我们消费糖不再奢侈，消费健康的食物反而是奢侈的，似乎只有富人才能享受健康。在饥饿的时候，我们总想着吃最美味的食物，而不考虑对健康的影响。媒体也到处传播快速的，精加工的，充满糖、脂肪和添加剂的，成功的食品。在与健康自然的食品竞争中，它们往往生产成本更低，价格更低。

这个装置作品就像我们的身体一样，糖是一种危险的需要。美丽的建筑般的结晶是糖日复一日的聚合，近距离观察时，它无限向外延伸的几何晶体既甜蜜又诱人，但离远看，就是威胁我们健康的武器。这个装置用美丽的几何掩盖构成物糖的本质，以及这个本质对社会造成的破坏。当我们手拉着这个绳子，就拥有了一个生命的决定权，而这是一条无意识的不归路。这个作品极具争议性，因为其实糖的性质既不坏也不好，理解糖的危险，取决于我们对糖的观念，人类的生命很大程度由我们所生活的食物系统来决定。而艺术，能够让我们警示到更多的问题。

HONEY, WE NEED TO TALK
亲爱的，我们需要谈谈

亲爱的，我们需要谈谈，展现了一场艺术作为抗议手段的表演。然而这场表演的主角并不是人，而是蜜蜂——这个我们生态系统和经济中的重要角色。蜜蜂代表了人类和其他物种之间的合作，这个表演意为未来建立一个有意识的共生关系。当前的气候变化，使蜜蜂在过去的10年中每年减少30%，表演中蜜蜂的角色也是正在受苦却继续战斗的人类的象征。

表演是由静物摄影的方式呈现的。摄影拍下的画面既是客观的存在，又有艺术家主观的感情在里面。画面里枯萎的花，活着的和死了的蜜蜂，以及杀虫剂瓶，共同表达了我们这个时代最具威胁性的问题：大规模生产和消费。画面灵感来源于20世纪90年代的肖像画和荷兰静物油画，场景设定在天鹅绒般的地板上，充满了复古的气息。画面基于人类和其他生物共存的主题，由三部分画面组成：

1.花园里的杀虫剂像超市里闪亮的苹果一样引人注目，蜜蜂们甚至忘了自己会飞，试图虔诚地征服、攀登这座高塔般的杀虫剂瓶，而后在人类手握的地方建造了蜂箱。杀虫剂是现代农业的支柱。而这座由机器、化肥和杀虫剂建造的人类的象牙塔，由于蜜蜂的减少，正在自我摧毁。2.正在凋谢的花传达了死亡的过程。空气污染和单一栽培造成的破坏，让人类、蜜蜂还有那些失去栖息地的正在灭绝的动物们都在可怕的自然环境中挣扎。没有蜜蜂授粉就没有种子，没有种子就没有植物，没有植物就没有其他生命。死亡的花朵意味着包括人类在内的所有物种都将消失。蜜蜂社区是一个民主的、有组织的参照体，蜜蜂会随着环境的变化而改变策略，这正是人类社会需要采取的行动。3.蜜蜂嗡嗡地叫着在头顶飞翔，好像参加完一场战斗，需要紧急建立一个更加团结的体系。它们举着"拯救人类"的牌子示威抗议，它们要求并期待一个及时的、持续的变化。

作为人类和消费者，我们日常食物选择就是一个投票和展示价值观的机会。因而我们应该明智地使用这个权利，将我们的意识形态、信仰和力所能及的善举紧密相连。

"AWAKE" SERIES
醒来！

在欧洲新冠疫情肆虐的第一阶段，Nicole创作了"Awake"Series这个作品。在面对紧急情况时，我们需要摆脱不确定性，展开一场有关公民权利和责任、我们是什么人、我们可以成为什么样的人的对话。这个作品也反映了艺术家对疯狂时期，人的内在力量和人性潜力的探索。爆米花由玉米粒膨胀爆开，改变了自身的形状，扩大了它的内在力量，象征着人类也可以通过内在力量转变适应新的环境和语境。

作品由一个红色丙烯手绘花瓶和周围的爆米花组成。每个玉米粒转变为爆米花都代表着个人思维方向的转变，而这个普通的红色花瓶，只有在爆米花的集体力量下，才显得更有意义。于是，我们要重新思考自身和他人以及地球的关系，从而改变我们的互动方式。集体权利也取决于个人的努力，正如亚里士多德所描述的：一切都从一种内在力量开始，这一次，是为了统一我们的努力。

我们选择了食物就是选择了支持的大公司，我们依赖的信息源决定了算法如何为我们提供定制的内容。因此，我们的输出影响着所支持和相信的东西，甚至影响着即将到来的未来生活系统，每一个动作都是一个选择。当前的技术和人与人之间的连接让我们获得了越来越多的社区意识，但在面对不公正或决定生态系统的相关决策时，我们也变得如此冷漠。

手指向下滑动无尽的页面，我们获取了灵感和信息，掌握了比从前更多的集体力量，于是在面对像大流行这样不确定的艰难环境时，我们应该醒来，用批判性的思维促进行动。而发着光的屏幕，让识别真相成为一项巨大的挑战。我们不断接受着信息，沉浸在扭曲的混合现实中，无法相信所看到的一切。醒来也是一个号召，希望我们批判性地选择信息，以及更深入地去了解。是时候观察和思考了，而不仅仅是看。

与食物设计 100 的对话

Nicole Vindel Barrera
妮可·温德尔·巴雷拉

"我研究每个食物的特性，将食物融入表演和沟通的场景。"

FD100："你的食物设计方法是什么？"

Nicole： 我的实践是基于食物艺术、食物设计和思辨教育的，我将这三方面视作完整的循环。我认为食物艺术是形式美和智慧美的结合，我的作品不应该被主观地喜欢或不喜欢，因为作品只为达到一种认知冲突，为了不断对话，质疑我们与食物的关系。从个人的批判性思维练习中，朝着一个与我们所提倡的方向来影响系统设计。就我个人而言，食物是无处不在的媒介，可以引起公众的兴趣，食物是释放设计力量的空间。食物设计在教育体系中也是至关重要的，只有播下包容、关怀文化和同理心的种子，我们才能纠正不好的现象。

FD100："对你来说食物设计最令人兴奋的方面是什么？"

Nicole： 我最喜欢以食物为一个中点，讨论其他内在的话题，从消费到日常文化，因为食物足够普通。我们将食物与熟悉的视觉文化紧密联系，赋予食物象征意义、纪念意义和情感联系。食物的多样性也吸引着我，研究不同文化里的食物是在帮助我探索不同地区人的身份。食物设计打开了一扇窗口，让我进入一个更连贯的相互依赖的饮食生态系统，这里充满了善良、关怀和团结。

FD100："你的可持续发展方法是什么？"

Nicole： 可持续性意味着要操纵一整个生态系统，只是在过去的几十年里，我们一直在避免它，直到可持续的议题越来越紧迫。作为一名设计师，我们要负责整个创作周期，结束是新的开始。我们的产品或服务如何影响社会和环境，如何让人们通过我们的作品更加关心生态。以用户为中心的设计方法可以达到经济可持续性，但对于环境而言并非如此。是时候进行一个不以人为中心，而是以环境为中心的设计了，利用当今的技术、跨文化交流和科学知识为人类和地球进行创造。

Obscura
谭绮文 & 王思鸣

王思鸣(Simon Wong)和谭绮文(DeAille Tam)在中国香港出生，曾经就读于医学和工程专业，因兴趣研修了烹饪，后来进入厨艺学校研习修读烹饪硕士学位，曾在多家高级餐厅工作。先后在香港的Bo Innovaion、MIC工作，2016年来到上海的Bo Shanghai工作，Bo Shanghai在开业一年后即拿到米其林一星，DeAille成为获得米其林殊荣的女主厨。2020年底，Simon和DeAille带着新餐厅Obscura重新回归上海，开业三个月后DeAille便荣获2021年度"亚洲50最佳餐厅"亚洲最佳女厨师奖，成为中国大陆地区第一位荣获米其林和该奖项的女性主厨。开业不到一年，Obscura在新发布的2022年上海米其林指南中摘得米其林一星殊荣。2022年3月，在"亚洲50最佳餐厅"榜单中首次入榜便获得76名的排名。

中国香港 HONG KONG，CHINA

幽暗且神秘莫测的多重感官体验旅程

2022年米其林一星餐厅的上海Obscura位于唐香文化空间，在一栋楼高三层并内含一系列私人珍藏的中国古董及艺术珍品的私密小洋楼中。在西康路的这栋小洋房里，热火朝天的厨房与幽静的博物馆展厅只有一墙之隔，多功能一体化的现代厨具与充满年代感的玉石瓷器比邻而居，似乎暗示着Obscura的某种与众不同。Obscura意味着"幽暗且神秘莫测"，每位来访的宾客自踏入餐厅开始，便开启了一场充满惊喜与奥妙的多重感官体验旅程。唐香的新中菜，是一种跳出中餐本身，从外面的角度重新解构中国的食材和烹饪技法，再加以融合的味觉革新。各个菜系的精粹在主厨谭绮文过往寻味的经历中逐渐被吸收，洗净铅华的菜品灵动地在华美细腻的碗碟中被一一呈现，如山水画的模糊写意，塑造出一种别样的新中菜风尚。

山水画模糊写意的新中菜风尚

谭绮文与王思鸣展开了长达一年的旅程，深入探索中国各地不同的饮食文化和地域风貌。两人在旅行中获得创作菜品的灵感，并以现代的手法及创意巧思烹调出多款佳肴，致敬中国源远流长的美食传统。菜品不仅仅是舌尖的感受，更是一种情感的寄托和连接。这个理念后来也成为谭绮文与王思鸣在创制菜品时常常会思考的一个问题。在两位主厨的心中，撇开菜品的品质与风味，他们更期待的是能在菜品中传递出某种情感，或慰藉人们的思乡之情，或唤醒人们某个难忘的美好时刻。为了达成这个目标，在食材选择、烹饪方式和最终的呈现上，谭绮文与王思鸣展现出了更为天马行空的思维并进行了更加大胆的尝试，致力于发掘食材或某个菜品潜藏的发光点，把一些人们因为太过熟悉而忽略的风味或细节，通过寻找合适的烹饪方式和食材的组合方法，用来唤醒人们对于这些味道最初的回忆，那些沉睡在舌尖的情感。如果一道菜让人想到自己的家乡或是某一段曾经的岁月，那就不仅仅是味觉的成功，更多了一份情感的连接。

味道最初的回忆

青椒炒腊肉

这道菜的灵感来自于主厨多次到湖南旅游的经历，在那里他们欣赏到了各种各样的香料。将腊肠的脂肪注入用清酒米麹养殖的和牛肉中，使其吸取了熏猪肉的烟熏精华。湖南螺丝椒独特的处理方式，使味道不喧宾夺主，不改变原菜任何一味重要味道的同时以分散的酱料形式出现。而在湘菜中被大量使用的萝卜干增加了菜品不同的口感。最后加入秘制的剁椒香料粉和意大利的腌制水滴甜椒，以此来平衡整道菜的味道。

龙井虾仁

这道菜的灵感来源于对虾仁和龙井茶的完美结合。很少有菜品能突出茶与其他食材的协同作用，因为茶味本身就很难融入食物中而不失其特性。在这道菜中，主厨的重点是通过寻找方法来突出关键元素，提高固有的味道。最后选择用新西兰海螯虾代替河虾，然后用鲜茶叶制作成茶粉，用茶油承载特有的风味。

叉烧包

灵感源于让因宗教或饮食限制，而从未品尝过叉烧包的顾客，主厨希望他们体验到来自许多人童年记忆中的美食。一只可口的叉烧包需要诸多美食元素，为了还原蛋白质的特殊口感，王思鸣选择了布列塔尼蓝龙虾，并创造性地加工赤嘴鱼花胶鱼鳔使其耐嚼增添口感。与此同时使用了叉烧包原汁原味的调味料，因此是"没有叉烧的叉烧包"。

与食物设计 100 的对话

谭绮文 & 王思鸣

"我们的工作更多地专注于菜品的研发和呈现，让客人在吃到菜品时能有愉悦的表情。我们是通过深入探索关于中国风土的故与新，更深刻地理解每个菜系，寻找菜品的创作灵感。从中国人对中国味道的情感出发，在传统的中式元素和文化为创作基础上，注入多种烹饪技法和从心出发的创意巧思，形塑出专属于我们餐厅 Obscura 的'新中菜·心中菜'。"

FD100："你的食物设计方法是什么？"

谭绮文 & 王思鸣： 食物的设计可以从艺术和功能两个角度去考虑。艺术的概念更多是创作者（厨师）利用作品（菜品）去陈述个人的特色、性格和理念。它承载了创作者的情感和事业历程故事。所以很多时候会听到人们说能看（吃）出来一位厨师的热情。在我们餐厅 Obscura 的作品更特别的是它存在两个厨师的心。1+1>2 的说法可以代表着我们餐厅中的每一道菜。通过碰撞、分离、再融合，Obscura 的菜品中结合了不同的想法和情感。功能的角度首先考虑的是人的五官。味道、颜色、香气、质感都是在一位客人在接受该作品时会通过味、听、嗅、视、触觉接收到的信息。在设计中我们把自己换到客人的角度去考虑，尽可能在用餐体验的出发点去试想如何能达到最好的结果。当然客人的五官感官也有个人情绪和背景的影响，所以我们只能尽能力优化，不能说百分百达到完美。另外也有一部分是在食材变异上的考虑。我们会去研发如何重组食材让它们有创新的可能性，让食客跳出舒适圈以外，得到意外的收获。味道分子的重新结合或物质组织的变形制作都是能把食材的一些优点和缺点进行调整，直至达到优化的创新效果。

FD100："对你来说食物设计最令人兴奋的方面是什么？"

谭绮文 & 王思鸣： 让我们感到激动的设计往往是一些带给我们错觉和意外的作品。它们一般会打破常规，在不同感官上给到意外的惊喜。在现在的一个多元文化的社会内，大家的视野和要求都有所提升。所以在食物设计中多考虑感官体验，同时也可以添加一些额外的惊喜操作，打破使用者的常规认知。我们认为激动的情绪没有好坏之分，但一定要从中收获学习的机会和建立深刻的印象。

FD100："你的可持续发展方法是什么？"

谭绮文 & 王思鸣： 环保和可持续理念其实在餐饮行业里可以从多方面践行。传统的环保意识上在于减少塑料使用和废料产出。代替一次性塑料产品，店里会改用可循环使用的密封盒储存食材，或选用生物降解的产品（如：垃圾袋、保鲜膜、吸管等）。和供应商保持紧密沟通，尽可能减少包装。另外食材上也尽可能减少浪费，将边角料使用于制作其他菜品。除此之外，我们认为可持续理念上其实有一个更深一层的意义。在一个由商业科技和金融带领的社会中，一些小众或小资的产业个体会受影响。如果可持续的概念在于满足需求与未来发展的同时，保持环境平衡与和谐，现代的人类本身首先就是受益群体。所以我们支持产量较少或小众的手艺和产品，确保他们能维生、能延续，也是维系该理念的一种做法。

Paul Pairet
保罗·佩雷
主厨、餐厅创始人

Paul Pairet 成长于法国巴黎，周游巴黎、香港、悉尼、雅加达和伊斯坦布尔，于 2005 年来到上海，开设了浦东香格里拉大酒店的旗舰餐厅 Jade on 36。目前，他经营着三家性质迥异的成功餐厅：
Mr & Mrs Bund：法国现代餐厅，基于分享简单而精致的菜肴，Mr & Mrs Bund 2013 年进入世界 50 佳餐厅榜单。
Polux：法式咖啡馆、酒吧、休闲小酒馆。自 2019 年开张，6 个月后被米其林指南上海列为推介。
Ultraviolet：将食物与多感官技术相结合，创造完全身临其境的用餐体验，具有实验性，前卫而简约。自 2017 年 9 月获得了第 3 颗米其林星，2015 年被列为世界 50 佳餐厅之一，被《时代》杂志评为 2018 年世界最值得去的 100 个地方之一。
Pairet 因其才华、创新和对亚洲餐饮业的贡献而获得认可，获得了 2013 年亚洲 50 家最佳餐厅的首个终身成就奖，由同行投票选出的 2016 年厨师选择奖，以及 2019 年全球 50 位最具影响力的法国人，Les Grandes Tables du Monde 评选的 2018 年度餐厅老板。

法国 FRANCE

ULTRAVIOLET
前卫感官餐厅

Ultraviolet 是 Paul Pairet 构思超过 15 年的完全身临其境的餐厅。晚餐只有十个座位，所有的客人都坐在一起，20 道菜的"前卫"套餐由团队精心编排的感官游戏展开。餐厅环境没有装饰，没有手工艺品，没有绘画，没有风景，只有特别配备的多感官技术设备，餐厅被灯光、声音、音乐、气味……凉爽的空气、身临其境的投影、图像和想象萦绕着。每道菜都有特定的氛围。

在 Paul Pairet 看来，这样的餐厅叙事是前卫的也是怀旧的。绝大多数现代高端餐厅都用系统的点菜话术，原则是有效地回应客户的选择：想几点来？多少人？你想要什么主菜？……什么葡萄酒？她吃鸭子吗？厨房能够在短时间内将任何菜肴组合交付给满足挑剔的顾客，唯一用到的方法就是准备。厨师称之为"现场布置"：基础工作的全面整合，以便菜肴可以简单地"完成"。应该整合多少菜，多远，要不要在上菜前几分钟把芦笋煮熟，即使当厨房太忙时要冒着失去控制的风险。

这个系统是现代厨房的标志，但是"点菜"框架，尽管不断精妙更迭，总是一种次要的体验。它假设不断的投机平衡质量和保存。但实际上餐厅并非一直是这样。17 世纪和 18 世纪的餐桌是现代餐厅的前身，就像一个家庭厨房：每个人都坐下来听一个共同的故事，吃同样的东西。高级餐厅首要的是时间、选择和数量的控制，或者说是质量。掌握了时间和报价，就摆脱了"点菜"的束缚，可以以不同的方式掌握美食，将菜肴做到最好。就像小时候在家，母亲决定煮什么，什么时候煮，什么时候吃，喊一声孩子们就冲到餐桌前。

PSYCHO TASTE
心理味道

在餐厅里，情绪会受到来自各方的影响：心情、记忆、文化、周围环境、这个地方的声誉、坐在你旁边的人、椅子、灯光、音乐的记忆、声音、景色，一种特殊的气味……任何触动感官的气氛……以及所有外部和潜意识的参数，这些参数都建立了对将要品尝的东西的期望……这就是心理味道。心理味道是关于味道的一切，但味道是期待和记忆。看到一个番茄，大脑会调用它的记忆来告诉你它的味道。闻面包烘烤的味道，可以想象到成品面包的味道。这种潜意识的结果在我们周围起作用，我们都在品尝之前先进行心理品尝。Ultraviolet结合了传统上与烹饪无关的技术，控制心理味道并增强对食物的感知。

虽说好的食物应该由食物自己表现出来，但技术实际上可以增强、支持、作用、互动，加强人们对盘子的关注。在任何一家餐厅里，随机的"氛围"与食物几乎不匹配：这盏灯的目的是什么？莫扎特配乐跟青豆汤有什么关系？

简单、精美的柠檬盐和橄榄油蒸鲈鱼在海边更好吃，还是在巴黎银色服务餐厅更好吃？其实，味道可能是一样的，但是对味道的期待和对味道的记忆可能会让人产生不同的想法。每道菜的"情景"都会影响到味道，每一组气氛都通过菜肴定义触发想象：地点、时间、记忆、氛围……然后，每位用餐者将根据自己的文化构建自己的故事。

TOMATO MOZZA AND AGAIN
番茄奶酪再来一次

Paul Pairet 与 20 位世界知名的厨艺大师一起，应邀参与了在巴黎 Palais des Beaux-Arts（美术宫）的"COOKBOOK"——Art & Culinar 展，在现场展示他的创作。展览探索艺术和烹饪之间的关系，展现两者之间的共同之处，也可以说是转化原材料的处理过程。美食研究已成为一种全面的艺术形式。要如何将烹饪做成展览品？这次的展示以欣赏艺术的方式一窥美食世界的秘密。Paul Pairet 为此次展出选择的创作很有趣地命名为"番茄奶酪再来一次"。这道菜式收录于 Ultraviolet 餐厅。

"番茄奶酪再来一次"由两盘外表相同的菜式组成，并于同时间上菜。

第一盘：番茄奶酪，是平常的咸味沙拉。

第二盘："再来一次"则是甜点，完美仿制第一盘。

这道菜的视觉蒙蔽手法（真实情况不同于所见），加上同时出现的形式，会误导人们期待中的味道。这也是 Paul 对心理味道的演示。双胞菜式是一种强而有力的呈现方式，表达了潜在的完美冲突和对比，人们原始感官表现（味觉一幻觉）相对于先入之见的艺术感受。

与食物设计 100 的对话

Paul Pairet
保罗·佩雷

"用'新生的眼睛'接近食物：像第一次品尝一样品尝某种东西，并且没有分别地感知。"

FD100："你的食物设计方法是什么？"

Paul： 设计永远是结果，而不是目的。最终品味引领设计。 为了在每种甜味、咸味、酸味、苦味和复杂口味之间寻找微妙的平衡，我制作的食物具有精确的、毫米级的、特定的外观。我有意地设计食物来满足口味的目的，但食物设计不是我的目的。这是我食物理念的核心参数。

FD100："对你来说食物设计最令人兴奋的方面是什么？"

Paul： 食物设计是一种影响或指导品尝食物的方式。味道引领设计，设计、创造、探索如何享受这道菜，这道菜应该如何吃，从味道中要达到什么目的，通过它传达给人们什么感觉是很有趣的。

FD100："你的可持续发展方法是什么？"

Paul： 可持续应该是一个共识，现代社会中已经丢失了很多。我的做法是不要浪费食物，充分利用每种成分，了解并欣赏食物的价值。

Peggy Chan

陈碧琪
Grassroots Initiatives 食物咨询

Peggy Chan是厨师顾问、环保主义者和再生食物系统设计师。2012年，Peggy在香港创办了Grassroots Pantry餐厅，旨在提高人们对食物系统中不公平现象的认识，并分享有关全食和植物性烹饪的益处。经评估，2018年该餐厅成为香港首家实现碳中和的餐厅，其可持续发展报告被联合国可持续发展目标亚太经社会认可为可持续采购和负责任管理的最佳实践研究案例。多年来，Peggy已成为有机采购和系统思维设计方面最权威的声音之一。2020年，她创办了Grassroots Initiatives Consultancy，帮助餐饮人士向满足人类和地球健康的目标过渡。2021年她发起了Zero Foodprint Asia，动员餐饮酒店业着眼于研究教育农业气候解决方案。作为一名承担责任的环保活动家，她目前正在进一步提升自己的专业知识，帮助食品企业实现净零排放。Peggy是Global Shapers Hong Kong、World Economic Forum世界经济论坛的校友、Chef's Manifesto SDG2 Advocacy Hub的积极成员、两次Ted X演讲者以及香港环境卓越奖得主。

中国香港 Hong Kong，CHINA

SCHOOL FOOD DESIGN
设计学校的食物

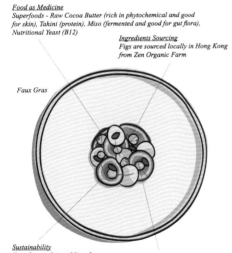

Food as Medicine
Superfoods - Raw Cocoa Butter (rich in phytochemical and good for skin), Tahini (protein), Miso (fermented and good for gut flora), Nutritional Yeast (B12)

Ingredients Sourcing
Figs are sourced locally in Hong Kong from Zen Organic Farm

Faux Gras

Sustainability
Foie Gras is fattened liver from force-feeding ducks and geese

With this alternative that tastes and smells the same, we are avoiding any unnecessary harm to animals

Plant-based Techniques
Using Raw Cashews, Cocoa Butter, Tahini, Nutritional Yeast and Miso

学校午餐是全球许多学生日常生活的一部分，这在香港也不例外。然而，学校餐饮往往缺乏创造力、美学和品味，这最终导致了不必要的浪费。许多负责为学校午餐计划生产和采购食物和食材的人员，往往没有均衡膳食等基础知识。通常情况下，所有的食物准备都归结为成本。

Lunchwell是一个于2020年秋季启动的项目，旨在鼓励学校自助餐厅改善菜单产品，减少肉类和乳制品，并在午餐计划中引入更多生物多样性成分。目的是表明营养、均衡、植物领先的产品比包含肉类的餐食更有价格上的优势。Peggy Chan的团队为食堂餐饮商提供了数十种食谱，为便于实施，所有这些食谱成本都低于每餐15港元。他们还为餐饮商和学校提供了宣传工具和沟通上的帮助，以更好地传达这一转变的社会效益，从而推动学生和教职员工做出更健康的消费选择。

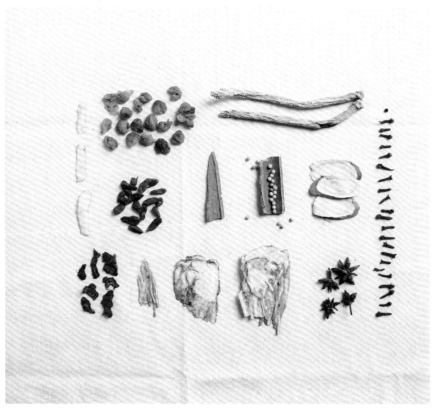

SOIL-CARE HOSPITALITY
土壤护理

许多酒店因缺乏跨部门关系、生产诀窍和生产成果的沟通战略，不知道如何有效地将厨房废物用于农业。人们经常想到食物浪费，但厨师从中间商订购时，没有或不够重视农产品也是造成浪费的关键原因。土壤护理计划让浪费的粮食重新融入再生性当地种植，这对一些关注生态社会的酒店来说是公开且可行的。

该计划是香港再生农业运动的示范，行动分为以下几方面：在厨房工作人员和农场工人之间建立协同工作；记录每片土壤护理用到的食物废物，并记录益处和影响；将第三方酒店厨房纳入短期试验；探索跨部门模式的小农农业创新。从酒店网点收集的食物废物将用于当地农场，然后由提供食物废物的渠道购买。

此外，在社区层面，该计划将涉及少数民族，土壤护理计划将为这些人提供培训和专业知识，在减少城市的碳排放方面发挥作用。

ZERO FOODPRINT ASIA
零碳足食（亚洲）

Zero Foodprint Asia（ZFPA）是一家总部位于香港的非政府组织，他们在酒店餐饮领域提供解决农业气候问题的方案。餐厅作为传播平台能提高人们对气候变化影响的认识，以及能引导人们选择吃的食物，以此缓解气候变化。参与的餐厅承诺 1%，这是客户支付的象征性费用。产品可以因此涨价1%（每100港元，增加1港元）；或者在账单结尾收取1% 的附加费（客人自动选择参与或不参与）。每个月，餐厅都会向ZFPA基金"认捐"这笔款项。在这里农场和农民可以申请资金用于再生实践，组织里的专家咨询委员会负责审查项目。ZFPA的第一轮赠款，向8个不同的农业项目提供了超过70万港元，为总面积47.1英亩（1英亩=666.6667平方米）的土地固存122吨碳。122吨碳相当于为1480万个智能手机充电。

零碳和再生农业，这是一个非常新的话题，大多数人不了解。在教育层面，ZFPA团队致力于与餐厅合作，传播有关再生农业的知识。

与食物设计 100 的对话

Peggy Chan
陈碧琪

"用食物作为讲故事的媒介。在我分享的故事中，我经常让食客和观众更深入地了解食物是如何传播到他们的盘子里的。"

FD100："你的食物设计方法是什么？"

Peggy： 自然第一。生活中的一切都是相互关联的，我们的生态系统是展示这一点的最佳老师。如果我们想要健康的食物，就不需要用化学品喂养土地。自然世界的健康反映了我们身体和肠道微生物群的健康。没有平衡的生态系统，人类就无法茁壮成长。正是这种与自然的联系推动了我设计食物；与大自然的合作也启发了我思考，我们的星球给予了奇迹，但从未要求任何回报。

FD100："对你来说食物设计最令人兴奋的方面是什么？"

Peggy： 作为厨师，食客的直接反应和满足感是我们非常重视的。餐饮业是罕见的消费者和创造者都处于消费点的行业之一，那么我们为什么不利用每一次服务来发挥我们和地球的优势呢？食物的味道是一方面，通过故事来激励人们带来的满足感是无价的。

FD100："你的可持续发展方法是什么？"

Peggy： 可持续性是第二天性。但"可持续"已经不够了。我们需要再生和恢复我们的星球，这是在气候变化时代和后人类时代需要为之奋斗的事情。

秦玉龙
一只梨教育科技

秦玉龙是一只梨教育科技创始人，担任上海交通大学设计学院 teaching fellow。从2015年开始从事食物设计研究及实践，2022年起担任 +86 食物设计联盟副理事长、食物设计联盟大赛的评委之一；并作为 *Food Designer 100* 的副主编，践行食物设计国际创新人才的培养孵化及企业产学研的合作。他的兴趣包括食物设计的五感体验、食物与文化、食物与科技、食物与社会责任。他坚持食物设计的核心理念：以食物作为策略手段传达概念、提出问题或可行性的创新解决方案，通过设计，改变人类与食物在物质层面、生物层面、精神层面、社会层面的面貌，创造出新的饮食体验。

中国 CHINA

拯救粽子

Reaserch

Background

As a traditional Chinese food , zongzi is gradually disappear from our sight . what is the reason? It is plain old appearance or single taste?

 " I like to eat zongzi, but eating it is a special trouble. I need to untie the knot, and then strip the layers down, holding the reed leaves, finally my hands are sticky,.So I generally don't eat zongzi in the office and on the road , only eat at home."

Mary

 " I uaually do not eat zongzi except the dragon boat festival ,and the taste of it is most sweet also not good."

Jack

The process of eating zongzi

PROBLEMS

How to make zongzi more convenient to eat?

How to make zongzi more popular among young people?

由于受到电影《寿司之神》的启发，秦玉龙联想到：同样是米加点肉，中国粽子和日本寿司的区别为何这么大？

作为中国端午节的传统节日食品，粽子是由粽叶包裹糯米蒸制而成。所以一提起粽子，我们内心就会产生"黏糊糊"的印象，为了打破粽子的刻板印象，设计师通过一系列调研和分析，分别从文化、寓意、口味、颜色、品牌、包装、工艺、形状去发掘粽子的更多可能性。

为了让粽子更加方便、更加美味、更加年轻化，我们包装上对它进行改良设计，去简化食用粽子的过程，可以用手握着然后去撕开它的包装，吃的方式就像冰淇淋一样。

产品落地，品牌名为"食米"，外部包装的新元素让整个产品由内而外焕然一新。

丑食行动

在不同朝代、不同国家、不同环境的影响下，人们对食物的审美也各不相同。"网红脸"曾作为红极一时的长相受到大众的追捧，那如今我们市面上出售的食物是否也是我们选择的结果呢？在我们日常买菜的过程中，会发现常见的蔬菜都是清一色的颜色亮丽、表皮光滑、形状统一。然而在自然情况下生长出来的蔬菜却往往是颜色不一、"奇形怪状"的。那些"Ugly Food"的果蔬都去哪儿了？

城市居民比农民更依赖于用外观来挑选果蔬。在人们对外观的"完美"要求下，越来越多不符合刻板印象的果蔬卖不出去，这也变相鼓励了菜农、果农使用生长激素，希望通过催熟剂让果蔬"颜值"更高，也就出现了越来越多好看但不好吃的菜，形成了恶性循环。我们如今吃的任何食物都是我们选择的结果，就像"网红脸"一样，是由于我们审美主要的方向导致了大家认为的"美"。我们今天吃的任何食物，都是我们每个人选择的结果。

听书院

在将"食物＋设计＋文化"三位一体的消费新体验融入到实践的尝试之中，听书院并不是传统意义上的餐厅，这里的每一道菜都是通过"五感"体验独家定制的。所以无论什么年龄层的人来到这里都会有新奇的美妙体验，当食客们可以一边听书、听琵琶昆曲，一边去享受食物的时候，人们对于这种事物的接受度是非常高的。

科学和艺术看似是两个不可触碰的极端，而技术的出现让高深莫测的科学得到应用，设计则把抽象的艺术带入了现实生活。同时，以人文和商业为基础，食物设计是融合了技术与设计，跨界于第一、二、三产业的系统创新。食物设计作为一门新兴的设计学科，正吸引着越来越多的设计师参与到改善食物系统的工作中。

与食物设计100的对话

秦玉龙

"我期待能够致力于搭建通过食物影响行为和健康的平台与研究小组，基于整合创新、服务系统、智能交互，研究通过多感官体验与食物设计结合，培养健康的饮食行为和系统。改变人类与食物在物质层面、生物层面、精神层面、社会层面的面貌，创造可持续的健康饮食体验和商业模式，以推动高水平的产学研合作，助力人才与科研成果集聚，研判未来产业发展趋势，孕育前瞻性创新学科与科研突破。"

FD100："你的食物设计方法是什么？"

秦玉龙：研究未来食物设计可能的发展方向，通过人们和食物会产生链接的所有阶段，进行多感官的交互体验，让人们自发地改变饮食行为，并向着更加健康可持续的方向迈进。在对于未来的食物设计研究中，我尝试通过多感官设计的形式，对人们进食过程中的视觉、听觉、嗅觉、触觉、味觉进行探究，通过对进食过程中更积极的联觉体验设计，吸引人们选择并食用更多健康的食物，通过复杂多感官的作用，探究五感体验对于食物感知的贡献。

FD100："对你来说食物设计最令人兴奋的方面是什么？"

秦玉龙：食物设计是融合了技术与设计，跨界于第一、二、三产业的系统创新。食物设计作为一门新兴的设计学科，正吸引着越来越多的设计师参与到改善食物系统的工作中。它对食物的内在属性和文化关系进行探索性的创新研究，对可持续的未来食品的创新和颠覆性设计，向人们传递了更友善、健康和创新的价值观。它通过设计，改变人类与食物在物质层面、生物层面、精神层面、社会层面的面貌，创造出新的饮食体验。

FD100："你的可持续发展方法是什么？"

秦玉龙：首先，我对食物的研究方向是基于未来社会的，包括不断增长的全球人口、过度碳排放造成的气候问题、工业和人类生活轨迹造成的污染、物种多样性的破坏以及人类健康问题。在这种局面下，我所期望的是通过食物设计承担更多的社会责任，设计师可以创建一系列干预措施来解决人们通常经历的所有阶段，面对未来所有涉及人与食物关系的若干挑战，通过影响或改变人们的饮食行为，向着更加可持续的方向迈进。其次，人们未来饮食行为的可持续性改变并不应该简简单单通过宣传而强制人们进行改变，因此，我期望通过多感官的体验提供给人们更多沉浸体验来干预和影响人们的饮食行为，美食体验不仅仅限于吃东西的过程，涉及到对食物的幻想、购买等流程，甚至于人们也同样期待参与到食物的培育和生产过程中，在每个阶段，由触觉、听觉、嗅觉、视觉和味觉传达的多种感官印象有助于人们的整体体验。因此，我在未来的研究计划中，期望通过人与食物会产生链接的每个阶段，应用多感官的方式，自然地改变人们的饮食行为，向着更加可持续的方向改变。

Rick Schifferstein

瑞克·希弗斯坦

食品与饮食设计实验室/代尔夫特理工大学

Rick Schifferstein 是代尔夫特理工大学工业设计工程学院的副教授。他在 1988 年获得了人类营养学硕士学位和在1992 年得到味觉感知博士学位后，继续在瓦赫宁根大学从事与食品有关的味觉和嗅觉感知以及消费者行为方面的工作。 2000 年，他转到代尔夫特从事消费品依恋、耐用产品的多感官感知和产品体验的研究。他的研究重点是决定人们如何感知和体验产品的因素，以及如何利用这些信息来帮助公司设计和生产更好的产品。他感兴趣的主题包括（多）感官知觉、食物设计和体验驱动的创新。他是设计实验室 *Food & Eating Design Lab* 的创始人，在国际科学期刊上发表了100多篇论文，是多本书的共同主编，同时他也是 *International Journal of Design* 杂志的主编。他是代尔夫特理工大学食品与饮食设计实验室的创始人兼主任。

荷兰NETHERLANDS

INCORPORATING FRUIT CONSUMPTION INTO DUTCH MEALS

将水果消费纳入荷兰餐

荷兰人的平均水果摄入量是每日推荐摄入量200克的50%。这很奇怪，因为大多数人都喜欢水果的味道，并认识到它是健康饮食的重要组成部分。然而，在所有餐食搭配中，水果是唯一不包括在主餐中的成分。水果通常在餐间或餐后被当作零食食用。

通过将水果作为主餐的常规成分，我们希望增加水果，因为许多荷兰人午餐吃三明治。设计师 Merel Dubbeldam 开始研究，第一轮探索从列出三明治常用成分开始。设计师团队将它们分为几类，表明每种成分在三明治中可以发挥的作用，例如基料（面包）、水果、填充物、黏合剂、调味剂（香草和香料）等。通过以多种方式组合不同类别的成分，得到新三明治的创意方法。此外，设计师还开发了一套风味配对系统，并为餐饮服务商创建了一个工具箱，以帮助他们使用风味搭配工具。

该项目是代尔夫特理工大学工业设计工程学院的硕士生完成的毕业项目，与 NAGF（Nationaal Actieplan Groente en Fruit）合作进行，由 Rebecca Price 和 Rick Schifferstein 担任制作人。

PLANT-BASED DIET FOR TOP ATHLETES
顶级运动员的植物性饮食

由于畜牧业和饲料生产行业使用了大量的农田和稀缺水资源，以及相关的温室气体排放量非常高，因此转向无肉饮食被认为是实现更可持续社会的最有希望的途径之一 。但肉类及其大量优质蛋白质直观地与体力和力量相关联，因此许多运动员不愿转向无肉饮食。然而，一些世界著名的运动员，如一级方程式赛车手 Lewis Hamilton 和网球运动员 Venus Williams 都依赖植物性饮食。

为了让运动员熟悉植物性饮食的特点及其对个人健康和运动表现的影响，专业柔道运动员和设计师 Jim Heijman 与来自荷兰 NL 奥林匹克训练中心 Papendal 的运动员、教练和厨师合作。在那里，120 名运动员中只有 3 名在吃素。尽管如此，一项调查发现，大多数人对减少肉类消费持开放态度。许多人认为缺少肉类的食物会不那么美味，或者不知道该如何去获取蛋白质。

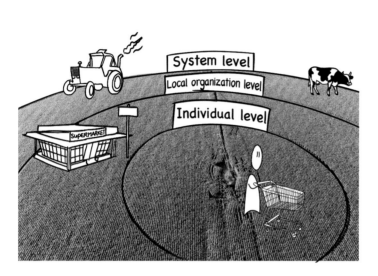

为了在 6 年内将含肉晚餐的数量减少 50%,设计团队制定了一个具有三个时间范围的全球规划,表明哪些措施可以在什么时间实施。为了启动这个项目,Jim 开发了一副扑克牌,每张牌都提供有关素食和植物性食物的信息、提示和技巧、问题和答案、食谱和一些有趣的故事。为了在用餐时呈现主题,他还制作了一个有趣的立方体放置在培训中心餐厅的餐桌上。

该项目是代尔夫特理工大学工业设计工程学院的硕士生完成的毕业项目,由 Maaike Kleinsmann 和 Rick Schifferstein 担任制作人。

ENHANCING FOOD TEXTURE
增强食物质地

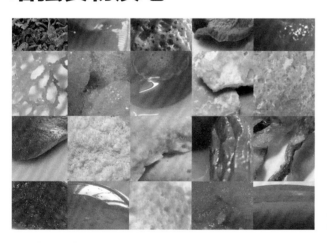

许多"富贵病"与不健康的饮食习惯有关。饱足感是终止进食的生理信号,但食物提供的感官奖励通常会覆盖该信号。结果,越来越多的人摄入了过多的能量。自己正在吃的食物可以让人们产生饱食信号的话,能够更好地控制能量摄入。食用需要引起注意或需要人们努力咀嚼的食物会增加咀嚼时间和饱腹感,因此可以提供解决肥胖问题的有效方法。

设计师 Tsai-Wen Mao 希望通过改变食物的质感引导人们有意识地吃东西。他发现人们在吃零食时会更加在意自己体验的动作:如口腔接纳食物时会变得积极或在接纳食物时感到惊喜以及口腔填充程度和咀嚼所需的努力。此外,当食物需要更多操作时,人们可能会意识到他们消耗的数量,因为他们在咀嚼过程中听到的声音,或者因为食物在嘴里停留的时间更长。

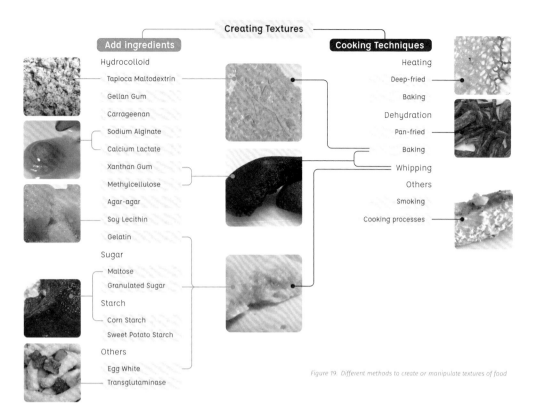

Figure 19. Different methods to create or manipulate textures of food

于是设计师选择硬度、易碎性、咀嚼性、黏度、弹性、黏附性和湿润度作为与质地最相关并影响口腔暴露时间的特性。通过烹饪技术或添加配料，用猪肉、胡萝卜和巧克力创建了 83 个纹理原型。

该项目是代尔夫特理工大学工业设计工程学院的硕士生完成的毕业项目，由 Annemiek van Boeijen 和 Rick Schifferstein 监督。

与食物设计 100 的对话

Rick Schifferstein
瑞克·希弗斯坦

"我们的目标是提供促进人们健康和主观幸福感的设计解决方案，同时关注相关商业方的盈利能力、设计对物理环境以及整个社会化过程的影响。"

FD100："你的食物设计方法是什么？"

Rick： 对我来说，食物设计就是食物和设计结合在一起的所有可能性。我的主要动机是鼓励设计师应对食品领域给我们带来的许多挑战，并让其他人意识到设计师必须提供的诸多品质，这些设计挑战包括保护食品安全、确保充足的长期食品供应、支持人们健康饮食，以及确保食品生产、分配、消费和处置都以可持续的方式进行，并为所有人的福祉做出贡献。

FD100："对你来说食物设计最令人兴奋的方面是什么？"

Rick： 食品设计将许多人聚集在一起。既然人人都要吃饭，那么这个话题就和每个人都息息相关，而且大家似乎都有自己的看法：什么是好食物？你如何储存它们？如何准备它们？怎么吃？因为这些问题的答案在不同的地域、不同的文化中，具有不同的回答，因地而异，所以有很多风俗习惯和方法可以引起人们的好奇。而且由于人们可以在用餐时得到不同反馈，食物也有助于人们建立互相沟通的桥梁。此外，食物对需要对设计过程进行创新调整的设计师提出了有趣且不同寻常的挑战，例如食物的即时易腐性、食物被摄入并为身体提供能量基础的事实，以及它对味道和气味的依赖性供消费者接受。

FD100："你的可持续发展方法是什么？"

Rick： 我们实现可持续发展的方法之一是提高对新食品的接受度，例如如何说服消费者尝试新的昆虫产品或肉类的植物替代品。在这个过程中，我们特别关注沟通过程：通过文本、图像或风格元素呈现的信息对食物感知和偏好有何影响？

建议对食品系统进行干预来解决。例如，通过研究人们决定丢弃食品的过程，通过开发更好的方法来管理冰箱中的食物和剩菜，或者通过寻找新的方法来重复使用原本会被丢弃的食品。此外，我们制定了食品系统的变革愿景，可以帮助在食品系统中创建多层次干预措施，所有措施都专注于在当地商店提供充足和令人满意的供应，而不是在供应中创造。

宋悠洋

PEELSPHERE 工作室

宋悠洋，可持续新材料研究者和设计师，PEELSPHERE创始人，毕业于德国柏林白湖艺术学院材料与表面设计专业。她设计的peelsphere新材料获得了German Sustainability Award、开云集团可持续创新奖、2021英国牛津大学最佳创新奖、欧洲21位天才设计师奖、德国新材料新技术奖和德国绿色设计奖等。得到了欧盟以及德国政府的诸多资金支持，以及欧洲知名材料研究机构德国Fraunhofer Institute、德国高校的支持，并保持长期合作关系。PEELSPHERE新材料被选为2021年度最有潜力新材料，宋悠洋被评为可持续杰出女性人物100。被邀请在法国IFM巴黎时装学院、中央美术学院、上海科技大学、Ars Electronica BioLab、马德里欧洲设计学院、卡尔斯鲁厄设计大学 Bio Design Lab进行课程与讲座。参加历年全球各大设计周，如米兰设计周、荷兰设计周、欧洲Design Impact Conference 等。

中国 CHINA

FRUIT UNFOLDS

水果展现

根据联合国粮农组织发表的统计数据显示，全球每年食物浪费总量达到13亿吨，这相当于人类消费的食物中约有三分之一惨遭浪费，水果及蔬菜的浪费比例更是高达一半以上。报告也同时指出，食物时常因为长得不够好看而被零售商丢弃，易腐烂食物则常在运输、储存和冷冻过程中坏掉。

这一系列的作品通过peelsphere材料和水果几何学的雕塑概念展示了水果与不同产品和材料之间的关系。通过不同的位置，如覆盖、遮蔽、折叠、悬空等组合表达了设计师眼中利用水果进行可持续产品设计的设计理念。

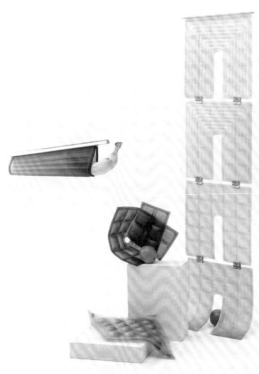

LIVING SKIN
鲜活的皮肤

全球时尚产业产生的温室气体排放量约占全球总量的4%，大量衣物被填埋或焚烧，只有不到 1% 被回收利用，每年损失价值超过 1000 亿美元的材料。peelsphere 不仅仅是提供一种解决方案，也是为可持续发展，尤其是时尚产业的可持续发展提供了新的思路和可能性。宋悠洋通过提高材料的性能，使材料环保的同时变得更耐用，通过减少温室气体（如二氧化碳）的排放，来对抗时装业和快速时尚所造成的巨大碳足迹，同时减少时尚产业对环境的影响，如空气污染、水污染，从而防止整体气候向更糟的方向转变。

这个系列的作品结合了 peelsphere 生物材料的高性能和设计师的奇思妙想。将材料塑造成传统的夹克样式。替代传统纺织产品中的羽绒的是一个个气囊，让该系列作品不仅在材料上是一次大胆的尝试，同时也强调了美学和实用性相结合的设计理念。

DAILY UNLIMITED
无限日常

想象一下日常所要使用到的用品：袋子、笔筒、抽纸盒等。它们中多少是用塑料或不可再生资源以及不可降解材料制造出来的？这些产品在给生活提供便利的同时，也在结束生命周期后对自然环境造成了巨大的危害。

该作品试图挑战peelsphere材料的性能和设计可能性，让材料尽可能多地去替代生活中的各种皮革以及塑料制品。通过组合不同的颜色和设计，充分发挥材料优势：细腻质感、独特纹理以及鲜艳颜色，尽可能让人们在日常生活中不经意间体会到，原先产品已经被peelsphere可持续材料所替代。更让人们意想不到的是，这些产品竟是日常生活中被当作垃圾扔掉的水果废料所制成的。新材料在未来的使用场景将更加融入人们的日常生活，使得人们更加融合、互联、相通。

与食物设计100的对话

宋悠洋

"我很喜欢观察生活中小的事物，水果有好的肌理、触感，好闻的味道，所以我当时在想是否有可能开发出一种材料，把水果的肌理、香气转化到材料上，并让水果废料有再生价值。在一遍遍的实验下，peelsphere诞生了。"

FD100："你的食物设计方法是什么？"

宋悠洋：我的设计角度和方法在于观察生活中的事物，试图去设计这些被丢弃的废料。与此同时我也思考一种可能性，即开发一种基于果皮的新材料，这种材料能够保留水果的气味、肌理，甚至触感。我在研发材料之初就着重于材料功能性和设计性的融合。而水果废料的加入，让每一块材料都拥有了独一无二的肌理。通过先进高分子技术与设计美学的结合来实现，我的愿景是去倡导健康、舒服、均衡、自我融洽且喜欢的生活方式。

FD100："对你来说食物设计最令人兴奋的方面是什么？"

宋悠洋：最令我感到激动的食物设计方面是利用水果废料变废为宝的过程，以及peelsphere材料所展现出来的无限可能性。我认为食物设计与可持续发展相结合的理念是非常有意义的，我希望通过我的设计，来帮助消费者塑造一种更加对环境负责的购买态度以及为整个行业提供一种新颖的可持续材料解决方案和设计平台，让看似无用的水果废料展现出未被挖掘出来的价值。同时，在我追寻食物设计和可持续发展相结合的道路上也遇到了很多和我们志同道合的伙伴，如我们的水果废料供应商以及开云集团。他们都对我们在可持续发展设计的道路上能够前进得越来越远给予了莫大的帮助，这也是十分令我们感恩和开心的。

FD100："你的可持续发展方法是什么？"

宋悠洋：我认为可持续理念可以从多种角度来理解。一方面是产品本身在制造过程中遵循可持续发展的规则，对环境造成尽可能小的影响。另一方面是产品的运用过程中可以方便回收或者无害降解。在此基础上，对产品的可持续利用也是很重要的一方面，例如通过维修等方式，增长产品的使用周期，减少废弃的机会和频率，也是对产品的可持续化。产品的践行则不仅是最后可以降解，而是在使用周期的末端，通过回收、再制造、重新设计的过程，可以有效地将材料带入下一个封闭的循环生态系统，实现了材料生命周期的无限循环，材料不会以任何形式被浪费，同时延长了产品的使用寿命。

Sahar Madanat
萨哈尔·马达纳
Twelve Degrees 工作室

Twelve Degrees 工作室是一个不断发展的多学科的设计师和工程师团队，总部设在约旦安曼。自2013年创立该工作室以来，每天都在创造创新的解决方案。他们为客户设计产品，也独立从事工作室项目。目前已经赢得了30多个国际奖项，包括红点奖、奥迪创新奖、德国设计奖、A'Design Award、Dezeen、iDEA国际奖和Spark Awards。作品在安曼设计周、迪拜设计周以及新加坡红点设计博物馆展出并被授予专利。

约旦 JORDAN

PRESS FIT - PUSHPIN TRAY
压式托盘

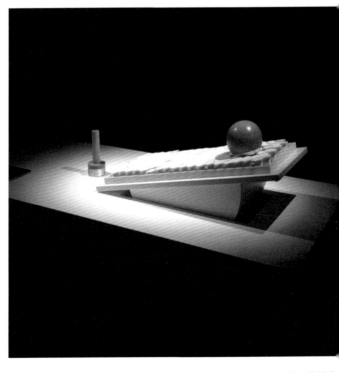

PushPin 托盘是一个概念设计，无论放置任何东西，托盘都能平稳安全地支撑着。托盘边缘是一个六角形的按钮网格，每当有东西放在上面时，它就会向下压缩，当物体被移除时，它就会弹回到原来的位置。PushPin Tray 可以容纳各种大小、形状的物体，也能让所有用户舒适地拿着。

设计团队旨在为患有帕金森病等健康状况不佳和不断恶化的人在用餐时间带来轻松和享受。PushPin Tray 可以辅助老年人享受食物，而不用担心会溢出来。不仅是残疾人，所有人都可使用。在这个快节奏的现代生活中，人们倾向于在路上吃饭，托盘可以用在行驶中的车辆上，也可以让餐厅服务员更轻松地将食物送到桌子上，更可以让机组人员在并不是很平稳的飞行途中运送食物。

托盘的平衡靠的是动态销钉，其中一些销钉在放置物品时向下移动，而其他周围的销钉将物品固定在原位。托盘包含大约 3000 个钉，每个钉的直径为 5 毫米，这使得任何形状的物品都可以安全稳定地放置在床、沙发、吊床等平面。同时简洁的设计与隐藏的把手设计更接近餐厅专用托盘，用户可以在家里的任何房间或屋外享受用餐。托盘经历了多次迭代，为达到功能性和实用性之间的平衡，PushPin Tray 不仅稳定，适用性广泛，也十分易于清洁。

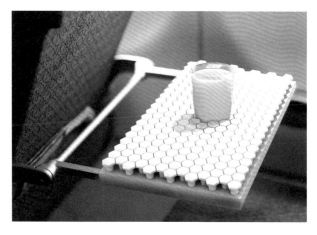

ONE HANDED TABLEWARE
单手餐具套装

中风患者和只有一只手的残疾人时常无法在没有帮助的条件下饮食，尤其是需要切的肉排之类的热餐。Twelve Degrees 团队设计了一个单手餐盘，让这些用户既能享受热牛排，又不会引人瞩目。单手餐盘通过一个多功能隔板，让用户可以单手独立切割任何大小的食物，防滑材料也让用户在使用勺子和刀切时更容易。盘子有一个独特的边缘，用户可以用一只手随意方向切割，宽边设计防止食物脱出，这个边缘方便吃一口牛排，再从同餐盘另一半吃一口沙拉，垂直的侧壁让单手使用者能够借助内壁支撑力舀起食物。用户可以将要切割的部分放在隔板内，用隔板将刀推向食物。盘子是用防滑橡胶底座固定的，所以在切割食物或舀食物时，它不会移动。碗底可以很容易地与切割隔墙交错，保证稳定性。

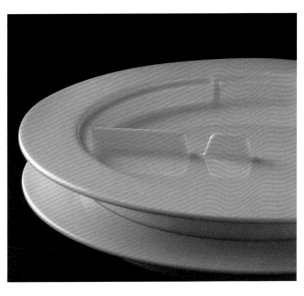

没有任何接缝的设计不需要用户再更换零件，而且十分容易清洁，堆叠起来，适合任何橱柜。餐盘套装外观简洁优雅，适合各个人群使用，材料是陶瓷，它耐用，可重复使用，可回收，方便清洗。餐盘看起来和普通盘子大同小异，并不像"辅助"功能性产品，设计师鼓励单手残疾人与朋友和家人一起用餐。除中风患者和单手残疾人外，**Twelve Degrees** 还计划为不同的用户和生活环境设计类似的实用产品：母乳喂养的母亲、喂孩子但没有时间自己吃饭的母亲、单手玩手机的年轻人以及仍在学习自己吃饭和切菜的孩子等，他们需求不同尺寸和不同材料的餐具，例如儿童塑料、一次性纸、可折叠形式等。

JARRA
自冷陶瓷

Jarra 是自冷陶瓷餐具。在发明冰箱之前，黏土容器"Jarra"常用来冷水，水渗入黏土壁然后蒸发，带走热量。如今，为了满足食品安全的要求，陶瓷需要上釉。然而，釉阻挡了陶瓷的自然冷却。Twelve Degrees 将 Jarra 重新设计，用一种特殊的釉料，既保持黏土的自冷却性能，同时达到安全标准，让用户感受自然冷却的水的清新味道。

外观上像是一个花瓶，Jarra 符合人体工程学，恰到好处的重量分布使它更容易倒注和手持。只需两步就可以让瓶子中的水冷却几个小时：1. 将 Jarra 浸泡在凉爽的自来水中一分钟，2. 给 Jarra 注入常温水，然后就可以享受一杯凉爽而新鲜的水了。

出于可持续性考虑，Jarra所选择的材料都是可回收、可重复使用、耐用和易于清洁的，盖子是铝制的，营造极简现代的氛围。Jarra用古老的技术表达现代设计，乡村和摩登的集合，最重要的是它几乎可以立即冷却水而不需要任何电。

2019年，Jarra获得了著名的红点奖，也入围了Good Design Award的决赛，长期在Dezeen Award展出。Jarra的原理同样适用于其他各种餐具，水果盘、冰淇淋碗、冰桶、果汁壶等，保持食物和饮料在夏天的阳光下也能凉爽新鲜。

与食物设计100的对话

Twelve Degrees 工作室

"我们相信，好的设计应该都是关于人的。我们努力保持设计简单，是因为意识到产品对社会和环境的影响。我们也相信，作为设计师的职责是测试每一个假设，总是在问'为什么'和'为什么不'。"

FD100："你的食物设计方法是什么？"

Sahar： 我们的食物设计方法从确定需求开始。首先提出正确的问题，再形成一个明确的目标。食物和其他产品的区别在于，食物不仅仅是产品或实际的东西，它是各人选择的权利，一种情感活动。当我们设计食物时，我们会用吃的乐趣来思考它的功能。设计的核心，是把我们与食物、某些味道和气味的情感联系在一起。我们也认为，用循环的方式思考是非常重要的。食物是复杂的，它与健康、农业、废弃物、工业和体验等有关。因此，在我们的设计方法中，考虑了与产品相关的整个生态系统。

FD100："对你来说食物设计最令人兴奋的方面是什么？"

Sahar： 食物是许多文化中不可分割的一部分。我们有许多与饮食相关的传统，融入了我们生活的每个部分，例如，食物在中东地区经常与社区文化联系，喝一杯阿拉伯咖啡，就表达了接受求婚。在一个具有丰富文化和历史的地方设计是非常令人兴奋的，这就为设计过程添加了非常有趣的维度。另一个令人兴奋的方面是食物系统的复杂性。解决一个来自复杂系统的不同层面的问题，为该系统的不同参与者找到解决方案，这是很有趣的。你可以为一家大型餐具制造商设计，也可以设计托盘来帮助种番茄的农民保存他们的农产品。

FD100："你的可持续发展方法是什么？"

Sahar： 设计可持续性是我和我的团队一直渴望实现的目标，非常重要，应该从头到尾都被嵌入到设计过程中。但可持续是如此复杂和动态的话题，我们不断地评估工作的哪些方面将产生最大的影响，根据所涉及的行业、地点或时间而改变，达到平衡。我们会考虑到环境、产品和材料选择的周期，以及合作企业的可行性和可持续性。如果一个非常昂贵但却环保的产品在市场上没有人买，它能带来什么样的益处呢？我们试图涵盖可持续性的所有方面，以创造在环境、社会和经济上可行、可取和有包容性的产品。

Sharp & Sour 工作室

María Fuentenebro & Mario Mimoso
玛丽亚·富恩特内布罗&马里奥·米莫索

Sharp & Sour 是一个多学科的设计工作室，专注于食物的未来。通过思辨设计、品牌、包装和摄影，帮助食品公司研究新的成分，探索可视化的未来食品场景。他们的工作理念：承诺、勇敢、好奇心、诚实和随和。作品曾入选2020荷兰设计周。

西班牙 SPAIN

URBAN FORAGING
城市觅食计划

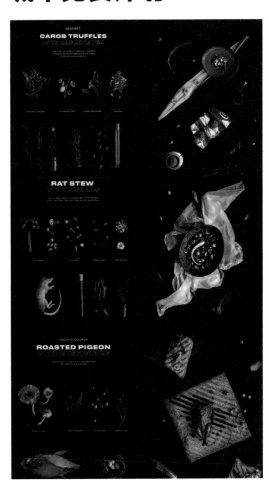

在"城市里觅食"这个思辨设计的过程中，设计师不断地问，在我们生活的本地城市中获取食材会是怎样的？走遍巴塞罗那，设计师最后用本地食材做了三种反乌托邦的菜品，希望能激发人们思考如何改变现状达到可持续经济循环。我们目前的食品生产系统适合未来吗？我们能维持这种低效的经济模式多久？

现如今许多人认为，许多事是理所当然的，比如食物，发达国家的中产阶级总会认为他们盘子里会有食物，这些食物来自超市，因此，他们认为，超市里也总是有食物的，但如果超市里是空的呢？更反乌托邦的是，如果超市里摆满了美味健康包装完美的食品，但只有最富有的人才能负担得起呢？

经济发展不平等人口的指数级增长，人类与食物来源的脱节以及城市的快速扩张，都是我们深切关注的问题，所有这些因素可能会迅速把我们带到一个最可怕的场景。看起来很荒谬，但也许并没有那么远。

事实上，更高的财富与更好的食物摄入量和更健康的生活方式有关。生活在贫困线以下的人往往消费更便宜的食物，加工食品的摄入量较高，维生素和营养物质含量较低。如果这一趋势继续下去，健康的少数人和营养不良的大多数人之间的差异将呈指数级加剧。那么，如果不平等延伸到影响超市里的大宗商品的程度呢？如果唯一有效的食物来源是自然生长在城市范围内的食物来源呢？

设计师们深入到巴塞罗那城，寻找蛋白质、纤维或维生素的来源。他们收集了植物、种子、花朵，甚至是蘑菇，仔细地用不同的方式清洗和处理，以充分利用。这是个有趣的过程，带来了一个全新的看待城市的方式，让人们知道我们的城市是多么的"可食用"。

这是一个复杂的采购和研究过程。食材不仅要是可食用的，而且要能被最充分地利用，它们的特性和优势要增强。橡子需要被过滤去除单宁酸，角豆籽在物资稀缺时期可以是巧克力的替代品。根据发现，设计师制作了三道菜。

Urban Foraging 还包括了一系列的城市觅食指南，告诉人们如何找到某些成分，加工原材料或捕杀城市中的动物，设想人们在未来的极端情况下如何成长，以及他们会找到哪种解决方案来解决。

ENDANGERED FOODS MUSEUM
濒危食物博物馆

当我们思考气候危机时，当"濒危"这个词浮现在我们的脑海时，我们只想到动物：熊猫、犀牛、鲸鱼……但其他生命形式，如植物，尤其是可食用的植物，也在处于灭绝的边缘。原因有很多方面：气温上升、淡水短缺、极端和不规则的天气、栖息地丧失、森林砍伐、污染以及瘟疫、捕食者、疾病。目前最濒危的食物有牛油果、可可和葡萄酒。但还有世界各地厨房里最基本的一些食材，比如土豆、鹰嘴豆、鱼、香蕉或咖啡。很少有人谈论这些问题，但这也是极其令人担忧和危险的，目前研究者们更倾向于对作物进行转基因，以使它们能够抵抗干旱或抗真菌。但很显然问题是复杂和多方面的，方法必须更加全面。展览旨在关注食物的生态脆弱性，希望食物能成为应对气候危机的一个更明显和更容易接近的视角，能使更广泛的观众被联系起来。设计师选取了世界各地广为人知的从主食到配餐的食材，把这些最日常的食物带出我们习惯的厨房环境，放在一个无菌的，像博物馆一样的干净、极简的透明柜子里，帮助人们专注于食物本身，并强调其珍贵的本质。

由于杀虫剂、入侵寄生虫、本地作物的质量下降以及栖息地的丧失，蜜蜂正在加速濒危。而如果蜜蜂灭绝，其他植物和作物，比如大多数水果、洋葱、甜菜、西兰花、辣椒、红花、芝麻、豆类和土豆等都将失去花粉的传播者。牛油果树非常娇嫩，需要大量的淡水来生长（每个鳄梨大约200升）。牛油果的产量依然在减少中。鹰嘴豆是世界上消费最多的食物之一，也是全球20%以上人口的营养物质和蛋白质的重要来源。然而，如果牛油果需要两个浴缸的水，鹰嘴豆则需要8倍多的水（大约每公斤4000升），漫长的生长季节里鹰嘴豆需要持续潮湿的土壤，而气温升高、干旱、不规则和极端的降雨模式都是鹰嘴豆面临的主要危险。对于大豆和花生，情况也是一样的。尽管在过去的15年里，轻微的气温上升可能对香蕉有益，但如果全球变暖像现在这样继续下去，到2050年，许多地区的香蕉将减少80%以上。此外，香蕉还可能携带一种疾病（Tropical Race 4, TR4），随着全球气温的上升，这种疾病已经在拉丁美洲和澳大利亚蔓延。尽管一些最濒危的（可食用）鱼类物种，如鲑鱼、金枪鱼或扇贝，已经在被保护中，但所有的海洋生物仍然有可能在2048年灭绝。

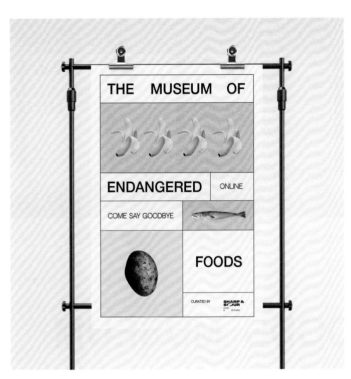

由于残酷的过度捕捞和对海洋生态系统的严重破坏，海洋鱼类的数量已经减少了很多。根据 Lenore Newman 的说法，"一旦我们商业捕鱼，海洋生物就会迅速下降，在头 15 年里平均减少了 80%。"而其他原因，如海水温度上升、海洋酸化和污染，也已经大大减少了贝类和珊瑚的数量。60% 的野生咖啡植物面临灭绝的风险，根据国际热带农业中心 (ICTA) 的数据，到 2050 年，全球适合咖啡生长的面积将减少一半。葡萄生长在特定的气候中，炎热和寒冷的天气之间的平衡必须是非常明显的。随着气候变化，这样的地区正在迅速减少，如果情况继续这样下去，它们很快就会消失。按照目前的气候变暖速度，到 21 世纪末，葡萄酒的产量将下降 80% 以上。气温的升高使得大部分土地不再适宜土豆生长。根据粮农组织的说法，"土豆的生物多样性正受到威胁——一种植了数千年的古老品种已经消失，野生物种也受到气候变化的威胁。"和牛油果树一样，可可树也非常脆弱，需要大量的水才能在热带的高温下生存下来。此外，目前让可可繁荣生长的小气候——赤道以北和以南 20°——将在大约 50 年内消失。

EDIBLE SUCCULENTS
可食用多肉植物

多肉植物的茎叶厚实充盈，通常在干旱的气候或土壤条件下也能够保持水分。它们的肉质能抵御炎热和有时寒冷的天气，储存大量的水，而且容易快速繁殖。多肉植物的特性（尤其是它们在最恶劣的气候中生存的能力）或许能用于烹饪。气候变化造成的荒芜和干旱，甚至会发生在我们的星球上最意想不到的地区，所以需要更仔细地研究这些植物。像火龙果和芦荟，在世界各地广为人知。但其他一些，如某些景天属的菊类植物，只有土著人知道，而这些知识正在消失。例如，千佛手在西班牙被称为 Una de Gato（猫的指甲）或 Uva de Pastor（牧羊人的葡萄），它曾经可以作为开胃菜食用，而现在它只被认为是一种杂草。可否重新使用这些优秀的植物，将它们融入到我们的日常生活中呢？这个项目选择了一些最常见的可食用多肉植物，开发了一系列推测性的食谱。

芦荟和龙舌兰是不同科的植物，但它们都有拔地生长出的巨大的叶子，它们也很容易种植，目前它们主要用于药用，比如面霜和美容产品，但其实也可用于食品和饮料，在这个项目中设计师做了丰富多汁的芦荟果冻和龙舌兰酒！

大多数景天属植物是可食用的。它们在干燥多岩石的环境中茁壮成长，现在被认为是杂草。它们被用作开胃菜或被西班牙和地中海牧羊人保存。事实上，这个项目中使用的景天属植物是在城市里从它们疯狂生长的荒地上采摘的。在这个项目中，设计师使用了四种不同的品种来制作三种不同的腌景天：一种加辣椒，一种加胡椒，另一种加大蒜。

还有一些可食用的多肉植物：海芦荟，是一种盐生植物（耐盐和海水），口味质地咸脆；马齿苋是一种分布广泛的植物，可以烹饪甚至药用；umbilicus rupestris 是地中海地区常见的草，主要生长在洞穴、墙壁和屋顶。

设计师希望再次提高人们对地球脆弱性的认识。世界各地都能找到多肉植物，但它们似乎被大部分人完全遗忘了，那些古老的、传统的使用它们的食谱也被遗忘了。然而一些土著居民，仍然是这些宝贵知识的守护者，即使这些食谱并不意味着要成为世界各地的主流菜肴，但它们能让人们探索更多的烹饪潜力。

与食物设计100的对话

Sharp & Sour工作室

"我们是思想开放的人，不怕那些未被探索过的人、事、物，而且总是对新的挑战感到兴奋。厌倦了老式的客户-设计师的角色，我们相信，当你创造一个没有判断的空间，每个人都可以自由地说出自己的想法时，最好的想法就会出现。"

FD100："你的食物设计方法是什么？"

M&M： 食物是塑造未来的最有力的工具之一。它触及了我们所关心的大部分话题，可持续性、社会正义、政治和福祉。食物是一种通用的语言，通过它我们可以探索这些领域，让它们容易被理解。我们还在所有的项目中使用思辨设计方法，让人们反映和意识到关于食物和我们的食物系统的无穷无尽的问题。我们相信思辨（食物）设计是真正影响世界的最神奇的工具之一，并为所有人创造理想的未来。

FD100："对你来说食物设计最令人兴奋的方面是什么？"

M&M： 对我们来说，设计只是视觉信息。在一个屏幕的世界里，一切都是一个图像，我们似乎渴望越来越多的视觉刺激，而食物设计师提供了另一种设计方法，你不仅可以看到设计的产品，你还可以闻到它们、品尝它们、触摸它们。这是你放在内心的东西，这是改变人们视角和心态的更强大的方式。食物设计不仅仅是视觉上的，还是体验式的，对我们来说，体验食物是最好的学习方式。

FD100："你的可持续发展方法是什么？"

M&M： 我们总是努力与符合我们价值观的可持续品牌和组织合作，从素食肉类替代品到当地生产的巧克力品牌。我们也在不断研究未来的新材料用于包装，或者作为新的、更可持续、更环保的原料，比如藻类、真菌、多肉植物等一旦进入一个项目，我们的设计过程总是包括从生态的角度进行思考，例如材料的选择（我们尽可能不使用塑料），控制使用的墨水量，避免不必要的包装。

Stefano Citi

斯蒂法诺 · 花旗

TourDeFork 工作室

TourDeFork 是位于意大利米兰的食物设计工作室，成立于2009年，旨在探索食物的社会和感官力量。多年来，他们与许多公司、组织和初创企业合作，创造了丰富多彩的教育性的产品和体验，帮助客户与消费者建立有意义和持久的关系。作品曾多次入选米兰设计周、米兰三年展博物馆、巴塞罗那设计周等大型设计展。

意大利 ITALY

GELATO MECCANICO

冰淇淋机

在电动制冷技术发明之前，生产零度以下的温度是一项不可能完成的任务。大多数冷藏设备来自于库存堆积的冰和雪，但冷冻食物几乎不可能。1558年，来自那不勒斯的意大利学者 Giambattista della Porta 发现，将冰与硝酸钾混合可以产生低于零度的温度，用于食品生产和储存。他的发现在整个欧洲传播开来，厨师们很快发现，使用普通食盐（氯化钠）也会有类似的效果。这个古老的系统被称为盐水冰箱，工作原理是将盐和冰混合在一种化学混合物中：这种混合物在状态变化时可以保持在−21.3℃的恒定温度，这是生产冰淇淋的理想选择。在研究和实验中设计师们发现，生产冰淇淋不需要复杂的电机就可以完成，可以让顾客参与生产过程，提出想法，通过手动操作机器创造一种仪式和体验，将生产冰淇淋变成了一种集体表演。

冰淇淋机基本上由三部分组成，白色陶瓷容器，里面放置着盐和冰来构成盐水冷冻机。一个内部的不锈钢容器和桨，混合物成分，转化成冰淇淋。最后，头部和机械分离器，包括一个行星齿轮系统，让内部的不锈钢容器和桨向相反的方向旋转，实现两个基本过程：1.盐水冷冻机和液体成分之间通过不锈钢容器进行温度交换，最终凝固成冰淇淋；2.空气通过桨进入食材混合物，空气是意式冰淇淋生产的基本成分，搅动空气可以避免冰晶的形成，让冰淇淋更加轻盈和蓬松。

Gelato Meccanico装置被双年展评审团展示并选为食物空间类别的获奖者之一。这个空间为一个巨大的装置，客人直接参与，成为古代冰淇淋制作艺术的表演者。手工制作冰淇淋的过程可以开始于各个阶段，但都需要机械手柄手动搅动冰淇淋，最后使用盐水冰箱冷冻保存。正常活动是一个缓慢的、机械的、高度复杂的仪式。这个装置非常通用，可拆卸安装到不同地方，组成部分可以根据空间需要减少和转换，它可以轻松地适应80~120平方米的空间。

PUBLIC OVEN
公共烤箱

FornoPubblico是由TourDeFork 为 Miele Italia在2015年米兰世博会期间开发的品牌体验。Miele寻求吸引更广泛的观众，推出他们最新的厨房电器系列。而这个为期六个月的项目包括以面包和烘焙为主题的互动、讲座和工作坊，让消费者进入与面包制作相关的更丰富、更深刻的知识和食品文化世界。

Miele展厅重新设计成温暖的、模块化的公共烤箱，材料使用白色瓷砖、混凝土、橡木和未经处理的铁结构，既干净又可重复使用。纵观历史，面包一直是地中海最具影响力的食品，是建立文化和社会的基础。我们消费面包塑造了农业，改变了我们的家园，影响了我们的健康，并决定了我们在社区之间的关系。在电烤箱发明并推广到千家万户之前，人们都使用公共烤箱——一个社区管理的火炉，人们在这里烤准备好的面包面团。邻里聚集在公共烤箱前，在等待面包烹饪的同时，交换新闻和故事。公共烤箱见证了食物在建立关系和健康社区方面是多么强大，这是TourDeFork和意大利人的共同信念。我们很少有机会和实际生产我们的食物的农民见面，因此设计师组织一系列的讨论会，邀请农民和面粉厂商谈论他们的工作、新技术以及不同类型的小麦、当今的面包与古代菌株面包的区别。由面包师和食品科学家组织的讲习班，展示了从小麦到面粉的转变、不同类型的面粉及其实际用途。活动展示了面包生产消费和分销，每个月的室内装置还分别表达面包文化、面包体验、面包社区。

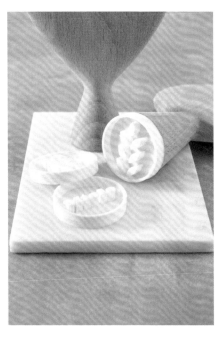

面包的体验——形式、质地和意义

面包的外观、口感和味道是由许多因素决定的：配料、技术和烘焙。厨师、面包师和一名来自波兰佐美食科学大学的教授在一起讨论了各种面包形式和质地的意义，并在活动工坊中制作了各种各样形状、颜色和口味的当地和外国的面包。

面包社区——社区和面包制作激活社会

年轻的米兰食品企业和餐馆老板也参加了，谈论他们建立的供应商和消费者的社区。医生解答了健康方面的问题，比如过敏、小麦不耐受、无谷蛋白产品、小麦面包的替代品。在酵母工坊和酵母交换活动里，人们看到不同类型的面粉和天然发酵技术是如何改变面包的味道，如何有利于人们的身体和健康的。

面包邮票——可定制的3D打印面包印章

面包体验的另一个主要方面，是推出重新设计的"面包印章"。曾经为方便在公共烤箱识别自家的面包，每个家庭都会雕刻一块装饰木头，通常是家庭首字母。而现在独一无二的印章由数控铣削和3D打印机重新诠释。

FOODIE RINGS
吃货戒指

TourDeFork迷恋于探索手势和餐桌仪式，餐具不断地通过现代材料和生产技术重新思考和设计，以适应当代的生活方式。Foodie Rings吃货戒指是为意大利科技公司Mondadori设计的可穿戴餐具。Mondadori致力于现代快速原型技术，如3D打印、激光切割和数控铣床。

手势设计来源于"玩食物"这样的幼稚行为，如果小孩不喜欢被提供的食物，他们就会挑食或玩耍浪费食物。设计师们希望"玩食物"不被视为消极的、浪费的或幼稚的东西，而是珍贵的、繁复的、有些讽刺魅力的东西。

戒指是由一块大约3毫米厚的白色有机玻璃激光切割而成的，每个尖端都有四种不同的风格用来穿戴不同的食物。像小水果、迷你蛋糕、饼干或糖果这类小食物最适合穿戴。至于戒指的材料则是完全环保可持续使用的塑料，温肥皂水就能洗干净。戒指的模型也可以从杂志网站上下载，根据个人手指的大小修改。

与食物设计 100 的对话

Stefano Citi
斯蒂法诺 · 花旗

"我们生产、消费以及与食物相关的方式对我们和地球的福祉有着巨大的影响。我们应用设计策略来识别和解释困扰我们的食物系统的复杂问题。我们相信，食品设计师有责任为每个人争取一个再生和公平的食品未来。"

FD100："你的食物设计方法是什么？"

Stefano： 食物设计是改进我们复杂的食物系统的工具。设计方法帮助我们理解复杂性，识别问题，并找到新的解决方案。如果设计师们有一个棘手的任务，比如想象未来的事物，那么食品设计师们就有责任与食品行业的大大小小的公司合作，帮助他们为更好的食品未来创造产品。

FD100："对你来说食物设计最令人兴奋的方面是什么？"

Stefano： 我们着迷于探索食物的感官，以及通过食物文化、传统和仪式找到社会意义和联系。研究我们丰富的、有时被遗忘的食物历史，是理解影响当代社会的食物和营养的文化、经济和环境影响的关键。最令人兴奋的是，将这些传统知识与现代技术和想法结合起来，创造引人入胜的体验，通过有形的和有意义的设计来娱乐和教育公众。

FD100："你的可持续发展方法是什么？"

Stefano： 我们工作的第一个项目，早在2009年，被称为Second Chance（第二次机会），这是一个帮助人们减少食物浪费的工具。但我们当时还不知道，这将引领我们后来与一系列公司和组织合作，是食品和社会可持续发展领域的先驱。对我们来说，设计和可持续性是联系在一起的，食物设计应该做到为每个人建立一个更公正和再生的食品系统。

Steinbeisser工作室
Jouw Wijnsma & Martin Kullik
朱乌·维恩斯马 & 马丁·库利克

为什么我们要这样吃，还有其他选择吗？带着这个问题，Steinbeisser从2012年开始在阿姆斯特丹发起了实验美食计划 Experimental Gastronomy，并活跃于世界各地，探索了用心饮食的新方法。他们与众多艺术家合作，创造打破用餐习惯的新型餐具。用由黏土、棉花、亚麻、金属、纸张、沙子和木材等天然材料制成的独特作品，最终会以最意想不到的方式丰富用餐体验。食品和饮料则完全以植物为基础，并来自于当地的有机和生物动力生产商。Steinbeisser晚宴展示了最高水平的当代美食，将设计、美食和自然融为一体。

荷兰 NETHERLANDS

JEONG KWAN
禅宗 JEONG KWAN

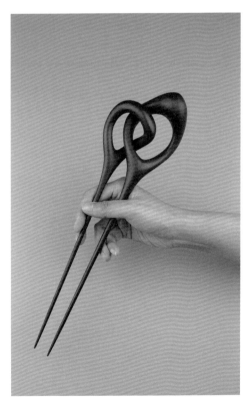

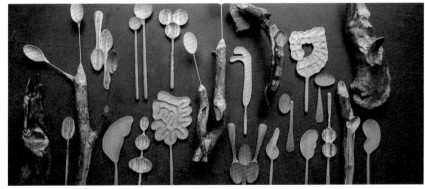

Steinbeisser和禅宗尼姑 Jeong Kwan在阿姆斯特丹创作了实验美食。对于 Kwan 来说，烹饪就像打坐。Kwan得名于 Netflix 剧集《 Chef's Table》，她认为终极烹饪应该是对我们的身体最好、口感最美味的烹饪——来自水果和蔬菜、香草和豆类、蘑菇和谷物的密切联系。她擅长将新鲜采摘的食材与耐心地经过处理的美食搭配，以及烹饪缓慢发酵的味道，如酱油、豆瓣酱和辣椒酱等，发酵食物需要的不是几周，而是几年，时间才是真正的厨师。活动中 Kwan创造了一份特殊的有机素食食物菜单。艺术家 Elin Flognman、Joo Hyung Park、Laia Ribas Valls 和 Lukas Cober 用烧过的木材和天然漆制作了创意筷子。

HEALTHY BOX BAND
HEALTHY BOX 乐队晚宴

Steinbeisser 和 Healthy Box 乐队在维也纳共同举办了第一场实验美食。厨师 Lukas Mraz、Philip Rachinger 和 Felix Schellhorn 与 12 位艺术家、工匠和设计师合作，制作了一份特别的有机素食品尝菜单，他们也专门为这一场合制作了定制的餐具。艺术家 David Louveau、Erik Haugsby、Gregor Titze、Lillian Tørlen 和 Petra Lindenbauer 研究了当地自制黏土和釉料，而工匠 David Wolkerstorfer、Eija Mustonen、Lisa Fält 和 Sigurd Bronger 回收并将废金属制成新的公共餐具。

CALIFORNIA
加州晚宴

Steinbeisser邀请了米其林星级厨师 David Kinch、Corey Lee 和 Daniel Patterson 在美国加利福尼亚共同举办了一场体验美食活动。三位备受赞誉的厨师完全采用当地采购的食材制作了一份特殊的有机素食品尝菜单，并与 11 位美国艺术家、工匠和设计师合作，为加利福尼亚州 Montalvo 艺术中心举办的这次晚宴制作了所有定制餐具。艺术家 Andrea Blum、Erin Daily、Felt+Fat、Mitch Iburg、Erica Iman、Joe Pintz、Virginia Scotchie、Luke Shalan、Julian Watts 和 Brian Weissman 创作了共享餐具，增强晚餐中人与人之间的合作联系。

与食物设计 100 的对话

Steinbeisser 工作室

"从素食开始，探索一切可循环、可持续的饮食模式。"

FD100："你的食物设计方法是什么？"

J&M： 工艺、设计和食物，结合本能、创新和可持续性。

FD100："对你来说食物设计最令人兴奋的方面是什么？"

J&M： 我们分享可持续的、尊重自然的饮食，使世界变得更美好。

FD100："你的可持续发展方法是什么？"

J&M： 2012 年，我成为了素食主义者，我和搭档开始探索可持续农业实践和生物多样性。我们大量研究了植物性食物的来源，水果和蔬菜、草药和豆类、蘑菇和谷物、野生植物以及发酵微生物。通常在一个项目开始前几个月，我们会大量品尝，并让厨师探索新的食材。同年我们开始做实验美食：厨师必须烹制所以植物为基础的、有机的、生物动能的本土的食物；艺术家必须使用天然回收、升级再造的材料制作餐具；我会为每个项目创建一个由厨师和艺术家组成的新团队。最重要的是，我们的美食项目应该是美味的、发人深省的和超级有趣的！我试图以非常积极的方法挑战传统的习惯。为了激发人们的意识，让客人们更加专注，我们要求艺术家们创造不寻常的概念和设计。我们也希望激励厨师们开始使用更多的植物性产品，品牌们使用无塑料可循环的包装。

中国 CHINA

镭路
玛氏食品（中国）有限公司全球研发中心

镭路毕业于江南大学视觉传达专业，拥有20多年的食物设计与产品创新经验，她用设计思维（design thinking）管理产品的创新设计项目，从消费者洞察研究开始，解决消费者的痛点，将艺术与文化融入新产品的创新设计中，通过不断迭代创新，丰富消费者的产品体验。

她主要负责德芙、德芙礼品、M&M's、士力架、脆香米等国际品牌新品的设计开发，从产品概念设计，到产品造型、包装以及产品体验设计的最终落地。

百年故宫遇上德芙

国潮崛起，体现了中国的文化自信，使用国货和中国风的产品已经成为年轻人的生活方式。2020年设计师镭路推动了德芙礼品与顶级IP故宫的跨界合作，让源自西方的巧克力成功牵手百年故宫，并与清意设计团队一起完成了整套的礼盒设计。在设计中，将清朝时巧克力经罗马传教士进贡皇家，从宫廷皇宫逐渐传到市井百姓家的故事，通过宫送六福的形式表现出来，"德芙＝得福"，寓意着将宫里的好福气传到千家万户！让德芙巧克力和中国的"年"文化有了很好的结合，打造了现象级的IP跨界合作。

M豆大变身，"棒棒"的

"只溶在口，不溶在手"的M豆在1941年重新定义了巧克力的吃法，2021年设计师镖路和品牌团队一起努力让四个可爱的M豆来了个大变身，创新了M&M豆的"逗趣"棒棒糖，重新定义了M豆的新吃法。

通过包装，产品被全新设计，充分传递了M&M's品牌的Fun的品牌理念，拓宽了产品种类，结合了当下流行的拆盲盒设计，增加了消费者吃巧克力的快乐体验。

科技赋能　趣味体验

食物设计中体验和服务设计是非常重要的环节，如何让吃变得有趣、变得更快乐是每一位食物设计师在不断思考的。玛氏旗下的脆香米巧克力主打的是亲子时光，设计师镖路在2019年与新兴科技公司时印科技合作，设计了脆香米×盼打3D打印机，助力脆香米棒棒糖的首发现场。为家长和小朋友们提供了全新的巧克力个性定制体验，打造了快乐的亲子时光。让科技赋能食品创新。

与食物设计100的对话

镡路

"食物既是我们的燃料，也是我们的治愈者。食物设计既要透过设计思维，以人为本对食物进行深入的研究，用设计体现食物的特质，以食物作为媒介传递更多的情绪价值，构建新的体验和生活方式；同时也要从食物本源出发，让设计介入可持续、可循环的食物经济，关注农业永续。"

FD100："你的食物设计方法是什么？"

镡路：我们在产品创新的时候，先要洞察消费者潜在的需求，全链路观察他们的消费体验，探索新的技术、新的配方可能带来的全新食物体验，运用系统思维，在不同的消费触点上进行设计创新。为不同的消费人群创造新的消费场景，提供更便捷的服务。

FD100："对你来说食物设计最令人兴奋的方面是什么？"

镡路：作为食物产品设计师，我觉得洞察消费者潜在而不自知的需求，提供一个他们喜欢的产品是非常令人自豪和幸福的事情，比如我们设计的德芙"心随"瓶装巧克力，就满足了消费者on the go的需求，随身携带、方便食用，在任何时候都可以优雅地享受巧克力的美味，曾经一度成为时髦女孩手提包必备。

FD100："你的可持续发展方法是什么？"

镡路：我觉得设计师应该是环保生活、可持续理念的倡导者和实践者。大到公司层面，我们公司推行可可持续发展计划，以小农利益为中心，致力于帮助保护儿童和森林，并为可可种植者和可可种植社区的繁荣发展开辟道路。回归到设计师的职责，我们有义务让消费者关注环保和可持续话题，在产品创新设计的过程中原材料源于自然，不过度包装，使用可降解的、更环保的包装形式。比如我们设计的M&M's可降解的复合纸包装已经上市，很受消费者欢迎，我们在努力推动减少塑料的使用，并开发使用对环境更友好的材料。

Talib Hudda

塔利布 · 何达

Refer 餐厅

Talib Hudda 成长于一个热爱美食的加拿大家庭，从小就跟随祖母学习，16 岁获得了他的第一个烹饪冠军，后通过了严苛的技能训练，在纽约、哥本哈根的米其林餐厅工作。从 2009 年到 2014 年，Talib 赢得了多个区域和国际烹饪比赛，2011 年代表加拿大作为 Bocuse d'Or 烹饪大赛的评审。受丹麦品牌 Georg Jensen 的邀请，Talib 于 2015 年在北京开设了该品牌的旗舰餐厅 The Georg，这家餐厅是唯一一家在 2020 年北京米其林指南中获得一星的现代欧洲餐厅。而 Refer 是全由 Talib 自主精心策划的新概念餐厅。全球领先的年度餐饮盛会"亚洲 50 最佳餐厅"分别公布了 2022 年的 51~100 和 50 强名单，Refer 首次入围第 67 位，在所有上榜的中国餐厅中排名第六，成为首批代表北京上榜的餐厅之一。

加拿大 CANADA

CAVIAR FLOWER
鱼子酱花

主厨 Talib 每个季节都会开发两款新菜，探索食材的可能性，为客人讲述食材的故事。

鲜花配鱼子酱是 Refer 餐厅的招牌菜。在欧洲，主人会为第一次见到的客人准备什么礼物？一百多年，这个答案一直都是鲜花。Talib 汇集了团队成员所有关于鲜花的想法，如何给予鲜花，用技术手段保存季节性的鲜花，唤起客人的感官。通过一些感官实验，Talib 开发了这道菜，他希望不用语言而是用美食哲学来解释客人一口咬下的是什么。

HANDS
手语容器

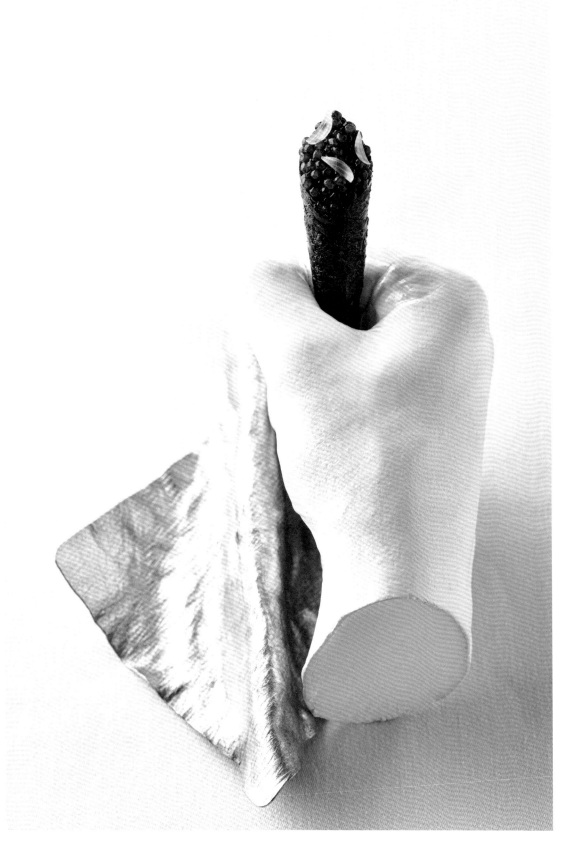

在菜品装盘的创意上，主厨 Talib 提出将客人与食物联系起来的想法，"厨师为什么不亲自上菜？"从这个灵感出发，Talib 团队最终发现传统印度舞蹈中经典复杂的手语和手势极具表达性，可以丰富菜品的内涵。经过多次复杂、高难度的模具实验，最终 Talib 用瓷器模具制作了这组象征着手语和手势的装盘器皿。

NATURE
自然灵感摆盘

这组菜品的美学灵感源自秋冬季节"怀柔板栗"的摆盘，如何用一个形状来直观地表达一个季节。主厨回忆起孩提时代，在花园里走来走去，吃甜脆豌豆和浆果的美好。以此来表达出主厨的感受和体现季节感的创作。

与食物设计 100 的对话

Talib Hudda
塔利布 · 何达

"重新与大自然联系，在自然的一切中发展艺术、
设计、文学、科学。"

FD100："你的食物设计方法是什么？"

Talib： 我坚信食材成分是关键，然后用最能突显食材风味特征的方式烹饪，最终结果整道菜品要传达一个独立的意义，带给客人完整丰富的味觉体验。

FD100："对你来说食物设计最令人兴奋的方面是什么？"

Talib： 对我来说，设计是一个表达出口，我无法准确地指出一些想法是如何浮现在我脑海中的，但在创作过程中，食物设计让我能够与他人进行部分交流。

FD100："你的可持续发展方法是什么？"

Talib： 可持续发展不仅仅是贴在盒子上的标签，更深入地看，可持续是每个厨房的基础，它与我们的日常生活息息相关。我积极地反思着我的行为，因为我希望为家人、客人提供一个更美好的未来，并能把这些议题和思考传递给年轻厨师。

The Center for Genomic Gastronomy 工作室

Zack Denfeld & Cathrine Kramer & Emma Conley
扎克·丹菲尔德&凯瑟琳·克莱默 & 艾玛·康利

The Center for Genomic Gastronomy 基因美食工作室，成立于2010年，从美国波特兰一直发展到欧洲和亚洲各地。工作室由艺术家主导，专门研究人类食品系统里的生物技术和生物多样性。他们广泛与科学家、厨师和农民合作，研发和设计膳食组合、烹饪比赛、展览和实验烹饪书籍。工作室作品活跃在欧洲各地的展览和研讨会，曾获得2012年荷兰Designers & Artists for Genomics Award，参展2016年爱尔兰农业博览会 Radical Adventures in Future Farming exhibition，2019年伦敦V&A美术馆 Bigger Than the Plate exhibition 等。

美国 USA

LOCI FOOD LAB
LOCI 食物实验室

生物区是以自然边界而非政治边界为界的区域，包含特色的动植物，一个或多个生态系统。LOCI Food Lab 是一个旅行食品展台装置，在全球各地对生物区食物的未来进行原型设计、服务和辩论。设计师为"一口生物区"实验室的参观者，提供了定制美食，菜单以生物区内种植的农作物、牲畜和食品为主。

项目的第一个版本是在美国波特兰市进行的，设计师在街头集市、农贸市场等不同的社区收集人们对食物的想法，然后开发了一种算法，将人们对食品系统未来的渴望与来自其生物区的物种成分联系起来。参观者从食物列表中选择他们想要的属性（味道、口感），工作人员会从生物区物种中选择，再制作一个小样本交由品尝，一次次调整直到满意。

该项目在爱尔兰、中国、瑞士、德国、印度和英国都展出过，从最初的小桌子到食品车，再到伦敦V&A博物馆陈列了完整的项目装置。每次LOCI实验室展出，都会与当地食品研究人员或厨师合作，对区域食品系统及其成分进行本地化调查。研究文化对于塑造对话空间非常重要，工作室在与许多不同类型的利益相关者交谈的过程中，会首先了解这里的生态、传统菜单的成分以及可能与特定访问者和观众产生共鸣的方式。LOCI实验室也推出了指导手册，让其他人开发他们自己的食品实验室活动。

SMOG TASTING
烟雾的味道

地球上每个地方的空气都是有味道的，这是一种独特的大气味道。人们通过气味可以察觉到这里的空气污染和烟雾指数，也是考察一个地方空气质量的关键。2011年以来，设计师一直在世界各地的城市品尝烟雾，目的是调研这里的烹饪对空气的影响，分析空气污染，评估空气的味道。什么是烟雾？烟雾是强烈的、可见的空气污染，它来自不同的污染物混合、汽车煤电厂和动物粪便等。它也取决于当地的地理条件和气候与污染物的相互作用。例如，烟雾的类型有光化学烟雾，其中含有氮氧化合物和氢氧化合物；或者农业烟雾，其中含有氨、氮氧化合物，农药、粪便和其他有机物的混合物。品尝空气和烟雾，将无意识的呼吸过程转化为有意识的进食行为，这是一个令人发省的内心活动。

2011年工作室的两位成员在印度班加罗尔，他们读到了一句话，"感谢鸡蛋我们因此能收获空气……"。"收获空气"激发了设计师们的思考，如何收获和品尝每天笼罩着他们的班加罗尔的烟雾？蛋白霜饼干制作的过程中需要打入大量的空气，这是一个可行的方案。于是设计师在不同的地点、不同的空气环境中打发蛋白霜，然后烘烤，再请不同的志愿者品尝。这样品尝特定地点空气制成的蛋白霜饼干，很容易发现人们对那个地方空气质量的看法。

用蛋白霜来品尝空气是非常简单易学的。设计师分享了他们的方法和经验，让世界各地的人们都制作他们的蛋白霜饼干，然后共同举办研讨会，绘制饼干地图，比较测试结果，再将剩余的蛋白霜送给政府领导人。烟雾测试活动在美国匹兹堡、印度新德里、匈牙利布达佩斯和哥伦比亚波哥大都成功地举办了。

设计师沿着蛋白霜饼干的创意，发展了一系列后续活动，包括设计新型的烟雾合成机，让人们在合成的雾霾中体验冥想，以及通过国际邮政分享雾霾样本的服务系统。

2015年一位记者与工作室合作，研究烟雾和风味的科学历史及技术。在现有的食物系统"土地""海洋"概念基础上，开发了空气来描述地理上独特的味道。他参观了加州大学大气处理实验室，科学家们正在制造合成烟雾，以研究排放和大气化学之间的关系。这激发了设计师设计新的烟雾合成器，产生不同地方、不同时间、不同空气污染状态下的气味和味道，然后，制作成可使用的形式分发给各个地方的人，像是时间的旅行。在加州大学教授的帮助下，烟雾合成器制作完成了，并给位于日内瓦的世界卫生组织部长送去了雾霾蛋白霜饼干。

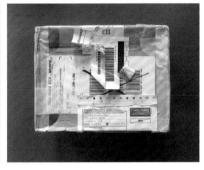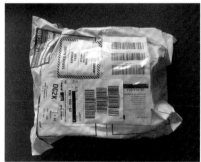

设计师未来的目标是通过系统设计整合全世界的烟雾，共享多个地区的空气，而不需要用合成器和太多的城市设施完成。在这个系统里世界各地的参与者都可以使用同一套工具包和同一套说明制作他们的蛋白霜饼干，然后将样本邮寄到一个中心位置，在那里进行专业的品尝和比较。随着气候变化，我们不确定的气候因素越来越多，烟雾品尝旨在促进我们和空气对话，将我们的追求与感官感受联系在一起，并朝向一种更健康、更适合后代生存的环境。

TO FLAVOUR TEARS

给眼泪调味

"给眼泪调味"是一家实验性的餐厅，让人体作为其他物种的食物来源，让人类重返食物链。通过研究昆虫、分解者和其他人类"捕食者"的食物需求，设计师希望将人类与地球的代谢，以及我们在塑造地球中的作用紧密联系起来。比如一种喝眼泪的飞蛾，来品尝我们的眼泪时会问："如何品尝每天消耗你部分身体的小生物，以及你死后的最后一滴？""人类是如何操纵他们的身体、饮食和情绪来改变他们自己的味道呢？""人类的烹饪特性是什么？昆虫、微生物和其他消耗人类的生物体的味觉偏好是什么？"该项目包括一系列讨论会、表演和装置，其中包括自主美食（自我调味的艺术）、构想烹饪（研究人体部位作为其他生物体的成分），以及所需的工具、配方和仪式。飞蛾酒吧：游客可以为口渴的飞蛾哭泣，如果他们不能哭，可以使用专门的工具和练习。人类鱼菜共生系统：鱼类以人脚的死皮细胞为食，进而为喂养人类的植物生长系统提供营养。另类美食虚拟现实房间：游客可以看到一只狼在吞噬一个慢跑者或一种探索人体的微生物或毒虫。腐生晚餐：24小时自助餐，人类可以检查吞噬他们的皮肤细胞的微生物。自我调味实验室：在这里研发调味脂肪、皮肤、血液、汗液和尿液。

人类花了很多时间让食物更美味，让自己变得美丽。难道不应该为消耗我们的生物准备更美味的自己吗？未来的厨师会帮助非人类品尝人类吗？微生物研究揭示了生活在我们体内的许多微生物，人体越来越被视为一个生态系统、动物园或医院。"你把自己的身体想象成一家微生物餐厅，为自己调味。"设计师解释说。工业农业降低了我们与共享地球的其他生物和生态系统的竞争性，大多数人都把人类的需求和欲望放在首位。我们如何才能实现认知飞跃，把自己看作是一个复杂的生物网络的一部分，为了继续生存而相互依赖？我们如何才能更谨慎地将自己融入食物系统，谦卑地将自己理解为食物系统的一部分，而不是孤立的个体呢？

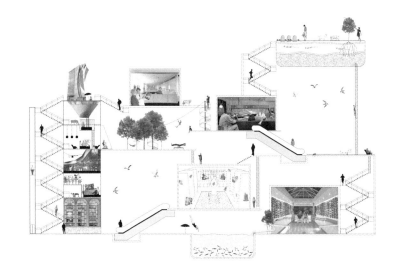

与食物设计 100 的对话

The Center for Genomic Gastronomy 工作室

"我们的使命是发起食物争议，引导烹饪未来，并创建一个更公正、更加生物多样的食物系统。"

The Center: 我们的食物设计就像摇滚乐队、窃听电话或编织俱乐部。摇滚乐队：我们食品设计的一种方式是好像我们是一个巡回摇滚乐队。我们喜欢在工作室里练习想法，然后去餐厅、博物馆或街角，和观众住在一起，创造出能引发不同情绪的体验，制造出欢乐的混乱和大量的噪声。我们喜欢依靠在现实世界中实时存在的能量和反馈。窃听电话：我们还通过探索食物系统的流程和隐形协议来接近食物设计，提出意想不到的问题，尝试不同的组合。当你开始在法律数据中四处浏览或发现谷物分级的程序时，你会发现食物系统比人们想象中奇怪得多。编织俱乐部：在一个非正式的小组聚会里，分享想法，尝试活动。我们在见面之前就把材料组装好了，然后互相享受食物。

FD100："对你来说食物设计最令人兴奋的方面是什么？"

The Center: 令人兴奋的是，食物设计可以发生在任何地方，工作室、实验室、家庭厨房、农场、海洋中，甚至在窗台上。有那么多的人在尝试新事物，复兴旧的方式，或者只是用食物作为一种摆脱超资本主义的存在和认识方式的出口。在我们的工作中，我们很高兴能利用食物作为世界上其他话题的切入点。我们用食物来创造艺术作品和体验，这样就可以谈论一个家庭成员的死亡，我们对未来的希望，或者成为地球上的居民意味着什么。食物是对其他人加入对话的一种邀请，因为关于食物每个人都可以说几句。现在的食物设计就像朋克摇滚的乐队、标签和亚文化的爆炸——每个社区和城市都有人们玩食物的场景，创造空间、活动和出版物来分享他们的欢乐、兴奋和未来的可能性。最重要的是，这个场景是由世界各地许多不同类型的人创造的，与当地有关，并能够在互联网上分享想法。

FD100："你的可持续发展方法是什么？"

The Center: 我们将生物多样性作为接近可持续性的一种启发式方法。我们有什么方法可以增加农场的生物多样性？增加农业生物多样性意味着差异，不同于事物的相互作用方式。我们有什么方法可以增加厨房的生物多样性？当你看到新的口味和食材的组合时，不要试图简化一切。效率和优化是生物多样性的敌人，为差异和快乐创造空间——同时建立在你所居住的生物区域和生命世界的流动中——是必不可少的。超越系统（和世界）的简单线性模型意味着要善于分解。除了生物多样性，我们还可以通过从农业思维（无尽的增长和效率）到分解文化思维来实现可持续发展。如果我们要有"可持续的"——或者更好的是"可再生的"——食品系统，我们就必须擅长反馈；让"浪费"成为一个不复存在的词。未来的餐厅可能会开设开放式厨房，让食客看到自己的食物，打开清洁区域，让用餐及饭后发生的一切都被展示出来。

法国 FRANCE

Toolsoffood 工作室

Luz Moreno & Anaïs Silvestro
卢兹·莫雷诺 & 阿奈丝·西尔韦斯特罗

Toolsoffood 工作室旨在通过感官创作将人们引入生活的宇宙。他们将食物与表演联系，表达材料的生产过程和加工相关的技术，出版教育书籍。他们的方法是跨学科的，介于艺术、设计和美食之间。通过身临其境的食物表演、装置、现场可食用装饰品等创造生动的情感交互。他们的作品由法国文化部和教育部支持，在法国和欧洲各地巡展，被日本媒体评为 2019 年最杰出住宅项目。

WHITE PAGE
空白页

阿迪达斯和品牌 Archive 18-20 在巴黎举办了一场鞋展，Toolsoffood 为此展览创作了多感官景观装置 White Page 空白页，一个充满美食的通道。如果说空白页是一本书中的某种限制的空白空间，那么在这一页中就可以存在各种可能。食物是可以进行多次转换的材料，自然界中有各种各样的白色，在设计师看来就像人的五种感官的调色板，食物可以让人有身临其境的体验。

设计师首先考虑的是食物的颜色和质地，如何装饰，其次，在制作的过程中考虑食用性和味道的平衡。在烹饪和视觉交互设计中，设计师将食物的形状融入整体的视觉纹理，将季节性的白色产品原料和食材，平铺在桌面上，形成一个可食用的景观通道。人们可以尽情享用里边的食物，会发现无论是"泡沫板"还是"石膏雕塑"都是由食物做的。在这个美味的空间里，每一款餐点都要和其他的餐点配合，其中有四分之三的咸味餐点，四分之一的甜点，各种食物的口味、形态、状态都达到了平衡。

在这场"指尖自助餐"中，所有的东西都必须用手拿着。参观者首先会拿到一个地图，上面标明了每款餐食所在的位置，再根据自己的内心所想移动步伐，选择自己喜欢的食物填满他们盘子里的空白，而这个过程中人们常常会有新的发现，带来惊喜。两位设计师也经常在现场为观众表演"用食物填满桌子的烹饪过程"，像视觉艺术家一样，表达艺术家面对空白页的景象。最后这些美食照片、食材以及菜谱，都收录在了 *white food* 这本书里。

OLIVE CEREMONY
橄榄仪式

日本文化中对自然、季节的尊重以及日式美学，吸引着 Toolsoffood，于是他们去到日本研究那里的橄榄树历史。在盛产橄榄的香川县的近岛，100 多年来这里的种植者对橄榄这个"绿色黄金"热情追求。Toolsoffood 深受触动，在他们居住的度假别墅中，发起了一场沉浸式的感官表演，纪念每年收获的橄榄和橄榄油。

日本的艺术家、工匠和茶道也启发了 Toolsoffood。尤其在喝茶时，感官集体打开着，迎接着来自自然节气的味道，喝茶的同时增强了对当下的感受，每一刻都是短暂却隽永的宝藏。而组成茶道的元素：茶杯、插花、书法等，为创造独特的氛围，都是精心挑选的。设计师于是想到创造一个橄榄树仪式，让客人沉浸在橄榄的世界。仪式讲述了一个寻找橄榄树的故事，灵感来源于他们的这趟旅行的感受，故事也致敬这里生长了多年的树木和保护着它们的人。

仪式由八部分组成：穿越、生根、循环、收获、净化、提纯、变形、供养。除此之外，他们还讲述了橄榄的季节周期，依照顺序，客人会了解到树木、树叶、橄榄、橄榄油，以及食谱和菜品。这个仪式中用到的所有元素都来自橄榄树：用橄榄木灰制作的搪瓷，雕刻在树干上的托盘……菜品橄榄木烟熏橄榄，叶冰焦糖橄榄，特级初榨橄榄油……以及橄榄茎叶搭成的欢迎拱门。

UTOPIA PLANITIA
乌托邦星球

为了导演 Frédéric Ferrer's 主题为 Traveler 星际旅行的展览和他 2025 年去火星的构想，Toolsoffood 设计了一张特殊的门票：进入飞船的药丸。吃一口药丸就能获取这场"火星美食地形"探索之旅的能量。

想象一个欢迎仪式：在寂静的白色空房间里，有个三角形的类似厨房岛台的装置，上面摆着各种各样的未曾见过的食物，为了让客人产生好奇并摆脱先入为主的印象，食物被有意设计成各种奇怪的形状，在吃之前人们并不会知道是什么东西。Toolsoffood 为这些太空中的食物设计了完全不同的食谱，100% 天然植物食材让味道不同寻常。设计师想象了一种紧凑营养丰富的超级食物，里边有海藻、干果淀粉等，希望人们了解更多植物的美味和营养。

具有思辨性的食物会是一个新的领域，让人们思考未来的烹饪，也许未来的食物不一定来自厨房或实验室。向每个人分发胶囊，象征着在食品短缺危机出现时，给每个人分发食品券。并警醒着每个人，我们每个人都应该更有意识地消费食物，更好地保护地球资源，这样才能让我们不必去火星。

设计师在这个项目中，将每一个食材的产地和生产他们的人的信息都展示了出来。这个项目也与戏剧"Utopia Planitia乌托邦星球"合作，讲述更多火星上的风景。2025年我们会吃什么？品尝火星的食物，在这里是个比喻，即对未来的想象，也提醒着我们地球上的资源是多么的美丽和珍贵。

2025年3月的火星美食地形：
酸性植物：−49.7N和118E，北半球广阔平坦的蔬菜和鹰嘴豆平原。

梯田：−50S和316E，南半球高海拔的薄饼高原，被干果小行星破坏。

奥林匹斯山：−15S和300E，塔尔西斯火山与陆地和海洋的分支。

与食物设计100的对话

Toolsoffood工作室

"把烹饪从传统美食的规范中解放出来，让所有人都能理解它。"

FD100："你的食物设计方法是什么？"

Toolsoffood： 食物设计对我们来说是艺术和设计的集合，食物是一种美丽的材料，形状、成分、颜色与风味都是创作的源泉，我们的作品能让人们感觉到、听到、触摸到、品尝到。

FD100："对你来说食物设计最令人兴奋的方面是什么？"

Toolsoffood： 食物设计的迷人之处在于，它将许多领域相互联系起来，历史、文化、农业等。我们的每个项目通常都以一次巧妙的发现开始，探讨人与人之间的联系、手势和食物之间的联系。艺术的横向性启发了我们跨学科工作，因此对我们来说，重要的是能够与公众产生直接接触，虽然可能是短暂的停留，但会留下生动而值得回味的艺术体验。

FD100："你的可持续发展方法是什么？"

Toolsoffood： 植物的历史、季节、每个项目中使用的自然原料，都是我们工作中无所不在的主题。我们经常思考"浪费"，最近我们写了一本书*Mimosals*，最后一页是用含羞草花束的碎片手工制作的。我们想要整合的所有的资源，就像那场"橄榄树仪式"中的餐具和菜肴都是用橄榄树制成的。

Viktorija Stundyte

维多利亚·斯通顿特

Platemetrics 工作室

Viktorija Stundyte 毕业于维尔纽斯艺术学院，产品设计学士和硕士，2020 年，创立了餐具设计工作室 Platemetrics，研究和观察人们在学习期间开始的饮食习惯。Viktorija 提出餐具如何改变饮食习惯、塑造积极的饮食体验的想法；同时关注健康和环境等社会问题。Platemetrics 的餐具是手工制作的，如自然元素般独特。Viktorija Stundyte 是 2021 年 Young Designer Prize 大赛研究与理论类别获得者；获立陶宛年度设计竞赛 GERAS DIZAINAS 2021 年中室内元素、照明、固定装置和餐具类别一等奖。她与有机农场 Paskui saulę ir ožkas、食物设计工作室 Less Table、法国科学实验机构 Low-Tech Lab 合作，专注于有用的、可行的和持久的创新项目。

立陶宛 Lithuania

TABLE: WHAT, HOW, AND WHY
餐桌：吃什么，怎么吃，为什么

餐具是食物和人之间的联系，影响着食物和人感知到的饮食行为。餐具形状既有助于感知食物，也是协调饮食行为，加强有意识的饮食，专注于食物的选择和数量的空间。进食体验不仅是一种乐趣，也是可持续饮食愿景的一部分——我们正在吃什么？怎么吃？为什么？设计对象包括七种不同食物种类的餐具：水、浆果、蔬菜、鸡蛋、海鲜、肉类和甜点。

水：
传达了人类从天然水源手工舀水的这个动作。水碗的底部有水波纹浮雕，马克杯仿照人类手掌的形状，并重现用手掌喝水的感觉。
浆果：
采摘浆果需要用手指触碰再摘下，摘取对这个动作非常重要。但当下我们吃的餐桌上的浆果，失去了这样的体验。浆果碗里有生出来的枝丫，可以固定住浆果防止挤压，也让人体验摘下的过程。
蔬菜：
城市生活让人们很难直接接触到最新鲜采摘的蔬菜，为了强调这种体验，蔬菜盘被设计成不平整的土壤的形状，可以容纳形状各异的蔬菜，营造出蔬菜

生长在土里的状态。

鸡蛋：

常见的纸盒装的鸡蛋，让人们忽略了鸡蛋生产的过程，柔软、温暖、自然形成的鸡窝才是鸡蛋最初的地方。鸡蛋盘被设计成鸡窝的形态，凹槽能刚好卡住鸡蛋，蛋壳也可以放在盘子里。

海鲜：

海鲜盘的边沿是向下弯曲的水流和波浪的形状，吃饭过程中，鱼骨和其他海鲜壳可以藏在海浪下的遮挡处。

肉类：

肉类的过度消费是当代饮食文化中的一个问题，肉类盘为强调适度吃肉，鼓励人们像吃甜点一样吃一小块肉。盘子上的纹理象征着肉类纤维，肉汁在纹理之间流动隐喻生命力。

甜点：

甜点盘底部的触角，唤起甜品在手指之间融化的感觉，也让人们去感受类似手指相扣的亲密。

BETWEEN HUNGER AND SATISFY
在饥饿与饱足之间

"饥饿和饱足之间的界限在哪里？"设计师希望通过餐具形状控制和加强人类在饮食过程中的意志力，防止在饥饿时暴饮暴食。

系列包含四款：

Slow Bites：满足是一种愉快的感觉，然而暴饮暴食让幸福变成痛苦。令人愉悦的饱腹感取决于食物量和进食时间之间的比率。在完全敞口的盘子匆忙食用，饮食体验瞬间和恐怖。Slow Bites的设计使一份食物被咬合和分散，以创造对风味认知的个人体验。这些菜肴旨在通过用手指吃饭来享受食物，就像你在花园里散步时吃水果或浆果一样。

Blossom：习惯匆忙度日和日常的盘子有些关系。繁杂的日常生活让进食只是一种缓解饥饿的生理功能。Blossom是对三道菜晚餐的微妙暗示。盘中的食物分为三层，鼓励分次进食，缓慢吃饱。

Peanut：没有时间进餐时，人们习惯大量地吃方便美味的零食，经常一大把抓起来，塞进嘴里。为控制过度吃零食，花生盘有一个狭窄的口，手指不容易摸到零食。食物散落在盘子各处，能清晰地看到食物消耗，小容量的设计令视觉上更加满足。

Goose：饱足的错觉能控制饥饿。鹅肝形状的盘子有着足量的容积，但任何过量的食物都会像水从鹅背上滑落一样从盘子溢出，从而引导人们产生饱腹感。该项目由立陶宛文化委员会资助。

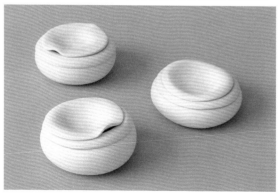

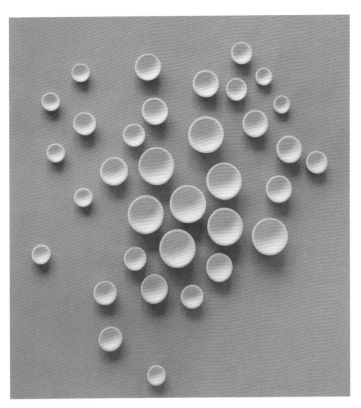
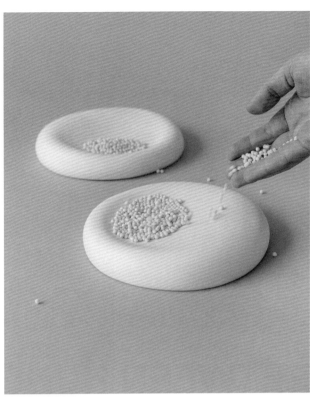

THE BIOSPHERE
生物实验空间

Viktorija 与 Low-Tech Lab Association 实验室协会合作开发的餐具系列，用于 2022 年秋冬季的实验项目 The Biosphere。Biosphere 是一个 60 平方米的临时居所，实验员 Corentin 和 Caroline 将依靠大约 30 种不同的 "技术"，在废物资源生态系统里生活。这里生产的蛋白质、维生素和矿物质，每天的成本不到 1 欧元即可维持 2 人生活。这个实验旨在未来主义的生活概念，人类可以以健康和可持续的方式与环境和谐地生活在地球上。容器设计灵感来源于人手形状，手是保护自然并与自然和谐相处的象征。餐具根据两位实验员手的大小设计，方便拿取。四种不同尺寸的容器满足各种食物需求，堆叠起来节省空间方便运输。这些容器用于装实验中用到的植物、昆虫和其他食物。

与食物设计100的对话

Viktorija Stundyte
维多利亚·斯通顿特

"我的餐具不仅仅是装食物的容器，也塑造了饮食体验。我的目标是促进人们正念饮食，让人们不仅仅在餐盘中吃东西，而且有意识地体会食物进入餐桌的过程。"

FD100："你的食物设计方法是什么？"

Viktorija： 在大学产品设计学习期间，我对食物设计产生了兴趣，对食品行业和当代饮食习惯产生了兴趣，这是我设计的开始。我创建的第一个主题项目侧重于食物浪费问题。我发现了解决食物浪费最实用和最有效的工具——餐具。我相信，向更环保的饮食文化转变始于餐桌，以及我们围绕吃什么、怎么吃和为什么吃。因此，我在食物设计领域开展工作，为餐桌属性创建概念，反映和解决当代饮食习惯中的问题。我的创作方法是慢食原则，不是更多，而是更少，不是更快，而是更慢。今天的大多数人都难以集中注意力在餐桌上，匆忙地吃饭而不去想，食物代表了饮食文化。我希望我的项目能与食客交流，促进可持续的饮食习惯，保护饮食文化。

FD100："对你来说食物设计最令人兴奋的方面是什么？"

Viktorija： 食物设计师在应对当今食物系统的挑战方面发挥着重要作用：食物浪费、饮食失调、生物多样性、过敏、肥胖、饥饿、粮食不安全等。食物设计的跨学科合作引导着系统的重大变化，这非常鼓舞人心！最令我兴奋的是设计师全球融合，他们有形地工作，肯定可持续食物体系的愿景———一种对环境和人类友好的文化。

FD100："你的可持续发展方法是什么？"

Viktorija： Claude Lévi-Strauss谈到食物的含义："吃好食物是不够的，你还必须好好思考"（食物不仅好吃；食物也很好思考）。这些话最能描述我创造可持续设计和坚持可持续饮食文化。我认为当一个人培养对自己的饮食习惯和这些习惯留下的足迹时，可持续生活方式的力量就会真正显现出来。我的原则不是多而是少，不是快而是慢；我的目标是享受舒适的饱腹感。我也鼓励正念饮食：培养慢进食文化，并选择全食物、加工程度较低的食物。因此，在我看来，可持续性与正念饮食有关，我的目标是传达正念消费和批判性思维增强人们的意识。

王斌
The Georg 玉河一号

王斌，The Georg 玉河一号行政总厨。从2002年至今的20年当中曾先后到新加坡莱佛士酒店、北京TRB餐厅、北京瑰丽酒店、北京王府半岛酒店、塞舌尔四季酒店、成都钓鱼台美高梅酒店、北京柏悦酒店、广州四季酒店、杭州柏悦酒店、法国布雷斯特、美国有机农业贸易部、澳大利亚悉尼Salaryman餐厅等。他与各地厨师交流分享餐饮及烹饪经验，了解学习不同的西餐文化，从中获得了大量的知识与技术。并且先后在2013年香港HOFEX厨艺比赛获得金牌，2016年获得"美国之味"烹饪比赛中国区和亚洲区双料冠军，蓝带国际2019年环球美味"卓越大厨"烹饪比赛冠军，2019、2020、2021年连续摘得年度米其林一星餐厅。

中国 CHINA

广州米其林晚宴

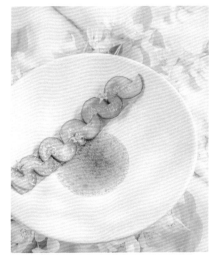

2019年米其林进驻中国，王斌的餐厅The Georg 玉河一号获得米其林一星，并且非常荣幸被米其林团队邀请为2020年广州米其林晚宴奉献一道菜品。晚宴嘉宾有将近300人，米其林诚邀6位来自中国不同城市的优秀厨师。王斌和三位助手做了大量的前期工作，食材的采购，准备，厨房从陌生到熟悉，菜品的把控，最重要的是与其他五位厨师团队的磨合。每个人都悉知，一个成功的晚宴不是靠一道菜品，而是所有参与者的付出与努力。所以经过三天的磨合和实践，6组厨师团队，呈现了一场精妙绝伦的晚宴，获得了食客和米其林团队的一致好评，是每个人心中的一段难忘的美好经历。

因为广州米其林晚宴是在9月举办，所以在这个夏末初秋，通过菜品的呈现让食客感受到自然，季节的交替。西班牙5J黑猪肉、小荷赛火腿、新鲜的西梅、不同番茄的结合展现出田园、自然、色彩，丰富的清爽前菜，使人联想到田园风光，让人们感受到了轻松、自然、欢快和对美好生活的憧憬。田园间的蔬菜、水果结合与猪肉搭配，色彩碰撞。幸福的味道，仿佛再次回归到自然的田园时光。

四手晚宴

近几年在北京流行起了四手晚宴，王斌与四季酒店 MIO 合作，将传统北欧菜和传统意大利菜碰撞出火花。活动在 MIO 三晚，The Georg 三晚，每天都有人数限制，需要提前预订。来的也都是美食达人以及老饕，这对于主厨来说非常具有挑战以及刺激性。王斌和 MIO 意大利餐厅双方要配合，不仅彼此的团队要相互契合，餐厅环境以及菜品与菜品之间的搭配也要相互融入。来的食客都对自己平时口味有所界定，所以怎么能够让食客在这一场晚宴，既满足自己平时的口味又品尝到不同菜系带给他们味蕾上的冲击是主厨们的首要重任。经过 6 晚的合作，两个团队已经渐入佳境，有了一致的信念和目标，所以希望以后有更多机会合作四手晚宴。

王斌选用 25 天的崇明岛乳鸽进行干式熟成 7 天，让乳鸽皮脂下多余的脂肪排出，在表皮上涂抹枫叶糖浆和薰衣草，用 195℃ 的烤箱烘烤，搭配腌制黄绿节瓜和节瓜酱，口感丝滑爽脆。多余的鸽子骨融入了法芙娜 85% 黑巧克力调制巧克力鸽子肉汁，巧克力的微苦味道搭配薰衣草和枫叶糖浆，去除鸽子的油腻和禽类的味道。

香槟王晚宴

每年香槟王都会举办新品晚宴，活动规模十分大。晚宴为期三天，每天30人，活动前期以及活动中都充满挑战。主厨王斌在一个厨房准备所有食材，然后再把所有准备好的食材运到晚宴场地，这对食材以及团队配合来说都是极大的挑战。活动也是邀请了来自中餐、西餐的共4位厨师，是一场中西合璧的盛大晚宴。主厨们带着各自的助手，在这一周时间内磨合，最终让莅临的所有嘉宾以及主办方都非常满意。主厨王斌从这次活动学习到很多中餐方面的技巧，对中餐运用的食材也有了更多了解，这些收获也将出现在他以后的菜品里。

活动的主角是香槟，所有菜品都为提升酒的口感。酒体口味越来越浓郁，于是主菜选用新西兰的优质羔羊肉。做法为羊肉双吃。羊排用高温煎扒的方式最快速度锁住羊肉的水分，保留其多汁鲜嫩的口感，刷上秘制酱汁配薰衣草、矢车菊、法国秘制香料，用最简单的手法呈现出风味最为突出的羊排。另一边将羊肩部位浸于彩椒做成的酱汁中进行12小时低温慢烤，让羊肉的纤维变得柔软，筋膜软糯，炙烤彩椒带来味道也给羊肉添上一丝烟火气。上层的梨片带来果香与圆润，腌渍彩椒带来酸度与蔬香，让烩羊肩的口感丰富，再喝一口香槟，整体味道平衡又协调。

与食物设计 100 的对话

王斌

"根据不同季节的食材用最匹配的烹饪方法和色彩搭配，让食客第一眼就能感受到是这个季节该品尝的味道。"

FD100："你的食物设计方法是什么？"

王斌：我的方法是发挥食物本身最大特点，发掘食物可利用最大值以及食物可食用周期。针对这三方面展开研究以及创新，不论是传统烹饪技巧还是创新的烹饪技巧，原则和目的就是怎么把一种食材发挥到淋漓尽致，让食客品尝到意想不到的味道并且能够记住它，口齿留香。

FD100："对你来说食物设计最令人兴奋的方面是什么？"

王斌：最普通的食材可以通过风干，发酵，腌渍，低温慢煮，不同的烹饪手法，做出多种搭配。它可能是我们平时生活中常见的食材，但是经过不同的烹饪手法，可以给很多主菜作为装饰或配菜，重塑原料的状态。

FD100："你的可持续发展方法是什么？"

王斌：环保可持续理念其实就是如何对食物最大的利用，怎么把一种食材与很多种食物搭配，怎么能够发掘一种食物自身所有结构的不同特点和用途。在我的实际工作中也有用到一些食材的边角料部分，变废为宝。在可持续发展方面需要加进去：整套菜单的选材要选用全世界当季的食材，例如西双版纳的夏季棕榈心、海南的夏季牛油果、云南的应季新鲜松茸及澳大利亚冬季的黑松露、北海道夏季的扇贝等，应季的蔬菜、肉类、海鲜对环境影响小，有助于保护生物的多样性与生态系统，满足营养、安全和健康的需求，展现对于食材 、环境、安全，对今生后代的可持续性消费，也避免食材的浪费，呈现出简约、自然的出品，塑造食材本身多种呈现的可能。

中国台湾 TAIWAN，CHINA

王宸阳
LIVEIN / MTT

王宸阳2004年起潜心于以架上绘画为主要方式的艺术创作；2013年起以艺术之修为，探索不同材质与工艺碰撞，代表作品有陶瓷光影雕塑《玲珑四梦》，综合瓷板画《太湖石》，获得紫金奖陶瓷艺术设计类专业奖项，同时也开始以独有的艺术视角介入空间项目创作，作品入选中国室内设计年鉴。2017年策划的《有昆》文创项目以昆曲文化为范例，寻找传统文化融于现代生活方式的有效路径，作为整体文创创新项目广受好评并具有一定示范意义，获得省级百万级定向资金投放。附属的空间作品《有昆＋桃花坞小镇》获得金点奖空间设计奖。2018年创立原创家居品牌LIVEIN，以自然的意象，诗性的表达，机械无法企及的手工感，打破具象表意，探索现代工业产品里的more than that。带领团队设计的产品多次获得红星奖、金点奖产品类设计奖项。2020年探索出副牌艺术品系列MTT，沿袭主品牌理念，表达更有态度的灵晕之美，打造融于空间且点亮空间的本土纯原创艺术品。

褶 Fold-置物盘

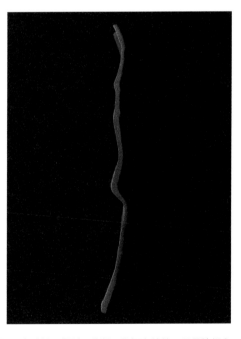

褶皱的灵感看似很平常，作为设计师，经常会把不满意的设计稿或者手绘稿揉成一团抛进垃圾桶。但是有时候，想到可能某一张还有价值，于是捡起来铺平，就会看到那些繁而不乱的褶皱线，它们没有淹没纸上的内容，却好像愈加烘托了自己所承载的内容。于是就有了褶。褶皱有很多的明暗、起伏、冲撞，好像在棱角分明地切割着空间与光线，又好像是对一览无余、平铺直叙的对抗，它丰富了平面，一如生活的褶皱都在丰满我们生命的厚度。设想假如仅仅是一片方正的平滑的盘子，它便失去了这种丰富性和自身的语言。

陶瓷也非常有意思，它既可以坚硬，又带着温润，用它来表现正好能够消减褶皱自身的冲撞感，它更趋近于充满偶然性的痕迹。置物盘的整体形态是向上的，因此呈现出了轻盈、流动的质感。在配色上，明艳的器具，可以成为空间里的一抹风景，但是本身又具有自己含蓄、独特的细腻气息。

允 YUN – 酒具

白酒是最能代表中国文化的饮品，但是随着酒文化的逐渐缺失，我们今天会看到很多与茶相关的器物，却很少为酒设计酒杯或者分酒器。酒除了作为感情的连接，我们还想着是否可以通过器物找回一些酒文化曾经的风雅。

古之酒礼恭敬谦让，有度有节，正如允所传达的克制与恰到好处。作为白酒分酒器，它以陶瓷为质，外观是一体成型的垂露状，通体玲珑如玉，没有丝毫多余的修饰。立则稳重无华，握而温润清雅。

器口是简洁利落的斜切造型，为了出水顺畅，出水口的尖全部经手指细致打磨，只为精准地控制出酒的优美曲线。与之相配的对杯采用了瓷器与金属底座的组合，整体造型保留了爵、樽、觚等古典酒器的气质，细腰高足，挺拔俊逸。中国文化十六字心诀中有"允执厥中"。允这个字很像分酒器的器形，又代表着克己复礼的恭敬。任何礼的回归，首先要找回的便是内心的敬诚。

渍 Coffee Stains-杯碟

生活中会遇到很多不经意间形成的"渍"，它们一定是代表着丑陋与染污吗？其实未必，画画的时候颜料滴落形成的色彩往往像是一场淋漓的创作留下的快慰人心的凭据，水墨的自然流动充满着神秘与偶然，正是这种神秘与偶然，成为其惊心动魄的瞬间。王宸阳想定格瞬间的动态，获得一种不确定的美好。

按照陶瓷上釉的程序，特别是内外部表面釉料颜色不一样的时候，都是先上器物内部。即使有蔓延至外面的釉料，也会被清除干净，再进行外部上釉。但是现在为了追求"渍"的效果，必须改成先上外面釉料，再完成内部。

看似只是简单变更了一下工序，但在实际操作中却遇到了内外部釉料无法很好协调等诸多问题。制作团队花了很长的时间反复调试，一直到每一种"渍"看上去都灵动自然，并且每一个形状都独一无二。

杯体的重量与稍微倾斜的把手设计，使得拿起它的时候自然将拇指按于把手的上端，形成一种优雅的平衡。碟子采用嵌入式设计，非中心化组合的留白特意让给盛放小食。整套杯碟组合看上去简约，却因为溃多了灵动和人文感。

与食物设计 100 的对话

王宸阳

"以艺术之素养融会贯通，寻找属于自己的语言。于上海和景德镇两个截然不同的城市间来回行走，亦在艺术探索中呈现了两个面向：前沿与传统的永续碰撞，设计与工艺的有机结合。当纯艺术专业素养融入品牌的原创设计及落地，对造型把握和色彩搭配的双重优势让我找到了属于自己的语言。"

FD100："你的食物设计方法是什么？"

王宸阳：食物设计是对日常的重新审视，我们并不追求用感官上的新鲜、刺激去改变这种日常性，而是希望用一些容易被人忽略的瞬间性和不确定性去捕捉日常中的诗意，将使用者对于物的看重悄然引导到对精神和细微感受的探索。所以我们强调机械无法企及的手工感，强调每一件作品本身所应具备的如本雅明所阐述的"灵晕"，也强调于细微中的诗性。

FD100："对你来说食物设计最令人兴奋的方面是什么？"

王宸阳：脱离于实用场景而存在的器物终归是缺乏生活的美感，器物能够烘托食物，让食物变得美好，让日常看上去更加充满沽力，甚至使人更愿意以殷重相付于生活，这是最令人感到满意和激动的方面。我们常听说玩物丧志，但是还有一个词——玩物养志，使用者能感受到设计的用意，从中得到刹那的鼓舞也好，便达成了超越产品的连接。这是令人欣慰的回馈，也让食器设计因此不止停留在对物的探索，还有对生活的改造，对心灵的辉映。

FD100："你的可持续发展方法是什么？"

王宸阳：瓷器的保存可以历千年之久，我们常看到遥远年代的陶瓷残片，但它们有的被叫做古董，有的只是要被清理的瓷片而已。这对我总会产生很大的警醒作用，所以在设计产品时，我常常会考虑它诞生并留存于世的必要性，一件产品是不是我们产品体系里不可或缺的、独特的填充，使用者会钟爱它多久。我想这种克制和追求精准也是一种环保意识。

王浩然

Alex Wang Food 工作室

王浩然 Alex Wang 毕业于法国蓝带厨艺餐饮学院，曾以合伙人及创始人身份在河北、上海等多个城市创立打造新颖的餐饮品牌。他擅长利用艺术审美和解构主义进行创作。精通法、意、中餐和创新性融合料理及甜品制作。2021年 Alex Wang 美食工作室正式成立。作为新一代90后，短短6年时间里，王浩然受到众多品牌青睐，邀约合作包括雀巢、格兰菲迪、光明国际旗下品牌翡丽百瑞、BOSCH博世生活、Rinnai林内、知名媒体平台等。打破传统美食理念，发觉改良新的品种菜系，传递美食真谛与热爱。2017年他在《明日之星》北京赛区中获得最佳创意奖；2018年至2020年间和雀巢珍致品牌共同打造了喵餐厅概念，2021年参加爱奇艺大型真人厨师竞技类节目《主厨的荣耀》荣获人气选手15强，团队组赛总冠军。

中国 CHINA

喵其林

雀巢旗下的高端品牌进入中国市场推出了拟人类宠物用餐新体验——喵其林餐厅。在猫餐厅中，猫咪可以享受到全部由宠物级食品来制作的精美摆盘和营养搭配的宠物料理，有着各种丰富的食材选择也可以让人来为自己的宠物来去订制食物。就好像我们知道猫科动物都是肉食动物且咀嚼能力不太好，常见的猫粮中是没有蔬菜加入，但猫餐厅中准备了很多处理到软糯的蔬菜和水果来搭配宠物罐头和宠物粮，让人们体验到宠物餐营养均衡的重要性。

BOSCH 博世 烘焙食谱

Alex与拥有100多年历史和创新工艺技术的德国品牌合作拍摄新系列产品的烘焙食谱，BOSCH的产品以科技和精良给使用者带来方便。Alex为了调整机器的冰冷印象，拍摄使用了手做而非模具制成的烘焙产品为主体。对于整体构图设计选用了更为柔和的大地色系和木质调作为基调，呈现效果上弱化了使用机械带给人们的刻板印象，突出了食物本身的真实质感。

音乐巧克力

为探求多感官相通的食物体验，与美食相遇的第8年，在2021年底Alex Wang个人品牌的食物工作室正式成立。工作室大部分的客户来自于品牌方和传媒以及线下活动，意在于制作不仅满足味觉的食品，而是更追求多感官体验相通的美食体验。巧克力糖果，依据传奇餐厅Ultraviolet以音乐搭配食物口味的用餐体验，在包装中随附带的二维码，搭配巧克力摆放顺序的歌单，不论在任何地方，体验者戴上耳机拿起巧克力就可以感受到味觉和听觉的融合。一个蛋糕用翻糖装饰成了花盆的样子，融入真实的盆栽植物。这个食品装置的制作表达食材本就是自然的一部分，即便现在可以用技术或者手工去模仿，去过度加工造型、味道、化学品，但是有生命力的食物是更贴合自然本身或者说是与自然结合更好的。

与食物设计100的对话

王浩然

"我是主厨、食品研发专员、食物造型师和烹饪培训师。在岗位之间得以平顺跳转的关键是：好看的是王道，好吃的是硬道理，好用的大家都喜欢。在以几个关键词做了结合后，在具体案例中调整。"

FD100："你的食物设计方法是什么？"

王浩然： 最初从事甜品厨师可以算技术岗位，所做的就是不断地学习、处理和烹饪各种食材的技法，还有味道、口感的搭配，在一段时间内不断地重复，直到自己完全掌握。随着这个过程的持续，我越发感觉到烹饪或者设计一个菜品的根源是来自于背后的文化，为什么这个地区会生长这个植物或者调味品，人们为何这样做搭配，都是依附于当地人的生活习惯和社会背景还有经济状况，比如辣椒、番茄、洋葱这些我们日常随手可以吃到的植物，是在明朝才从海外传入中国，一步一步地成为中餐里很重要的味觉组成部分，近些的是牛油果这个品类，在2000年之后才正式进口到中国，现在也已经是中西餐厅、家庭中很常见的食物。所以在菜品或者食物的设计中我有三个重要因素：因地制宜、营养物搭配、传统食材配现代技术。

FD100："对你来说食物设计最令人兴奋的方面是什么？"

王浩然： 我是主厨、食品研发专员、食物造型师和烹饪培训师。四个角度是以食物来贯穿作为基底，但又有各自领域的巨大差别。主厨要在合理的成本和定价下用自己的技能和对食材的理解加工食材，提供可口的菜品；食品研发专员需要的是以千百次的烹饪实验结果，得到最稳定的结果，以能确保产品的稳定生产流程；食物造型师则是在用食品与生俱来的质感去呈现，去搭配出视觉效果；烹饪培训师需要了解最适合不同场景下发生的烹饪需求，并提炼出来以最简单的方式教授给学习者。四者差别巨大，但都令我激动的事情就是在食物中可以表达，向外界传递自己，你的想法，你的做法，你的用心，都是可以通过设计的食物和菜品来呈现和感知的。

FD100："你的可持续发展方法是什么？"

王浩然： 在我的厨房中是生态养殖，在养龙虾的水箱中第二层作为贝类的养殖，龙虾的代谢物刚好是贝类的摄取物。厨房中的食材更是有各种用处，比如西兰花的根部通常都是扔掉，在我的餐厅是和黄油、洋葱、土豆一起做成蔬菜泥搭配肉类。

王琨

蘭頌餐厅

专业科研出身的蘭頌(La Chansonniere)的主理人主厨王琨不但有着理工科的严谨和科学思维，在他的身上似乎还奇妙地融合了法式的浪漫品位，在选取食材的时候，他视野开阔、有时别出心裁，特别喜欢发掘当季当地的优质食材。王琨擅长精准又富于层次的味觉呈现，同时在表现形式、味觉、视觉、口感、嗅觉"五感"体验的设计上常常有令人惊叹的巧思。

蘭頌餐厅一经问世就成为了美食家们关注的焦点，并连续获得2020年、2021年金梧桐中国餐厅指南年度餐厅，2020年、2021年环球美味卓越服务奖，橄榄"盛宴中国"餐厅评选《2020—2021年度最佳西餐厅》，TAGET2021目标之选年度最佳法餐厅等大奖。2021年蘭頌餐厅和大董、新荣记一起成为五个携程年度精选榜单餐厅之一，2023黑珍珠一钻餐厅。

中国 CHINA

君子如兰，风清雅颂

蘭頌 La Chansonniere 正如她的法语名字"la Chansonniere"（女歌唱者）一般精致优雅。"蘭"若君子，如切如磋，如琢如磨，代表了谦谨自律、不断探索创新的精神；"颂"者为歌，赞美生活，赞美自然。在传承法餐高品质的基础上，融入主厨王琨心血而独创新派法餐。空间以"水"为设计元素，整个色调保持纯白净透，曲线元素，波浪感布局，加上两处"水"掉落瞬间的艺术装置，增强空间层次感，让人随处可以感觉到一种动态的美，让用餐更有仪式感。蘭頌餐厅致力于挖掘本土应季有机食材，为食客创造"从有机农场到精致餐桌"的享食体验，同时打造"充分消耗＋循环利用"的低碳厨房，从装修选材和餐厅用纸、打包盒等都尽量使用环保可降解材料、再生材料。

"将国内食材以西餐的烹饪方式表现出来，也是融合的一种。"蘭颂 La Chansonniere 的菜单每三个月就会有一次大的调整，不仅仅是应季食材的调整，同时也能保持优质的水准和对于食客的新鲜感。"厨房对我来说和实验室是一样的，我每天都在研究创新，都在做细微的改动和调整，没有任何一样东西是一成不变的。"王琨很尊重传统法餐，他会用一周的时间精心做一碗长烧汁；会买来法国著名的面包老店 Poilane 培养了八十余年的鲁邦种就只为了一个法棍儿；他的厨房也会每天坚持自制烹饪所需的各种高汤……在传统的基础之上，他也会将注意力集中在国内食材，寻找它们身上可以闪光的点。比如，大兴安岭白桦树的树汁，虽然只是一个餐前饮品，也依然珍贵且美味。"我们坚持无论国外还是国内的食材，都要带有原产地标识，这也是对于自然风土的尊重。"

国内食材，国际表达

低温 25 日龄北京鸭胸配肥鸭肝慕斯和无花果高汤冻

法式经典名菜——膀胱鸡

北京鸭胸配肥鸭肝慕斯和无花果高汤冻

西式烹调技法的最高境界是跨越选材的地域局限，让食材发挥最大的优势。这道菜选用北京鸭代替法国的朗德鸭，北京鸭是中国国家地理标志产品，有400多年的养殖历史，原产于北京西郊，玉泉山及护城河一带，是育肥型肉用鸭种，肉质细腻，带有特殊的香味。鸭肉则经过精心调配的香料香草油浸渍熟成两周，蒸制后晾凉切块，与红酒肥鸭肝一起同无花果鸭肉高汤水晶冻叠放，是一道香气饱满、层次分明、回味悠长的冷食菜品。

法式膀胱鸡

法国人将肉或其他食材放在猪小肚里造就了最著名的膀胱料理。王琨选了本地养殖的七周龄芦花童子鸡，运用葫芦鸭的去骨手法在不破坏鸡腹腔整体形状的同时拆去部分鸡骨，填入整块处理过的肥鹅肝和法式炖饭，用棉线将整鸡捆绑成型，鸡皮下塞入松露薄片后放入猪膀胱烹调。鸡肉的鲜味和汁水全部留在里面，肉质奇鲜且嫩而多汁，口感拔群。

茉莉花甜品龙井绿茶

以龙井绿茶为基础的甜品，选用产自杭州西湖的明前龙井以 80℃ 的牛奶浸泡，加上福建福州出品的当季熏制茉莉花，以西式甜品工艺制作卡仕达奶酱，配以轻盈的茉莉花打发奶油、龙井绿茶生巧、开心果蛋白霜片，佐以爽口的青苹果雪葩和青苹果片，清新别致。

从有机农场到精致餐桌

北海道扇贝配烟熏酸奶油酱汁

轻度烹饪的sashimi级北海道扇贝，保持了鲜甜多汁的口感，轻裹一层薄薄的伊比利亚黑猪肉和紫苏叶，外层是天妇罗脆壳，佐以法式海鲜清汤为基底制作的烟熏奶油白汁，得到美食家沈宏非老师"水润、通透、空气感"的评价。

脆鳞甘鲷鱼

选用刺身级的甘鲷鱼，轻煎后使鳞片直立酥脆，同时肉质仍鲜嫩多汁，搭配带有柚子清香微酸的黄油鱼汁和香草油，口感鲜美、富于层次。

低温油浸布列塔尼蓝龙虾配法式经典龙虾汤

鲜活的布列塔尼蓝龙虾，最精华的虾身部位用虾壳浸渍制作的海鲜香草油浸渍，16秒精准的烹调充分表现蓝龙虾的鲜甜细嫩；龙虾碎肉制作香酥的龙虾脆片；龙虾脑和龙虾钳则运用繁复的法式两步法经典工艺制作浓郁醇香的龙虾浓汤，因为汤汁中含有极大量的钙质，加入橙汁即可形成口感轻盈、入口爆浆的橙香虾球……虾身、龙虾脆片、龙虾浓汤、橙香虾球，王琨把它们用一种富于建筑美感的方式装盘，邀请客人品尝来自海洋的至鲜之味，整道菜品主题突出又饱满丰富，是一道备受饕客盛赞的经典之作。

与食物设计 100 的对话

王琨

"我认为每一种食材都是有灵魂的，如同舞台上的歌手，好的设计赋予它艺术的张力、饱满丰富的表现力，帮助它充分表达自身的风格特色，色彩、呈现、味道、香气、层次、平衡、口感、体验……只有这样才能充分展现自然馈赠的美好，客人享用食物，如同观赏舞台上精彩纷呈的表演，不止满足味蕾，更加触动人心……"

FD100："你的食物设计方法是什么？"

王琨：我自己经营餐厅，食物设计是我的主要工作。当我决定选用一个食材作为主材呈现一道菜品时，首先会想象它是站在舞台上的歌手，它有什么样的特质？——质地、口感、香气、味道……如同歌手的音色、经验、风格、个性……选用对的烹调方式如同给歌手确定合适的曲目，酱汁的搭配就像舞台的布景、灯光，要完美衬托这个歌手，如果加上配菜则如同为这个舞台设计舞美，必须与歌手的表演相融合又不抢风头。有时，我也会设计双主角的舞台，和食物对话，不断发掘它们的魅力，是非常令人兴奋的部分。

FD100："对你来说食物设计最令人兴奋的方面是什么？"

王琨：我的食物设计，最终是为了给客人呈现最好的体验，和客人之间的互动是最令人激动、最有趣的部分。有时候我会提前考虑客人的反应，在菜品中设计一些小惊喜或者意外，让客人在用餐时感到我的心意，让我们之间用食物为桥梁，有了心照不宣的交流。比如我设计过一道菜品，外形看起来是一个普通的鸡蛋，侍者请客人在一盒鸡蛋中挑选对的菜品，这个过程非常有趣，客人通常很紧张也很兴奋，如果猜对了我会向客人赠送另外一道菜——一条看起来很硬的肉干，但吃起来是非常细腻的蔬果慕斯，一个谜题加一个小意外，客人经常会非常兴奋地叫起来。

FD100："你的可持续发展方法是什么？"

王琨：作为中国环保协会CAEPI的环保大使，我认为可持续发展的理念至关重要。在蘭颂，《节能环保管理条例》是《员工手册》中的重要部分，厨房里专设的节水系统由我设计发明。对于每一位进入厨房的新人，我都会专门对他做一次关于食材的充分利用方面的培训：葱的每一个部位（葱白、葱须、葱叶）都可以用来做不同的烹调；一条鱼，整块的鱼肉用来做主材，鱼鳞、鱼骨做高汤，剩余的鱼肉做酱或者做成鱼丸，同理其他的禽畜类食材也一样；海鲜的壳专门收集起来和香草一起浸渍的海鲜油是烹调时很好的配料；制作蛋糕甜品的边角料也可以做成新的派或者其他样式的小吃……蘭颂所有的包装盒都是环保可降解的，印刷品使用的都是再生纸张。

中国 CHINA

王杨

良设夜宴

王杨，跨界创新文化体验空间良设夜宴联合创始人&设计师，国内著名跨界设计师，曾荣获德国IF设计大奖、香港40 under 40 大奖、AD100设计师等诸多奖项，并与众多国际品牌跨界合作，如：施华洛世奇、双立人、华特迪士尼、ELLE、悦榕庄、梵克雅宝、澳大利亚羊毛局等。

镜花水月：中国颜色的味道

良设夜宴融汇了上海开埠以来的多元文化，以及中西交融的建筑遗址。共一千多平方米，拥有两层半的超大空间，空间设计理念遵循着中国美学精神之"造境"。镜花水月晚宴，设计师以先锋的艺术实验精神加上厨师团队的天马行空与专业修养，在食物与艺术的融汇上形成了绝妙的碰撞。

菜单"镜花水月——中国颜色的味道"一共分为五个篇章，在概念与形式上创新突破。菜单灵感来自于中国传统颜色，五个篇章分别表达了不同的颜色和美学意境。整个晚宴菜单的颜色变化是从浅色到深色，从冷色过渡到暖色，从第一部纯洁的白（玉白、月白、荼白）转换到说不清、道不明的青色，再到虚无的丹墨之色以及情感色彩浓重的中国红，最后以一抹金色收尾。菜品也以对应的节奏由轻到重，从起始的清澈发展到后面的浓郁，口感与变化层次递进。无论风轻云淡还是浓墨重彩，食物带给人们的探寻与发现总是在一个相对应的颜色中慢慢开启。

桃红柳绿：多媒体艺术午餐

"桃红复含宿雨，柳绿更带春烟。"唐代王维这首《田园》的意境，终于因为宋人花鸟画的巅峰之作而有了最浪漫的诠释。在开春的时节，良设夜宴创始人王杨特别以宋代风雅意趣和自然生命为灵感，结合全沉浸式的场景、多媒体数字视觉以及独具特色的美食创意，带来了一场美妙的感官盛宴和人文艺术享受。

"桃红柳绿"多媒体艺术午餐包含了8道式的Fusion美食，品质一流的食材通过大胆创新的组合产生了强烈的味蕾碰撞，加以精心搭配的美酒以及宋人花鸟的闲情逸趣。沉浸其中，不由得让人忘却了尘世的烦恼，似乎世界的一切都变得那么美妙而兴致盎然。

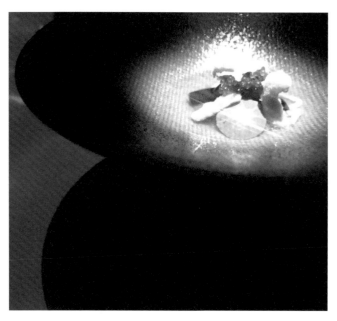

浸入式舞剧下午茶——新唐浮梦

全球首家以大唐文化、美食、音乐、舞蹈以及人文生活方式为理念，面向当代的沉浸式餐厅良设夜宴，携手国内顶尖以中国传统文化为核心、以当代语境为表现手法的艺术团队太和金共同带来一场"舞蹈＋现场音乐＋美食＋多媒体"四位一体的先锋艺术盛宴《新唐浮梦》。

当下最为流行的沉浸式体验，打破了物理世界与数字世界之间的界限。置身其中的观众既是旁观者又可以是剧情中的一部分。沉浸式剧目通过演员的转场、平行的线索、场景的切换、多媒体视频以及跌宕的剧情，带领每一位观众浸入到一个虚拟现实世界之中。在虚实结合的世界中，真实的感官体验巧妙地穿插其间，观众可以一边欣赏舞蹈，聆听音乐，追逐演员的身姿，一边品尝到风雅别致的茶食美点，从而融入在一个集"听觉、视觉、味觉、触觉、知觉"为一体的身心体验之中。

与食物设计100的对话

王杨

"我试图通过西方时尚奢华形态的产品,传达出设计师自身传统的东方精神及当代生活方式,通过人们既熟悉而又陌生的语言和形式来表达个人独特的设计理念及生活品味。"

FD100:"你的食物设计方法是什么?"

王杨:我会先从食材本身考虑,口感、味道以及时令性的搭配,然后是食物色彩,出品和器物的搭配,以及与影像主题和音乐的搭配,是一个完整的体系和逻辑。

FD100:"对你来说食物设计最令人兴奋的方面是什么?"

王杨:当一盘具有精美视觉和完美口感的带有灵魂的菜品呈现在食用者面前,打动食用者并使其感受到你的内心,那是非常令人激动的时刻。

FD100:"你的可持续发展方法是什么?"

王杨:我理解的环保可持续并不是一种理念,而应该是一种行为,是一种生活方式。在餐厅里我们使用环保型的冷暖系统,尽量使用环保可降解的材料,对食物边角料进行再利用⋯⋯

伍星源

聚福山莊

伍星源，现任顺德聚福山莊饮食集团出品总监，获得世界中餐联合名厨委员、国家高级烹饪技师、职业技能竞赛国际评委、高级营养师等资格；精通粤菜烹调，致力于挖掘保持传统特色名菜，兼收并蓄，吸收古今中外烹调的优点。

中国 CHINA

古法叉烧

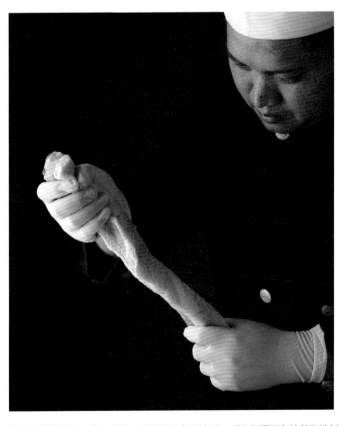

古法叉烧是旧时一道广府菜，已经有30年历史了，后来伍星源在技艺和选材方面进行改良升级，使此成为了聚福招牌菜式。

选材方面，选用土猪的正腩部位，肥瘦适中；咸蛋黄选择高邮红油沙咸蛋黄，糯中带粉；调味方面采用糖和叉烧酱，腌制一小时，然后用180℃炉温，炭火炙烤。叉烧经过高温炙烤后，外焦里嫩、肉汁丰富，一整块叉烧放入口中，叉烧油脂与蛋黄的咸香相结合，丰盈的口感回味在舌尖。著名美食家蔡澜先生也对这道古法叉烧赞不绝口。

XO酱焗青龙

XO酱源自于香港20世纪80年代，因味道百搭而闻名，是顶级奢华的调味品。而聚福自制XO酱选用上等干贝、虾米、金华火腿、咸鱼、蟛蜞卵等材料，经过反复的浸、蒸、切、剁、翻炒等步骤精制而成。

XO酱配上肥美的小青龙，未尝，香气便先征服了嗅觉，爆炒过程中酱汁慢慢渗透进龙虾的肌理，使得丰满的肉质更加诱人，吃起来非常够镬气，各种滋味在口中层层蔓延。

黑松露蒸无骨鳓鱼

顺德人吃鱼自有一套，食法可谓出神入化，其中无骨鱼就极其考究厨师的匠心跟刀工。聚福黑松露蒸无骨鳓鱼，选用吊水鳓鱼，肉质清甜、无泥腥味，一刀剔骨，每片鱼肉厚薄一致。奶白的鱼肉配上"餐桌上的黑钻石"黑松露，独特浓郁的菌香更能激发鲜味碰撞，鲜、香、嫩、滑涌入舌尖，绽放味蕾盛宴，让人体会到真正的"鱼"味无穷！

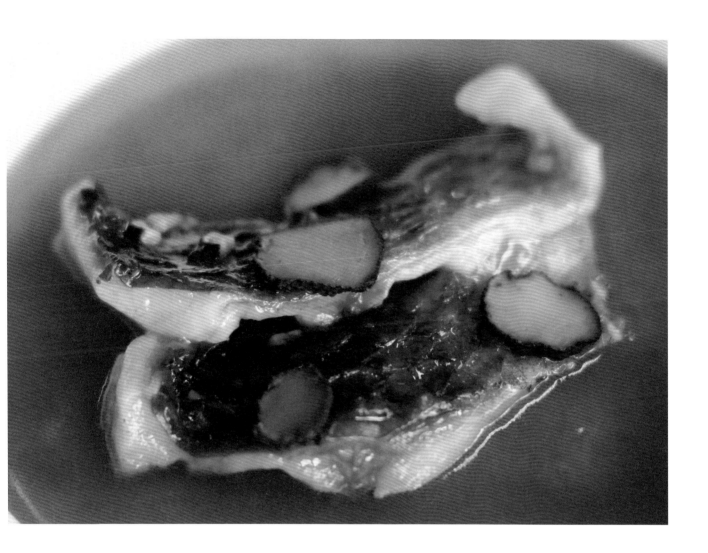

与食物设计100的对话

伍星源

"粤菜文化博大精深、源远流长、味蕴深情，我在酒楼酒店管理、高端接待和大型宴席等多方面实践中总结了经验：工作要认真，保持激情，给客人最好的一面，对菜品的设计要理性、融合、把握分寸，多方面思考呈现更好的作品。"

FD100："你的食物设计方法是什么？"

伍星源： 食物设计需要由内到外，综合考虑。首先明确食物的特性，再了解食物的文化底蕴，基于对食物的认知，选择适合食物的烹调方法，层层结合，其中还需要考虑外界因素，包括食物在上桌过程中的温度变化，现场光线、环境等。这对器皿使用、摆盘方式等有着不同要求，影响黄金分割线、留白等各种意境呈现与颜色搭配运用。考虑周全才能呈现出食物最佳的味道与卖相。

FD100："对你来说食物设计最令人兴奋的方面是什么？"

伍星源： 2020年"鳳遇·星厨晚宴"活动令我为之激动。食物设计是美食、艺术、设计的跨界，而这场活动以食物的文化和食物设计为主题来呈现，现场的灯光、环境、音响、气氛充分到位。由精挑细选的食材，突出粤菜，尤其是顺德菜的烹调手法，以及传统菜式创新风味，体现不时不食，多方面的文化阐述和现场体验。不同产地食材所具备的不同特质，可以进行融合创新，其丰富而奇妙的搭配令人如同寻宝，充满惊喜。

FD100："你的可持续发展方法是什么？"

伍星源： 环保可持续发展是21世纪的一大课题，我认为在大自然赋予我们美味的同时，我们也应该遵循大自然的规律，应时而食，不过度捕捞、采摘等，维护生态环境的平衡。

Wild & Root 工作室

Franziska Horn&Linda Lezius

弗兰齐斯卡·霍恩&琳达·莱齐乌斯

Wild & Root追求创造感官上的美食体验,发现有趣的自我意识。其作品模糊了艺术装置和手工艺品之间的界限,鼓励与可持续理念的互动对话,为每个人寻找叙述、参与式活动并赋予团队权力。Wild & Root 的目标是通过创造性的故事讲述在互动体验中传达食物的价值。她们希望每个人都明白为什么健康、可持续生产的食品是更好的选择。她们设计与食物相关的整个互动、探索和体验世界;而不仅仅是美丽的、可在社交媒体上分享的菜肴或产品。

德国 GERMANY

TEMPTING SUPPER
诱人的晚餐

摄影师: Lars Hübner

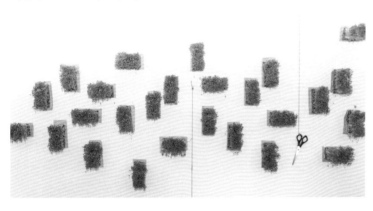

Wild & Root为食品供应链公司设计了一个室内互动装置,推广当地产品,然后邀请人们在此就餐,从不同的角度观察食物。客人们坐在一张长桌上,可以随意走动。房间里随处可见的晚餐食物,表达了一种新的"共同"的饮食方式,客人可以轻松随意地面对面交流。但获取食物的方式有所不同,客人必须从垂直插在墙面上的土壤里剪下水芹菜,必须从天花板上拉下松紧带上的意大利腊肠,必须和身边人一起磨碎黄瓜。过程中人们不再被动接受食物而是主动迎接,同时和身边人进行意想不到的有趣互动。

EAT A CART PERFORMANCE
购物车表演

摄影师：Carina Adam

食物也是一种语言，让人们不用说话就可以了解自己。Wild & Root 为 2017 年的柏林美食艺术周开幕式创建了三个创意美食车。

每个车里都装着不同的食物。第一辆餐车放着面包和用废弃蔬菜制成的酱料。随后是一个白色的盒子，里边有一个服务员，他的手从小洞里伸出来端着一盘实际上是低温烹调的西瓜的假肉。还有一个装着彩色糖果的黑盒子。人们在这里游走随意拿取喜欢的食物，这个举动也反映了他们时常而又无意识的消费。

TASTE OF HOME
家里的味道

摄影师：Filipe Lucas Frazão

食物通常只是身体的一部分，但 Wild & Root 致力于让食物在地域划分、城市旅游、农村发展等领域发挥重要作用。她们在葡萄牙里斯本设计了一个活动，采访七位当地人，拍摄他们的肖像并展览，然后为他们准备一场晚宴。晚宴含七道菜，每道菜都是对一位参与者的诠释，代表了他们的故事和性格。而每个参与者都能从菜中一定程度了解到其他人，就餐中的每一口食物都让这种了解更加深入。这个活动将个人的故事和食物联系起来，发现每种食物的个性也是发现自己，让彼此更加靠近。

与食物设计100的对话

Wild & Root 工作室

"食物是身体、经济循环，食物是权力和政治！我们致力于表达食物中不被发现的这一层。"

FD100："你的食物设计方法是什么？"

F&L：我们对食物设计的定义非常广泛。它不仅仅是创造一个物体，也是与食物行为有关的整个世界。设计为我们创造创新的沟通方式，而食物是设计过程中的材料和媒介，也是每个人日常生活的一部分。食物是易于获得的通用语言，联系人们，让人们彼此接触、玩耍，在真实世界里互动。在更大的维度里，食品将奇妙的自然与人们联系在一起。

FD100："对你来说食物设计最令人兴奋的方面是什么？"

F&L：我们认为自身体验是食物设计中最强大的方面之一。用食物与他人交流时，我们的思想和行动就会发生变化，在食品产业中，自我体验也能创造更多经济价值。这就是为什么我们要与可持续发展的品牌合作的原因，不是为了提倡更多的消费，而是为了支持那些追求更好服务的人。另外，食物也是最直接的语言，一个人在国外不理解本地语言，但食物能让他在一顿饭中迅速熟悉。食物甚至可以作为一种政治声明，人们绝食抗议或抵制某些食品品牌，来表达我们对政治权力和不道德行为的不满。无论是涉及政治、经济还是环境，食物都是传递不同信息的有力工具。

FD100："你的可持续发展方法是什么？"

F&L：几十年来，致力于环境可持续发展的公司一直在为我们提供重新联系的机会。然而突然之间，我们才发现其实并不知道面粉来自哪里或谁在收获蔬菜。可持续发展仍是一个模糊的定义，并且经常被用作卖点。我们建立了自己的标准，如何对待员工和其他同胞，如何组织业务流程和活动，以及产品或服务的标准。我们需要真正的经验才能清楚与环境的距离有多远，我们的目标是发展人与人之间真实的、无障碍的和具有艺术美感的活动来支持这种意识。

谢雨

传达设计师

谢雨，同济大学设计创意学院传达设计学士，毕业设计作品曾受邀于莫干山M50创意园展出。硕士毕业于慕尼黑应用科技大学跨学科专业 Advanced Design，其间主要致力于运用传达设计方法论，通过实验性设计项目探讨"人与食物的关系"以及"饮食文化与环境的关系"相关话题，硕士毕业设计作品荣获 Future Food 第二届 +86 国际食物设计大赛银奖。

中国台湾 TAIWAN，CHINA

媒体自助餐

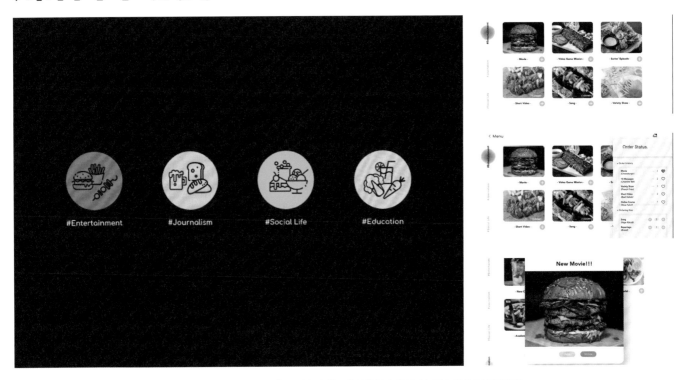

"Media Buffet"是一个快闪自助餐吧概念，受"Slow Media"运动的启发，鼓励体验者反思自己的日常媒体消费行为。

随着全球信息传播的扁平化、媒体消费形式的多元化，个体获取的资讯信息量时常趋于过载。在当今时代五花八门的媒体平台和信息洪流中，人们该如何自处？当人们摄取过多信息时，大脑会难以处理它们从而可能产生负面情绪，正如摄取过多食物时身体难免会消化不良。

本项目将"摄取信息"和"摄取食物"类比，用一场自助餐来比喻媒体消费行为，用物理意义的"吃"比喻从各种媒体平台获取信息的行为，并以不同的媒体消费行为来命名菜品和饮品，从而鼓励体验者如同在进食时考虑烹饪方式和营养均衡一样，在日常的媒体消费中，有意识地挑选信息来源和信息种类，并平衡自己在不同类型的媒体平台花费的时间和精力。

糖瘾

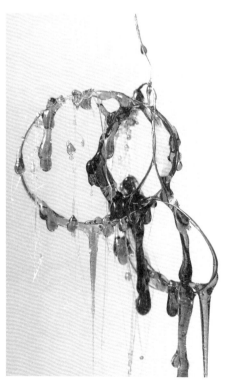
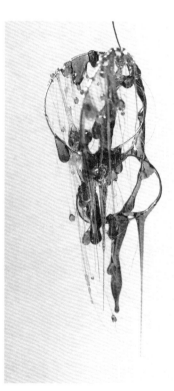

时至2018年，部分国家已经施行糖税政策，对含糖饮料额外征税从而提升其售价，旨在鼓励国民更健康的饮食消费习惯。"Zuckersucht / 糖瘾"是一个基于对欧洲热点时政"糖税"的思考而创作的实验性项目，试图通过首饰艺术来探讨"人体"与"糖"的关系。

将糖制成晶莹却脆弱的耳环，戴上耳环的行为正如人体摄入糖分的过程。随着佩戴时间变长，糖会由于体温而逐渐融化，带来令人不适的黏腻触感。正如持续地摄入过多糖分，也会给身体造成负担。项目告诫人们在享受糖和甜食带来的快感时，同时也要警惕甜蜜诱惑下可能潜藏的暗涡。

未来蛋白商店

或许在未来会有这样的景象：一家名为Meat Around The Corner的蛋白类食材商店坐落于某社区公园的儿童乐园旁，这里还生活着为商店的产品捐赠细胞的动物们——这里专售基于"动物细胞人造培养肉技术"生产的蛋白质食材，这些商品都以捐赠者命名。节假日期间最畅销的产品是"假日复刻鸟"套装。每套通常包含：一块预制的培养肉；一瓶营养液喷雾；一个预制的鸟皮；印有组装说明的餐巾纸；一套由浓缩的固体调味酱，或是韧性陶瓷制成的支架。商店还推出只有翅或腿的"鸟"系列。店里有只名叫"Dora"的暴脾气下蛋机，顾客可以在这里定制并3D打印自己理想的"鸡蛋"……

假设不伤害任何动物就能生产的"细胞培养肉"在未来某个时候成为了稀松平常的食材，人类社会未来可能形成什么样的生产生活方式和饮食文化？"Meat Around The Corner"是一个基于"细胞农业培育人造肉科技"创作的思辨设计项目，通过伪记录故事的形式，想象并描绘了在细胞农业的影响下可能出现的未来生活情景。本项目旨在挑起围绕这项科技的辩论，并引发对当下动物农业生产方式的反思——什么才是好的生产方式？大众能如何认识和想象新的食品科技？食品科技的进步会不会改变人类的自然道德边界？大众对未来的饮食文化又有怎样的期许？此外，也希望能通过这个项目，鼓励更多关于未来可选择的蛋白质食材的讨论。

In Vitro Protein Store
Since 2035

Meat
Around
The Corner

与食物设计 100 的对话

谢雨

"我认为共情能力是设计师必备、最宝贵的技能之一。在工作中,设计师通常会接触到许多行业,但对于专业性较强的问题,设计师往往很难提供一个最优解。当专业领域提出了更优解时,我认为作为设计师的职能是扮演'中介'的角色,充分发挥共情能力,需要站在对方的视角,去观察、去感知。尝试走用户走过的路,做他做过的事儿,看他所看到的东西。从而帮助大众去理解和想象新的科技,同时将大众的期许反馈给专业领域,促成更优化的生产方式的施行。"

FD100:"你的食物设计方法是什么?"

谢雨:从最初为食品和饮品打造品牌形象,到现在围绕食物课题进行实验性的创作,我对食物和饮食文化的意义认知逐渐升级。现在对我来说,食物可以是辅助沟通的利器,它拓宽了传达设计的维度,带来了更多可能性。我常用类比的手法,以食物或者饮食体验为媒介,来探讨某个观点或是抛出某些问题。

FD100:"对你来说食物设计最令人兴奋的方面是什么?"

谢雨:我热爱食物设计是因为这是个奇妙的课题,食物总能串联起许多领域,大到地球生命小到日常餐食,有无穷无尽值得思考和探究的问题。在这个课题上,总能找到令人惊喜的洞察,一些日常可能被忽略的饮食习惯或者烹饪方式,或许也能升华出创作的空间。

FD100:"你的可持续发展方法是什么?"

谢雨:我理解的环保可持续理念,既是将视线放在更广的尺度上,不断对现有生产生活方式进行优化;也是将视线落在最小的实处,从质疑个人的生活方式开始反思。相比于提出有技术含量的更可持续的解决方法,我或许更擅长通过抛出问题来引导观众进行反思,甚至不惜通过设计去"冒犯"观众。我认为,当大众的需求和价值观发生改变时,才能更好地践行环保可持续理念。除了产品输出的环节,设计师还可以影响消费观念形成的环节。

邢蓬华

影杉工坊

邢蓬华大学本科毕业后赴法留学，主修工业设计，获法国国家硕士学位、法国国家设计师文凭，2008年回国后就职211大学，并执教工业（产品）设计专业，开创"食品造型设计课程"。荣获广东省高校工业设计专业教师创新大赛"金尺奖"、2020年国际食物设计大赛"食物产品设计大奖"、2021年国际食物设计大赛优秀奖、2021年入选广东工业设计三十年"设计青年百人榜"。在食物设计教学领域引导学生享受食物设计的乐趣，将食物作为创作的语言符号，通过食物讲述人与自然、人与社会的故事。在食物设计商业领域，致力低碳环保食物设计研发与推广，倡导健康饮食的可持续性发展，并重点打造商业市场中的新派创意素食、时尚素食的创意设计。

中国 CHINA

地水火风——喂食大自然

这组作品的灵感来自于万物的起源，是一个关于生命体与自然关系的食物设计创作。材料只有两种，天然可食用色素、水。

作品材料取材于大自然，后加工制作，成为食物，用以喂食并回归大自然。过程通过地、水、火、风，成型、溶解，再循环落入我们的自然星球。动物与自然、人与自然的关系，正如作品慢慢消失在地面、水流、空气中一样，彼此都是短暂的相遇，敬畏与互利，和谐共存，才是未来人类与宇宙天地、自然万物和平相处的方式。

食物的圣诞节

生活中各种仪式感的呈现，少不了食物的加持。作为食物，是否也能享受属于自己的仪式感？食物圣诞节，这个作品让食物成为被人服务的对象，邢蓬华将圣诞节中符号性的色彩元素融入创作灵感，将食物与仪式感解构重组。一样的圣诞食物，但食物的目的却是截然相反的，人为食物而服务，让食物完成圣诞的寓意和装饰，食物也不再是满足要吃掉它的人。

蔓莳 MAYS 创意美蔬

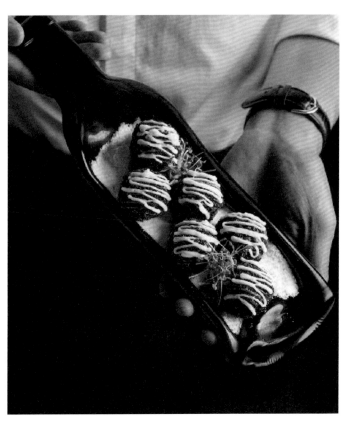

致力素食文化，用创意的产品设计引领年轻一代的蔓莳 Mays，从品牌 VI 设计到店面 SI 设计，都将大自然天地万物、绿色生命蔓延的符号元素用现代工业的表现手法，转换为建筑材料语言。在城市 CBD 核心区域，构建出一方最接近植物食材的天地，再将跨界的创意思维，通过器皿、餐具，植入人心。作为食物出品，蔓莳为不提供含酒精饮品的餐厅，创作了一款由热熔后的红酒瓶制作的艺术容器。当服务员将椰汁柠香竹炭芝士球像侍酒师展示酒标一样展示在客人面前时，这道由超级食材藜麦为主角的菜品，已然成为一件仪式感极强的观赏品。奢华的黑色竹炭粉将蔬食包裹后展现在雪白的椰蓉上，黑白反差的碰撞感颠覆了众人对素食的传统认知。轻轻咬下，芝士与柠香充盈口腔，除了舌尖上的味觉惊喜，更是一场视觉的盛宴。蔓莳将跨界设计思维运用到商业餐厅出品中，践行可持续食物设计的理念，倡导将更天然、健康的食物与环保理念推向大众。

与食物设计 100 的对话

FD100："你的食物设计方法是什么？"

邢蓬华：作为教师，引导学生享受食物设计的乐趣，将食物作为创作的语言符号，通过用食物为材料，创作制作出可以食用的作品，并通过作品讲述人与自然、人与社会的故事。作为食物设计师，致力低碳环保食物设计研发与推广，倡导健康饮食的可持续性发展，助力新派创意素食、时尚素食的创意设计。

FD100："对你来说食物设计最令人兴奋的方面是什么？"

邢蓬华：不像"食物"的食物，赋能食物情感化需求表达的创意设计。使食物成为不再仅仅通过人类咀嚼行为进行营养消化的新产物。

FD100："你的可持续发展方法是什么？"

邢蓬华：减少碳排放，将宗教素食人群向健康素食、创意素食、时尚素食人群转化。结合商业项目，赋能可持续食物设计的理念，打造创意融合蔬食料理，倡导将更天然、健康的食物与环保理念推向大众，将跨界设计结合蔬食出品，吸引更多新时代的消费者。

邢蓬华

" 不爱美食、烹饪的设计师不是好老师。将对大自然的敬畏、对生活的热爱与对社会的思考，通过食物设计，分享给愿意去品尝、交流的人们。"

中国 CHINA

杨敏

"食·育"开放教育平台

杨敏博士，浙江大学公共卫生学院营养与食品卫生学系副教授，博士生导师。浙江大学健康医疗大数据国家研究院"人工智能与营养大数据研究中心"副主任。现为中国营养学会理事，浙江省营养学会副理事长，注册营养师工作委员会主任委员。她开发了基于"治疗型生活方式干预（TLC）"理论的代谢综合征专家干预系统（注册营养师团队平台），以及"基于精准计量的智慧餐盘菜品营养分析和消费者营养评估系统"；共获得国家知识产权局授权实用发明专利4项，实用新型专利2项，软件著作权2项。2018年，创立了全国第一家高校"营养晓屋"和一支公益性的TLC注册营养师团队。2021年，浙江大学智慧化营养健康食堂获得了联合国粮食系统峰会可持续消费中国行动平台（UNFSS-AT2）与中国绿发会良食基金共同发起的食物可持续转型领域年度最佳实践奖。

智慧化营养食堂

智慧化营养食堂可结合智能化硬件设备，将消费者用餐数据传输到后台，精准分析消费者每日、每餐所摄取的食物及营养素，依托大数据精准安排个性化营养食谱并提供合理化用餐建议。同时通过定量计算、定量采购，争取实现当日食品原料零库存的目标。

2015年，浙江大学后勤集团饮食服务中心与浙江大学公共卫生学院杨敏博士团队合作，成功开发了国内首条智慧营养餐线。2018年，浙江大学玉泉校区二食堂又推出了第二代基于"人脸识别"和"精准称量"技术的智慧营养餐线。该餐线采用自动就餐模式，用餐者通过菜肴显示屏可以实时看到自己所选菜肴的重量、价格、卡路里含量等信息；全部选餐完成后，智能系统可自动生成当餐食物的营养分析报告，并通过手机小程序推送给就餐者。

膳食营养分析报告根据就餐者的年龄、性别、身高、体重及健康状况等，对其膳食摄入是否合理、膳食搭配是否均衡进行评估，并提出合理膳食和运动建议，从而帮助就餐者更好地实现平衡膳食和主动健康管理。杭州市府大楼职工二食堂的智慧营养餐线依照国家十三五重大科技专项"中国心脏健康膳食"的原则进行配餐设计：整体烹调上少盐少油少糖，讲究食材的选择和搭配。荤菜多选择鱼禽等白肉，减少猪牛等红肉的供应；蔬菜品种增加，多选择高钙、高钾、高镁、高膳食纤维的蔬菜；主食会有杂粮米饭和红薯、玉米等粗粮的供应；另外还配上营养师特别研发的风味奶昔、花色豆浆等健康饮品。此外，市民中心智慧营养餐线的推广实践还表明：与普通餐线相比，智慧营养餐线的剩菜量明显较少，在实现膳食营养均衡搭配的同时，有效减少了食物浪费。

营养晓屋

2018年，杨敏博士在浙江大学教育基金会的支持下成立了"公共卫生学院乐活食育基金"和"TLC注册营养师团队"，并在浙大后勤集团和公共卫生学院的支持下成立了高校首个"营养小屋"，配备了人体成分分析仪、握力计、人体体态评估等专业检测设备，为广大在校师生提供饮食配餐指导、营养与健康咨询、体重管理等公益服务。

TLC注册营养师团队开创了浙江大学营养科技落地服务的品牌效应。目前已分别在浙江大学紫金港校区、杭州市民中心、杭州第十一中学等单位创建了"营养晓屋"™，并安排专兼职的注册营养师常驻，以营养小屋为基地开展营养配餐、营养咨询、食育沙龙、健康管理等多种形式的健康促进活动。

杨敏博士创造该团队，就是希望能够凝聚营养界的专业力量，共同传播营养健康知识，推广健康生活方式，并推动食物系统的健康可持续转型。深入学校食育工作开展以来，发现儿童青少年营养健康素养堪忧，认为青少年儿童的食育教育工作尤其重要。她曾在一次讲座上分享"营养师的角色——校园营养健康食堂建设"，指出会在学校针对学生开展更加多元化的食育课程及活动。在新生报到当天，学校就组织新生进行了一次学生营养健康素养调查，其中有一组关于营养知识的题目，共10道题，答对6道以上为及格，但及格率只有34.7%。

杨敏博士觉得这个数据很正常，它说明我们的家庭和学校还没有形成食育教育的环境和氛围，学生们得到营养知识的途径太少。"有23.85%的同学不能坚持每天吃早饭这个数据让我很心疼，我问过同学们为什么不吃早饭，有的说是时间太紧了，有的说是刚起床没胃口，还有的说父母做的早餐不合胃口，但不管什么原因，饿着肚子上课对学生的成长都是一种伤害；有87.6%的同学希望了解营养知识这个数据让我很开心，这说明我们的学生还是很渴望得到健康营养知识的。接下来，我和我的研究生们，会经常到杭十一中，为学生带来不同形式的食育讲座，不断提高同学们的营养健康素养。"

未来社区健康智慧菜市场

2020年，一场突如其来的新冠疫情，令中国武汉的一家菜市场记入了史册。"后疫情时代"，许多城市都加快了改造提升菜市场的步伐，在改善卫生条件，保障食品安全，以及减少人畜共患病风险方面成绩斐然。然而，对于菜市场硬件条件的美化升级，并不能抵御连锁超市、生鲜网购和外卖餐饮对菜市场的冲击。如何重新认识菜市场作为"食物供应"的最小枢纽，及其与新时期中国人的饮食特征、生活方式，乃至其背后的食物供应系统的复杂关联？

未来社区营养健康智慧菜市场项目实施主要从组织保障、健康支持性环境建设、健康生活方式营造、三位一体平台建设和标准建设等不同维度开展。以健康智慧农贸市场建设为抓手，通过移动互联网、人工智能等信息技术与现代农业、营养健康产业的融合，不断推进老百姓食物供给侧的结构性改革，从而引导居民合理改善膳食结构，提高营养健康素养，进而以合理的食物消费引导食物生产，对于促进民生健康和社会可持续发展具有重要意义。

"食·育"开放教育平台

"食·育"开放教育平台由浙江大学公共卫生学院发起倡议，由浙江大学教育基金会公共卫生学院乐活食育基金提供支持。平台旨在为教育工作者、营养指导人员、儿童家长等提供由营养学、教育学、儿童保健学等专家审定和推荐的成体系的食育教育资源，促进中外和地区之间的食育交流，培养优秀的食育师资力量，通过发挥高校力量助力于全民食育体系的建设和健康中国学生营养改善行动的落地，促进儿童青少年营养健康的全面提高。平台将从食育课程和食育活动两大方面着手，提供开放的食育教育资源。携手社会各界力量，共同推动食育工作的落地。让教育回归生活，让食育改变未来。

我为自己配餐

危险的面包

遇见胡萝卜

1. 食育课程

涵盖了各年龄段，包括幼儿、小学、初中、高中、大学等。融合劳动、体育、健康教育、生物、化学、科学、地理、历史、政治、语文、英语、数学等学科，围绕食品安全、合理膳食、饮食文化、餐桌礼仪、感恩教育、厨房烹饪、环保意识、栽培种植等多种食育教育相关主题设计了食育特色课程。为了保证食育课程的含金量，每个课程均由营养学、教育学、儿童保健学等专家审定和推荐。适合于教师、学生、家长、营养师等多种身份的人群使用。可以自行根据需要，了解课程详情，注册平台账号成为食育讲师即可免费下载课程PPT及教案。亦可在该平台分享食育课程。

2. 食育活动

以学生为中心，在学校或校外教育机构的指导下，孩子们根据自己的兴趣、爱好以及实际需要，自愿参与、设计、组织的校内和校外食育实践活动。

2022年，浙江大学公共卫生学院联合浙江省疾病预防控制中心、浙江省营养学会共同组织开展了浙江省合理膳食行动暨第一届中小学食育大赛，全省11地市积极动员、报名踊跃。截至5月10日，大赛筹备组共征集到有效报名作品670个。经过专家分级评审，共有60个作品进入决赛大名单，在决赛现场决出幼儿组、小学组、中学组各1个一等奖、2个二等奖、3个三等奖，以及优秀组织奖、最佳现场表现奖和最佳视频创作奖。

与食物设计100的对话

杨敏

"持续专研在校园营养健康促进与食育研究的她，希望在教育4.0时代，让教育回归生活，让食育改变未来。携手社会各界力量，共同推动食育工作的落地。"

FD100："你的食物设计方法是什么？"

杨敏： 作为一名营养师，我的食物设计概念主要聚焦于"营养健康"。营养的要谛是吃到嘴里，进入眼睛和耳朵的营养知识改变不了营养状况。因此，如何平衡"营养健康"和"美味可口"的关系，通过设计营养又健康的美食，切实地改善人们的营养健康状况，减少营养不良和慢性病的发生，是我追求的主要目标。同时，作为一名大学教师，我一直在校园和社区的营养健康促进和食育研究领域进行探索和实践，深刻地体会到：我们需要凝聚全社会的力量，从生命早期开始，在孩童牙牙学语、蹒跚学步之时就开始食育，并贯穿人的一生，并将全人教育的理念回归到生活教育中去。

FD100："对你来说食物设计最令人兴奋的方面是什么？"

杨敏： 改变未来。从小的方面讲，通过设计和提供营养健康的食物，我们可以成功地改善各类人群的营养健康状况。比如个子长高了，减肥成功了，血压、血糖指标正常了，无论对孩子还是老人来说，这都将对他们未来的生活产生巨大影响。从大的方面讲，这几年我和我的团队通过在机关、学校、企业和社区创建"营养晓屋""智慧营养健康食堂""智慧健康菜市场"和"乐活食育基地"，努力将营养学和食育领域的最新研究成果转化应用到真实世界中，改变公众的饮食观念及健康生活理念，引导居民合理改善食物消费结构，促进食物和营养的可持续协调发展，改变人类和星球的未来。

FD100："你的可持续发展方法是什么？"

杨敏： 人类社会的持续性是由生态可持续性、经济可持续性和社会可持续性三个相互联系不可分割的部分组成。食物链是生态系统中的重要环节，食物链条上的各种生物通过一系列吃与被吃的关系相互依赖、相互制约。若某一环节出现问题，生态系统就会发生紊乱，灾难就会降临。因此，维护食物链对于保护生态平衡乃至维持整个人类社会的可持续发展至关重要。我们团队一直以来通过"传播营养健康知识，推广健康生活方式"的形式来推动食物系统的健康可持续发展。或许可持续发展道阻且长，但我们始终相信"路虽远，行则将至；事虽小，做则将成"。

杨晓斐

跨学科产品设计师

杨晓斐是一名跨学科产品设计师，一个偶然的项目让她接触到了食物设计，在英国求学的两年里，她一直活跃于食物设计领域，认为"食物设计"天生自带叙事性，它们拥有自己独特的表达方式，更能在人们接触时，体验到前所未有的自我感受。这些方向也正是她一直所追求的：结合用户行为洞察和设计思维的应用，用多元化的视角创作出具有社会影响力的作品。她积累了丰富的跨学科合作经历，曾与CellX、CERN、New Harvest等科研机构合作，作品曾受邀参加荷兰设计周、future lab、未来食物设计大赛等设计展。在数字时代，她希望将人、科技和社会议题置于"以食为本"的设计实践中，创作令人耳目一新的用户体验。同时作为食物教育学者的杨晓斐经常活跃在高校和企业间，并开设了一系列食物设计工作坊，普及食物与设计融合的力量，为企业提供食物创新领域的咨询。

中国 CHINA

对抗多动症

多动症患儿由于病理症状的行为表现通常会使得患儿遭受隐性歧视或校园霸凌，并且在非发达地区，不完善的诊断系统时常会导致多动症患儿得不到有效治疗，甚至会有许多得不到有效诊断的多动症患儿因药物滥用对身体造成不可逆的伤害。

患儿在行为干预治疗中最需要的是家人长期的、耐心的支持，以帮助他们更好地适应社会规则。而许多家长因为长时间与患儿的无效交流和漫长的磨合感到了不耐烦和诸多的失望，导致许多家长将更多希望寄托于老师和医生而忽略了家庭陪伴对儿童治疗及成长的重要性。 世界卫生组织研究证明过多地摄入糖分会让儿童表现出"糖兴奋"，而多动症患儿在摄入过多的糖分后则会更严重，所以应当在饮食中减少多动症患儿的糖分摄入，这样可以有效抑制患儿的冲动行为。

因此，为什么不以平衡的饮食来迎接这一挑战呢？如何用食物将家庭陪伴和治疗结合在一起将会是设计的重点。通过模仿儿童最喜欢的零食的口味和口感，并使用水果中的天然糖作为其中一种食材，为此设计师精心制作了一款简单易行的家庭食谱，力求用天然食材和最简单的料理方法，制作出一款"无精糖"零食，同时还鼓励家长和孩子一起制作健康零食，用食物疗法建立家长陪伴孩子的信心，消除偏见。也借此项目希望帮助社会消除对多动患者的偏见，多动症与生俱来但并非异类，儿童的症状完全可以通过食物来改善，而不是药物。

crunchy and gummy：模拟儿童喜爱的零食的口感，用不同的方式建构苹果，一口下去可体验到不同的口感层次。

melting in mouth：用吉利丁片、牛油果、香蕉等天然食材混合成健康慕斯。用颜色和形状表达不同甜度配比。颜色越浅，形状越圆润，甜度越低。家长可以循序渐进让儿童适应低糖饮食。overcome sour：研究表明长时间摄入过量糖分会让身体流失更多营养元素。富含维生素的酸甜果冻中包裹着不同含量的树莓，刺激的对比口感会让孩子吃到中间的树莓时感到更加甜蜜，先酸后甜的奖励机制让孩子逐渐适应用水果代替加工糖果。

未来蛋白质计划

食物与我们的未来是一个对于未来饮食思考的思辨项目。食品行业作为可持续发展生态中重要的一环，正涌现出越来越多的食品科技和消费品类，其中生物技术下的"细胞培养肉"就是基于蛋白质转型而催生出的替代性蛋白饮食。随着世界人口增长，畜牧业对环境的压力与日俱增，设计师认为鼓励消费者尝试蛋白质转型是未来人们饮食习惯上的必经之路。从技术上来看细胞培养肉直接还原了动物蛋白的生长过程，最大限度减少了畜牧业的资源使用且不宰杀牲畜。回顾食品工业的历史，每一次的技术革命都会给人们带来对食品认知的改变。食品工业发展的本质不仅是科学技术的发展，对于消费者来说，是可以通过技术更好地了解自己和所处的环境。在细胞农业技术已逐渐成熟的当下，它将如何塑造我们未来对食物的思考？伴随着畜牧业的可持续化升级，人们的饮食习惯是否会因此而发生变化呢？设计师该如何介入这场新消费体验的未来呢？

从目前人们对多元蛋白质的态度可以看出，想要在目前的食品生态链中真正建立蛋白质转型，首先是帮助消费者建立可持续饮食的意识。毕竟对大部分人来说，一块七分熟的牛排远比它背后的碳排放吸引人。同时设计师认为，细胞培养的技术特点正契合目前消费者对食物消费决策的三要素：食物美味，信息可溯，价值提升。由此，设计师发起了虚拟项目。未来蛋白质计划，与科学家和米其林厨师一同探讨了人们的未来饮食之路：如何利用细胞农业的特点向人们展示替代性蛋白质消费的可能性？如何通过食物本身向消费者传达可持续饮食的理念？设计师打造了一个基于 Everett Rogers 的创新曲线设计的虚拟平台。该平台用积极透明的信息传达方式展示细胞食品的特点，帮助人们了解该技术会如何改变我们的饮食。同时由设计师和米其林厨师通过这个平台共创了两个细胞肉食谱，以此激发大众的想象力和创造力，用寓教于乐的方式鼓励人们通过平台用细胞农业技术定制自己的蛋白质来源，向大众展示一个可持续饮食在未来的可能性。

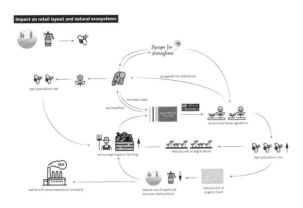

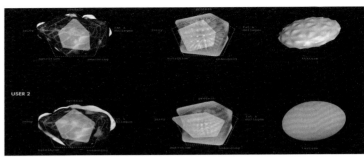

蜜蜂食谱

蜜蜂为世界上70%的农作物授粉，但由于城市化进程加快，机械化农业的发展以及受环境破坏、农药不合理使用等诸多因素影响，野生蜜蜂数量锐减。以至于因为蜜蜂蜂群崩溃综合征而让农民陷入两难的境地。但显然消费者很少知道一个小小的蜜蜂竟然会对农产品价格造成如此巨大的影响。设计师在探寻城市蜂场的过程中发现一个有趣的秘密，蜜蜂无法在城市恢复生态的一个重要原因并非高楼大厦。真正让蜜蜂在生存途中遭遇生存困境的是城市的各种景观花无法为蜜蜂提供食物，食物的匮乏导致蜜蜂无法在城市中生存。就像曾经第二次世界大战后伦敦因为城市重建而增加了许多观赏性植物，反而却忽略了授粉植物对蜜蜂的重要性，相反在2019年伦敦推行的屋顶农业倒是恢复生物多样性的一个重要手段。

蜜蜂数量锐减敲响我国生态警钟；蜜蜂食谱由此诞生，设计师通过搭建品牌活动，缩短大众对食物系统的认知信息差。这是一个公益项目，与超市集团合作，将蜜蜂的食谱放置在蜜蜂主要授粉农作物货架旁，差异化放置利用消费者的猎奇心态，使得消费者自发地了解此项目的内容含义。项目为消费者提供蜜蜂友好型植物的种植套装，鼓励消费者帮助蜜蜂搭建以社区为单位的小型的"补给站"。项目以"为蜜蜂设计食谱"的主题来吸引消费者进行行为转变，巧妙地为消费者建立了对种植行为的信心，同时还提高消费者对恢复城市生物多样化的意识。

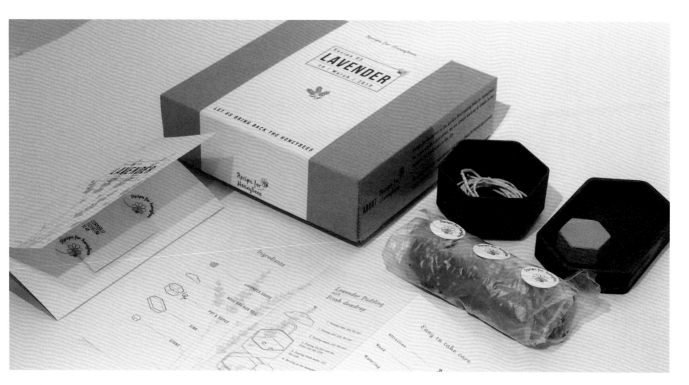

从设计策略来看，该项目的推广从消费者的行为转变入手，可以吸引农业系统中的上下游公司加入，特别是已经从机械化农业获利的大型源头企业。利用逐渐扩大的公众影响力促使整个行业为城市生物多样性出一份力，让更多消费者了解食物背后的故事，作出有利于未来的消费决策。令人欣喜的是，在该项目推出两年后，英国各市政府正考虑在公共区域建设更多蜜蜂友好型生态帮助它们重建家园。

与食物设计100的对话

杨晓斐

"我专注于探索'以食为本'的设计系统。它一方面是理性的，我需要结合设计策略去挖掘和洞察各类食物议题背后的本质，另一方面它也非常感性，食物是最好的叙事材料，我可以通过不同的组合烹饪方式去讲述故事。食物设计让我意识到，未来就是现在，知情权就是对未来的选择权。当你下意识地作出一些关于饮食的决定时，这些决定和行为也许有改变世界的力量。"

FD100："你的食物设计方法是什么？"

杨晓斐：从设计思维去看待食物系统，你会发现设计可以介入其中任何一个环节。用设计策略挖掘食物系统深层次的问题，用食物呈现问题，用设计创造不一样的饮食体验等，食物和设计相辅相成正是这个跨学科领域令人兴奋的地方。将"以人为本"转换成"以食为本"的设计理念，以一个更立体的维度去看待食物、人和社会发展的关系，再通过食物搭建起设计师和观众沟通的媒介，利用食材特性组合出独一无二的形态、气味、食感，辅以多感官体验，让食物传达出超越食材的信息。

FD100："对你来说食物设计最令人兴奋的方面是什么？"

杨晓斐：共情力和共鸣力。食物是一个与生俱来非常有吸引力的设计材料，它自带多层次的感官交互体验，以此为载体所传达出的信息千人千面，每位观众都能从中获取不同感受并且能让观众代入个人经历产生新的共鸣。比如在展出the future protein plan的时候，科学家、厨师和普通消费者的观后感虽有不同，但都会在看到创新菜谱之后从不同层面爆发表达欲，从而引发不同群体间的热烈讨论，这正是我想看到的，用食物为不同的思想搭建起沟通甚至共创的桥梁。食物作为比政治还重要的议题，不仅饮食体验能持续给大众带来惊喜和快乐，还同时承载了生存需求与社会性。

FD100："你的可持续发展方法是什么？"

杨晓斐：EAT-Lancet总结过一句话，食物是优化地球上人类健康和环境可持续性的唯一最有力的杠杆。我非常认可并且也在通过食物设计的力量向公众传达这个观点。毫无疑问食物的发展进化是与人类和环境发展息息相关的。食物设计可以说是一个创新的解决模式，因为它是切入可持续最简单最快的方向，所有人都可以参与进来。疫情让大部分人都体验了一把"可持续生存"，盘中餐的背后是个庞大复杂的系统，这个系统里有自然、科技、商业模式、政府政策等，它们引导着消费决策，同时消费决策和大众意识也决定着这个系统的未来发展。如何通过科技、设计、工程、服务甚至是艺术表达让大众更了解这个系统，让这个自然系统通过社会共创更好地运行下去，是我作为食物设计师想持续去努力的一件事。因为未来就是现在，知情权就是对未来的选择权。

中国 CHINA

姚聪

刚奇创变（广州）策划设计有限公司

姚聪曾在多家企业担任研究工作，服务过多项影视、数字创新大型开发项目，涉及影视、动画、数字媒体、文化传播、教育等多个领域，在影视与动画项目开发、数字内容开发、数字媒体传播、数字技术应用创新设计、文化内容开发、文化创新传播、教育项目开发等方面拥有丰富的国际经验。他多年来致力于食品包装研发、创意设计，品牌形象打造等文化创意事业。他的创作突破了行业传统，并以颠覆性设计推动了产品市场的价值升级。代表项目迪士尼系列新潮月饼，从"零"打造出风靡业界的超级网红产品。服务客户有：迪士尼、顺丰集团、华为集团、万豪酒店集团、希尔顿酒店集团、岭南集团、面包新语、五芳斋、稻香村等。

快乐童梦

刚奇创变与迪士尼合作，共同打造了迪士尼系列月饼礼盒，以其独特形象、优良品质、精美包装、别致创意打入礼品市场。大众对米奇形象的认知基本是活泼、好动、充满奇思妙想，在产品设计上，通过将米奇与复古箱包创意结合，棕色系与皮纹质感营造出优雅氛围，搭配黑松露流心奶黄月饼的产品配置，从内到外营造复古优雅的视觉体验，集视觉、听觉、触觉、味觉于一体，带给消费者丰富的产品感受，使之更容易被大众，特别是年轻一代所接受和喜爱。

飘香龙礼

刚奇创变为华美食品端午粽子设计的礼盒，将中国传统端午节日元素"龙舟"通过包装结构的创意设计呈现，开合之间展现截然不同的产品形态，犹如"龙舟"泛于水面上。设计又将端午粽子、粽叶等元素结合岭南建筑文化特色融合在一起，以国潮插画形式呈现，包装外在稳重大方，展开层次丰富，形态生动，产品节庆属性尽显。

鲍鱼鲜粽礼盒

刚奇创变为张珍记端午粽设计的礼盒，概念源自中国传统走马灯。设计巧妙将圆桶分为内外两个部件，外层通过激光雕刻工艺表现出具有中式审美的八角窗格，透过窗格可以看见威武赛龙舟的景象，生动活泼的插画使人仿佛置身其中，忍不住也想助威呐喊。高雅的绿色与充满活力的橙色精彩搭配，时尚新颖，极具品牌格调。一份精致的端午礼盒为朋友、亲人带去幸福和节日祝福，借端午将粽子文化发扬光大，别致的礼盒占据消费心智；让传统节假回归当下生活，让中国人过中国节。

与食物设计100的对话

姚聪

"一方水土养一方人，通过融合贯通，西式东造，东式西造，能产生比较强的差异化，从食物的味道、造型，都可以有很多文章。"

FD100："你的食物设计方法是什么？"

姚聪：食物满足人类的不同的需求，除了能饱腹也承担很多精神层面的需求，我一般会通过食物的美化，赋予它很多不同的内涵，根据不同食品的造型及特点加上中国传统的文化，融合在一起变成一个新的产物，用概念去串联，营造不同的场景感及故事，这样容易给消费者留下深刻的印象。

FD100："对你来说食物设计最令人兴奋的方面是什么？"

姚聪：最令我激动的是，食物设计涵盖了很多的文化跟故事，就像剥洋葱那样，一层层的体验，一段段的惊喜。比如说在中国传统的月饼上，从饼皮的工艺出发做改良，从油的变成酥的、多层的，馅料的口味也做了大胆的创新，融合了年轻人喜欢的麻、辣口味，在保留了部分传统制作工艺的基础上口感更刺激、更美味。

FD100："你的可持续发展方法是什么？"

姚聪：我们在从事产品包装设计的前期，除了考虑包装的保护性、美观性之外，更多地思考了如何将包装的实用性做得更好，更有创意，使其有二次利用的功能，比如项目一中《快乐童梦》的设计概念，就是消费者在吃完月饼后，还可以将包装做成一个迷你"旋转木马"，成为一个亲子的DIY"玩具"。

于进江

新中式精品点心于小菓

于进江，设计师、艺术家、收藏家，国潮食养小点心于小菓创始人，北京理工大学客座教授。于进江长期收藏、研究中国传统民俗文化艺术品。其收藏的精品中国传统点心模具10000多块，从唐代开始到新中国成立，跨越千年历史，题材广泛、图案精美。其著作《小点心，大文化》是第一本将二十四节气、七十二候与点心模具相结合的生活美学史料图书，获得了第 24 届国际美食美酒图书奖"评委会特别奖"。于小菓是集中国传统点心文化收藏、整理、研发、创新为一体的食物设计和文创公司，由于进江先生所创立。于小菓也是国内知名的新中式点心品牌，其独家研发的专利包装"小鲜盒"，获得了 2020 年德国设计奖优胜奖。于小菓依据中国七大节日与二十四节气，使用中国各地地标食材，与各地中华老字号品牌联合，开发适宜不同地区、不同时令的新中式国潮食养小点心，树立"可以吃的文化"。通过复原传统点心的民俗节庆礼仪以及节气饮食养生文化，于小菓创造性地打造出国人最佳随手礼。通过推广中式点心文化及美学生活方式，于小菓要让世界了解中国，品尝中国的味道，体验东方生活的礼仪之道。

中国 CHINA

于小菓点心模具博物馆

于小菓旗下的于小菓中式点心模具博物馆，集展览、研究、活动、体验和产品开发于一体，立足于传统点心模具的收藏整理与研究开发，是目前中国在食物领域收藏、研究内容最为全面的一家博物馆。

于进江历时5年，走遍中国大江南北，行走10万公里，收集了10000多块古代传统点心模具，这些藏品的时代跨越了唐宋元明清及至当代的漫长岁月，完整记录了1000多年以来中式点心文化的演变历史。通过挖掘点心背后的故事，于小菓中式点心模具博物馆让人们品味中式点心，了解并热爱中国礼仪文化。

博物馆也很关注"藏以致用"。曾把收藏的唐代模具开发成爆款产品——唐风双色点心花想容，并申请了独家专利。该产品深受行业赞誉，成为中式点心的创新典范。

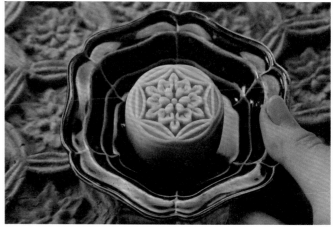

于小菓团花饼，复原宋代"团花纹"。团花是四周呈放射状或旋转式的圆形装饰纹样。古代铜器、陶瓷、织绣品上常有此种花饰。团花最基础的形式特征就是"圆"，代表了圆满与和谐，宋代范成大《霜天晓角》词："少年豪纵，袍锦团花凤。"在人们的心中，团花寓意"花开富贵，福满人间"。

复原古典点心的优雅之美

于小菓花想容唐凤双色月饼，是以于小菓点心模具博物馆收藏的一块唐代宫廷陶质月饼为原型，独家复刻的一款唐凤双色月饼，以其纹饰造型为基础，内部刻着连理枝，外部嵌着连珠纹，寓意事业顺利珠联璧合。创新研制鲜花口味馅料，每一口都能尝到大唐的荣华富贵。

设计师从收藏的 10000 余块点心模具中，精心挑选出乾隆年间的月宫图案模具。模具里生动地描绘了广寒宫的情景，桂树丰茂，玉兔在捣药，嫦娥在庭院中与玉兔交流，中秋的故事栩栩如生。寓意着家族安康，对长者康健的祝福。这块模具的深邃悠远和盎然趣味深深吸引着于进江，于是他按模具原尺寸复原，让现代人分享一块大月饼，真正享受到传统中秋团圆的乐趣。团龙饼是于小菓根据北京高碑店的运河文化开发的一款具有京城特色和运河元素的特色点心。高碑店位于通惠河畔，属于京杭大运河的起点。这里有离老城区最近的龙王庙，曾经既是运河祈福祭拜之地，也是商贾云集之所。人们通过祭祀龙王，来表达免除水患、舟行平安的愿望。

北京福饼

礼尚往来的"点点心意"，承载着最真切的祝福和期盼。中式点心不仅仅是果腹之物，更是中国文化和礼仪的载体。它跟节日、节气、祭祀活动、民俗风情乃全人情世故息息相关。吃与送，材质与口味，造型与图形都有大学问。于小菓把中式点心作为伴手礼推出，让中式点心回归传统礼仪文化。

北京福饼，2018 年北京礼物金奖产品，将长城、故宫角楼、天坛、天安门、佛香阁、北海白塔六大老北京地标精巧再现在饼皮上，每块点心都有一个充满意境的名字，呈现出北京的古都风貌。甄选上等绿豆，还原真味，口口留香，清凉下火，解热祛毒。这不仅是一份独具品味、彰显用心的北京特色手信，也是一份北京旅游攻略。

与食物设计100的对话

于进江

"打造国人最佳随手礼，让世界品尝中国的味道。"

FD100："你的食物设计方法是什么？"

于进江： 把中国点心和美学价值结合、和中国礼仪文化结合进行设计重塑，既合情合理，又很有特色。我对中式点心的历史与图形做了深入的研究，过程中我发现中式点心从来就和温饱没有关系，它是中国人礼仪生活重要的伴手礼。于小菓要做的事，就是迎合人们对日常生、婚、寿、喜不同场景的需求，研发一系列节气节礼产品。第一我们有食养的配方；第二我们选择中国各地优质的地标食材；第三我们研发了于小菓"小鲜盒保鲜技术"，大大提升了中式点心的健康度和体验度。既有颜值又有复古口味的糕点，加上创新的包装设计，是于小菓这个品牌带给消费者的一种新的体验。

FD100："对你来说食物设计最令人兴奋的方面是什么？"

于进江： 提到食物设计，很少人会把食物跟文创相联系。市面上很多与地域文化相关的特产食品总是缺少创新且千篇一律，任何东西都要与时俱进，于是于小菓首次提出了"食品文创"这样一个非常有前瞻性的概念。基于"食物设计"，我们收集了不同时期与地区的点心模具，从模具出发探寻当地的历史文化，并且从北京于小菓点心模具博物馆逐步扩展至各地，从而更好地挖掘地区文化和推广传统地方食材；我们还希望通过挖掘地区特色来助力新农村建设，推动贫困地区发展，促进共同富裕；同时，在包装设计上我们力求精美与适宜，真正达到文创产品的要求。

FD100："你的可持续发展方法是什么？"

于进江： 伴随人们对环保可持续理念的日益关注，我们也将这一理念融入了早期研发设计中。我们倡导减少浪费、可循环利用和全生命周期的设计理念。从长效设计出发，通过重复使用提高产品利用率，推动整个食品行业可持续升级。在全球限塑令的环境下，小鲜盒完全符合国际环保标准。小鲜盒上的商标标签，在吃完点心之后可以轻松撕掉。一个空白独立的小鲜盒可以用来收纳茶叶、文具等物品。我们期待更多的人能看到小鲜盒的优点，因为它能改变人们对于中国食物固有的印象，是传统文化与现代生活沟通的桥梁。

中国 CHINA

余勇浪
Chef Lance

余勇浪 Chef Lance，他的身份多变，是演员、是作者、是综艺咖、是讲师，多跨界的他其实还是一名主厨。余勇浪是 2013 年和 2015 年 CCTV-2《厨王争霸》两季中国队主厨，法国戛纳电影节红毯嘉宾，法国路易十三品牌挚友，法国国际美食会会员，法国埃科菲国际名厨终身会员，《生活就是一场烹饪》作者，2021 年成都世界大学生运动会青年榜样，2022 年《南方周末》中国青年力量人物。

不忘"厨"心

Chef Lance 在成都开设了自己的私房餐厅 Around BY Lance 反映了他理想中的美食。以法餐为基础，融入川菜等元素，食材也加入因地制宜的本地食物，是个人风格很鲜明的餐厅，他会抽出很多时间全世界飞行，为餐厅寻找最好的食材，食材是有灵魂的，把灵魂融入艺术，才能成就美食的盛宴。

"生蚝的完美替代品"牡蛎叶

他分享了一种极为罕见的蔬菜食材，虽然受疫情影响，海鲜不再是很多人出入高级餐厅的首选菜色，但这个特别的食材，堪称"生蚝的完美替代品"。究竟有多神奇？世界上有一种植物和生蚝的味道非常相似，这种植物原产于欧洲北苏格兰的赫布里底群岛，名字就叫牡蛎叶（Oyster Leaf）。牡蛎叶可以生吃，煮熟吃会失去牡蛎的味道，有点像菠菜。它可以伴随着鱼、沙拉在一起烩饭吃。它含有丰富的锌、锰、钾、铁元素，不含胆固醇，适合素食人士食用。

法国路易十三晚宴

Chef Lance 喜欢用生活中最常见的食物，换一种方式来表现它的美味，做出不一样的惊喜。而比起某种固定的风格，Chef Lance 更喜欢根据时节变化，用不同的当地食材，融合当地风格到菜品里，法国路易十三晚宴的菜单设计围绕法国和中国食材，主厨路易十三从法国来到中国，余勇浪从法国回到中国。好的食材和好的佳酿都需要时间，作为厨师需要尊重自然和食材本身，遵循自然的规律，自然给予的才是最好的。烹饪就是将食材的优势与特色尽可能淋漓尽致地体现出来。这场晚宴的餐前小吃用到了法国菜三种最为奢侈的食材：鹅肝、黑松露、鱼子酱，制作了千岛湖鱼子酱玉米慕斯、法国生蚝青苹果啫喱奶牡蛎以及中国当季食材莲子制作的油面筋蟹肉塔塔渍莲子。主菜是黄酒泡沫清蒸大黄鱼莼菜鱼，山泉水安顶山绿茶烹饪而成的茶香鸡，M9和牛炭烤当季松茸，口感紧实的低温鲍鱼大麦仁烩。甜品是具有中国特色的枸杞布丁冰淇淋柠檬泡沫薄脆。

牛里脊

牛里脊搭配的是四川泡豇豆制作的土豆泥，炒腌渍当季儿菜。泡豇豆、儿菜可以算是四川本土食材了，结合当地当季食材恰是一番风味，越是平凡的食材做出来的美食，越让人怀念。

枸杞布丁

选择枸杞作为甜品的主食材，添加糖丝圈作为装饰。致敬中国传统文化瑰宝——缂丝，路易十三品牌一直支持许多关于非物质文化遗产的项目。

春日茶宴

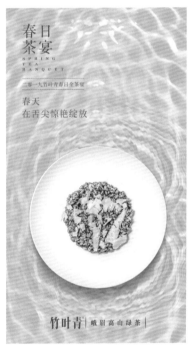

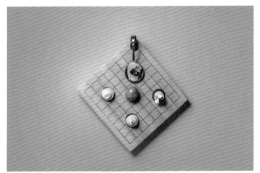

生活是一场烹饪，每一寸时光，都值得用心料理，好好对待。"竹叶青"创新地将峨眉高山的鲜嫩春茶与经典川菜结合，碰撞出一场鲜活灵动的春日茶宴，2019年竹叶青春日茶宴。在深度挖掘茶文化历史积淀的基础上，集合三大茶宴的精髓，创意地以高档法餐 fine dinning 的形式呈现。当中国传统茶文化邂逅浪漫法兰西风情，当东方历史融合西方创意，一场创新神秘的全茶宴旅程，在中国茶的历史文化与法餐的浪漫风情里，找寻到平衡点。大胆以法式全餐的形式呈现有关中国茶文化的全茶宴，是一场从未有过的创新。整个茶宴的灵感来源于峨眉高山茶园的地形地貌、竹叶青的品牌历史、竹叶青的品尝时令等多个方面，以创意美食的形式，呈现一场从茶园到杯中的奇幻旅程。

与食物设计 100 的对话

余勇浪

"坚持做品质，我喜欢用生活中最常见的食物，换一种方式表现食物本身的美味，做出不一样的惊喜。而比起某种固定的风格，我更喜欢根据时节变化，用不同的当地食材，融合当地风格到菜品里。"

FD100："你的食物设计方法是什么？"

余勇浪：对我来说，烹饪是一种艺术。艺术本身有不同的表现形式。我的理性和感性都可以通过烹饪表达出来。我会在做菜的过程中倾注情感，这是一个自我表达的过程，是一种媒介、一种桥梁，把我跟用餐者之间的情感相互连接。关于菜品的设计，我前前后后都会花很多的时间去了解和挑选不同的食材。通过很多不同的方式把食材结合在一起。不光是视觉、味觉、嗅觉、听觉，还会去用心感受，每一道菜和每一个故事的结合，这就是我们团队的工作，大家只需要来好好地感受惊喜、感受特别。在品尝每一道美食的时候，你的眼睛可以看得到画面，鼻子可以闻得到香味，耳朵可以听得见音乐，把美食吃到肚子里，美食是瞬间毁灭的艺术，因为美食最好的状态就是那么几秒，过了这个时间，它就不是最完美的了。

FD100："对你来说食物设计最令人兴奋的方面是什么？"

余勇浪：食物，不应该去纠结是否是艺术。食物，必须使人满足、令人愉快、挑动味蕾。食物，应该给人以活力。只有当烹饪的人沐浴幸福，才能料理出卓尔不群的美食奇迹。一道菜用组合的方式完成，将食材、酱汁、装饰层层堆叠，味道也是层层堆上去的，而不是合味。讲究美感，菜本身要好看，菜色与器皿必须搭配。

FD100："你的可持续发展方法是什么？"

余勇浪：加强资源节约，关注环保技术，在节约资源、保护环境方面，一方面，在生产经营过程中应当提高节约资源的意识，秉持节水、节电、节能、节省的原则；另一方面，关注环保技术的发展，关注厨余垃圾、餐饮废油的资源化利用和减少碳排放的绿色餐饮产品，承担起保护环境的企业社会责任。完善供应链管理，把控食品安全，高度重视生产经营中的食品安全问题，制定食品安全风险识别制度和流程，识别食品供应链中的食品安全风险，最大限度降低食品安全问题的出现，提高抗风险能力，建立绿色信任；此外，企业应当重视长期收益而非短期收益，优化菜单体系，开发绿色食品和饮品，既要保证食品的安全，也要提高食品的品质。向消费者主动披露如食品安全、餐厅卫生等关键信息，建立产品可追溯制度和信息公示制度；在公司战略方面，积极响应国家战略与行业倡议，参加绿色消费主题的消费节活动，采用绿色营销方式，共同营造绿色消费的氛围。

袁思亮
一夕餐桌

一夕餐桌将在地饮食与餐桌文化融合。自然风光、艺术形式、人文历史、传统手工艺等通过全新的呈现方式和体验感推动和解构传统文化。多年山水野游，山川风物已融入"一夕餐桌"伙伴们的血脉。和乐、安宁来源于此，不忍独享的美与期盼也来源于此。期待以自己的理解诠释自然一二，与众人相伴走向山河，一夕一刻，暂时忘却日常琐碎，感受天地之美，回到生命本应有的样子。

中国 CHINA

南海大地艺术节餐桌

发源于云南的西江，绵延2000多公里，流经滇黔桂粤四省，在富饶的珠江三角洲入海。它不仅是一条中国西南的物资行旅大通道，更是一条串联起无数美食的味觉漂流带。一字排开的一夕餐桌，设计的思考是"西江之舟"一艘船的意象，呼应来往船只与江心半岛的空间尺度。主体结构采用竹材质，环保自然可持续，氛围灯光营造采用潮汕手工油纸灯笼。菜单内容从西江流域溯源，从云南流经贵州，广西到广东珠江入海，野飨四省，追溯西江。

锦溪古窑遗址餐桌

初夏六月，选址昆山锦溪的霍夫曼红砖窑，在仅有的空间尺度内设一餐席，将近70年的红砖窑已然老旧，弧形布面设计收纳不断落下的砖窑尘土。取新鲜在地荷叶作为餐盘，营造唯一性场景体验。食单围绕江南应季"长江绕郭知鱼美，好竹连山觉笋香"；瓜果飘香，菊黄蟹肥，道不尽江湖意气豪情。

阿坝州草原游牧餐桌

为了通过餐桌还原当地藏民的生活状态、人文历史，设计选用了当地百年沿用的黑牦牛毡帐篷，形成草原游牧餐桌的空间主体，一次可容纳30多位客人。原野游牧餐的存在便是以黑帐篷为精神载体，将藏族人民崇尚天、地、人与万物和谐共生的优良传统，通过一道道融入原始、生态、自然的在地食物，用现场明火烹饪的方式进行再一次文化碰撞。

与食物设计 100 的对话

袁思亮

"通过食物与餐桌的关系，探索解构在地传统文化，介入不同艺术表达形式，为在地文化演绎与融合创造可能。"

FD100："你的食物设计方法是什么？"

袁思亮：食物作为一夕餐桌整体设计的媒介，因此"风味"之外，"一夕餐桌"亦是一场全景盛宴，融合当地生活器物、音乐戏剧、美学工艺等。我们试图链接传统与现代，让当地古老文化留在人间的碎片，在这一刻拼凑出当下图景。

FD100："对你来说食物设计最令人兴奋的方面是什么？"

袁思亮：山水不仅是山水，更是内在世界。一夕餐桌追随千年来的山水之思，于山川之间，设一桌宴席，邀贤友五六，知己两三，品在地之味，融天地静美，探索分享食物与天地的更多可能。

FD100："你的可持续发展方法是什么？"

袁思亮：餐席大多呈现于自然历史遗迹，设计起初对于物料的环保可持续就做了明确的规范，所有厨房排污都采用可收纳式，不过多干预在地的自然环境，场景采用临时构建可随时拆除的，坚持可持续发展。

钟锦荣

东翼设计

钟锦荣,中国建筑学会室内设计分会常务理事,佛山市环境设计协会副会长及秘书长,WING东翼设计创意总监,粤菜文化与体验研究院发起人。东翼设计以规划、建筑、室内与陈设等全面的设计系统为不同领域的客户提供设计定制服务。2020年作为联合策展人策划了Future Food顺德国际食物设计节。

中国 CHINA

聚福私厨

聚福私厨餐厅定位精致高级的粤菜品牌,因此,设计师对建筑的内在空间进行了合理化布局,使包厢占比更大。深色木饰面和相呼应色调的岩板、手工砖契合空间色调,奠定整个空间的基调与品格,使这里成为顾客的第一道视觉盛宴。在前厅通往包厢的走道设计上,设计师准确把握空间节奏,摒弃了复杂多余的装饰,用简约干净的设计,缓和空间氛围。丰富空间层次,搭建起一个情绪桥梁,引导顾客走进岭南文化更深处,同时,也增强了包厢的仪式感和岭南氛围。

空间的本质,其实是生活。聚福私厨表达的并不单纯是设计技巧,而是希望人们在欣赏岭南文化与粤菜体验的同时,能够回归本真,感受生命的奇妙与美好,空间与美食,就此形成相互给予和共情的美妙关联。

香云纱西餐厅

透明意味着建立更有创造性的关系，并不一定要完全通透。设计师用片的语言去裁剪和划分空间，创造人与空间的关系，在片与片之间穿行、互视、声音和视觉在空间中的流动，是一种让人安心的社交距离感。灯光慢慢调暗，人被包裹在微醺暧昧的昏暗氛围中，褪去一天的疲倦与烦恼，是一天中属于自己的最好时光。

聚福名苑

东翼设计以用户需求为导向，重点解决用户痛点，在激烈竞争情况下，不断创新优化餐饮服务设计闭环系统，使品牌最终达到可持续发展和生存的目的。

顺德，作为粤菜的发源地，如何推动顺德餐饮品牌走向全国，是团队的愿景。在梳理品牌定位过程中，打造明星大厨为品牌核心，突出"顺德菜"为核心产品，以"星厨精制顺德菜"为品牌定位，形成品牌独有性。聚福名苑餐厅设计围绕"岭南印象和粤式韵味"的特色和历史根脉，运用岭南建筑青砖绿瓦的主视觉色调。中厅是整个餐厅最具震撼力的视觉中心，设计师与本土民间艺术家——刘发良，结合顺德近100年饮食文化底蕴，用真实手绘艺术，融合于空间主视觉中，复刻逼真的顺德典型水乡文化。

与食物设计100的对话

钟锦荣

"在食物设计中,它几乎没有任何的文化界限,完全不受语言的限制,它是建立人与人、人与环境之间最佳的桥梁之一。"

FD100:"你的食物设计方法是什么?"

钟锦荣:食物设计将是打破原有食品加工、服务、餐饮、品牌、艺术等专业边界,重新组合界定食物设计的专业领域,我希望通过设计跨专业整合,创造出一种新的用餐体验。

FD100:"对你来说食物设计最令人兴奋的方面是什么?"

钟锦荣:食物不仅在我们日常的餐桌上,它也在整个世界。我们如今的饮食已不再只是一种简单的生理需求,它已经成为我们全球化文化中最前沿的趋势之一,就像设计、时尚和艺术。个人主义的兴起改变了我们的生活方式和行为。我们对生产和消费方式的意识,使人与饮食成为关注的焦点。

FD100:"你的可持续发展方法是什么?"

钟锦荣:可持续发展有四大系统,"产品迭代创新系统""品牌立体化系统""个性服务系统""可持续的营销系统",我通过深度的研究,帮助餐饮品牌提高市场竞争力,让餐饮品牌拥有持续盈利的能力。在品牌建设过程中,挖掘文化,制定品牌战略定位、品牌形象识别设计、空间环境设计和高效落地还原,创造独一无二的餐饮立体化品牌。

中国 CHINA

周晓
九形设计

周晓，九形设计创始人。九形成立于2003年，是一家为客户提供品牌策划、室内设计、软装设计以及精准落地的创意设计服务公司。业务范围涵盖了商业空间、地产、住宅和办公等形态的室内设计，参与多个米其林餐厅、黑珍珠餐厅项目设计。九形始终坚持"设计创造价值"，以设计赋予商业空间价值，以设计传递文化积淀，以设计承载时代责任，致力于成为一个以服务为根本、以创意为灵魂的设计公司。近年来结合食物设计方法和系统，为客户打造了上海荣府宴贝轩公馆店获得2019年、2022年米其林2星，北京芙蓉无双2023年米其林1星。

北京荣季95

在北京最繁华的CBD地段，荣季95是一处为人们暂时安放心灵的小酒馆，不仅于此，它也是一个小海鲜餐厅、咖啡馆，一个贴近城市，走进人心的复合型空间。

1995年"新荣记"品牌在浙东古城打造了一家海鲜大排档，在新的"荣季95"希望可以延续"排档情怀"。作为品牌的老朋友和设计参与者，九形在此基础上展开创作。"海鲜虽小，取其鲜；味道虽凡，取其真。""美食会朋友，小酒释情怀。"海味、鲜味、时味、家味，美食吃的不仅是食物本身，还有那下酒的情和掺杂其中的记忆，总是最难割舍。

对着街口开放的咖啡外卖档口拉近了餐厅与城市生活的距离，走入市民中间。以"排档情怀"展开内部设计，灰棕色系的主调带着一丝怀旧的气息，也带来一股慢生活情调。圆顶和裸露的管道一秒将人拉回到老时光，老木板的质朴纹理、水洗石的独特质感，都在诉说着小酒馆情怀。开放式明厨设计，美味从厨师传递到食客手中、口中，在味蕾上铺陈开来。灯光的有意暗淡，营造出路边排档的感觉，环境的后退，是人与食物的凸显。空间带着记忆，记忆承载着味道，客人仿佛穿梭时光而来，呼朋唤友，共赴一场真挚的相聚。

上海泰珍荟

泰珍荟 Siam Memory，位于 BFC 外滩金融中心。BFC 有着 418 米一线望江视野，可以一览陆家嘴天际线，又靠着历史悠久的豫园，传统与现代的上海在这里交融。

餐厅主厨是泰国宝藏厨师 Noom Chantrawan，连续四年带领餐厅摘得米其林一星，位于上海的第二家泰珍荟。Noom 深爱自己国家美食，曾游历了多个国家，他坚持泰国传统味道的同时，不失国际化创新，让食客沉浸于独一无二的泰餐体验中。设计师深感主厨对于本土美食的喜爱和对创新的追求，特在泰式的美食烟火气中注入海派风情。

经典的泰式烹调法，就像在设计中加入的坡屋顶、泰国戏剧、标志性龙首形象、藤编元素等，最典型的东南亚符号，让人浸入泰国美食和文化氛围中。从改变食材本身的形态，透过高科技设备完成料理，加入世界各地食材的有趣融合，到九形以海派摩登气质融入空间，以食物为媒，让人沉浸到独一无二的体验中，每一个空间和每一道菜都充满惊喜。

餐厅内的区域划分依据两条线展开，一个是以食客的视角作为出发点，了解人在空间里的行为心理；另一个是以餐厅服务人员的视角，满足其服务流程的需求，动线流畅，减少与客人的路径交叉，让对于行为的设计无形隐藏起来。珍贵的城市露台空间，泡泡屋面向一览无余的户外风景，筑起了一道透明的"壳"，在实与虚、开放与私密中，享受食物之美，融入城市之中。

北京芙蓉无双

芙蓉百媚如欲艳，无双曾为天下惊。在北京市西城区的金融大街，新晋米其林一星餐厅——芙蓉无双散发着独特的湘菜魅力。新荣记的创始人荣叔，总爱独自拖着箱子飞去长沙，再辗转造访一个个湖湘角落。芙蓉是湖南的省花，无双，则是希望在原材料和品质上追求独一无二。来自山海湖泊的食材，大隐于市的人间风味，不同的菜系有独特的地域文化，食物和人之间以情感做连接，享受地域美食就像是悦游了一番，舌尖上的辣、口里的鲜香、空间中的气质，无一不作用于味蕾，加速了食物与情绪的升华。

中餐渗透出中国人骨子里的东方美学精神，设计师在空间方面注入更多的东方美学，融合湘菜文化情感和温度，能满足现代人需求与追求美食的韵味。静谧的黛绿色，搭配深木色的自然纹理，流淌着惬与意的舒适，在灯光的照映下，一蔬一饭，都散发出超然的沉静与韵味。墙面的芙蓉花元素成为空间的巧妙点缀，真丝材质、搭配刺绣的蝴蝶，给人一种饭香引客的情景，芙蓉花作为湖南的省花，更拥有着高尚纯洁、吉祥富贵的美好寓意。食客们坐在满墙芙蓉花下，品味一座荣派湘味。

与食物设计 100 的对话

周晓

"一个好的空间是舒服的，这是一种可感知的体验。我希望设计可以有纯粹的、丰富的细节，多元文化融合，让人完全投入到空间中，通过光线、色彩、质地营造出舒适的氛围，与品牌形成情感连接。"

FD100："你的食物设计方法是什么？"

周晓：虽然九形这么多年做了许许多多的餐厅设计，但是我个人对食物的探究倒是不深，不是一个典型"吃货"。但是在设计中，我们会追溯饮食文化的内涵，从地域性、故事性、文化性多维度挖掘每一个品牌的内涵，再以设计语言融入到空间中，让空间舒服，人能坐下来安心与食物发生关系，这是我想要的。

FD100："对你来说食物设计最令人兴奋的方面是什么？"

周晓：我觉得是如何表现出食物本身的真和美，不需要过度加工和包装，我们能观看到食物本来的色、品味到食物的味，不同食物组合产生的丰富的味蕾体验。现在人好像距离这些越来越远了。

FD100："你的可持续发展方法是什么？"

周晓：我希望设计跨越时间、空间和文化界限，在设计中实现融合，让一切文化为设计所用。潮流设计与网红餐厅不是我追求的，我希望做"可持续"的设计，根据每个项目的品牌基因，为设计注入文化力量，让空间拥有价值认同，从而吸引顾客的光临。

周子铃
成都银滩餐饮

银滩主理人周子铃，是土生土长的成都人，先后创立了8家高端餐饮品牌。银滩：追求食材精选的极致化；隐庐：古法川菜，守正致敬传统；银锅：现代川菜，打破传统认知，审美国际化；银庐：古风宋韵文化回归，复刻公馆菜的精致美学；八珍楼：深度挖掘蜀地食材多样性与在地文化碰撞。周子铃20年前放弃北京优越的工作回到家乡成都，从行业小白凭借满腔热爱一干20年，凭着热爱，遍访全球米其林餐厅交流学习，对于美食她有自己的标准和认知，不随波逐流，一直以食客的角度去挑剔自己的餐厅，追求极致美味的背后，是"以人为本""道法自然"的匠人精神。旗下品牌连续五年荣膺黑珍珠一钻餐厅，2021年获得米其林一星推荐餐厅，20年来获得近百项行业荣誉，以及全球美食界的众多肯定。

中国 CHINA

椒宴

椒宴以花椒为主题，通过现代川菜手法去演绎椒香之美。除却传统宴会的色香味之外，极力去构造第四种美学——意境美。整场宴席希望从嗅觉到味觉到视觉，带给食客沉浸式体验花椒的芳香和味道。在菜品设计上，创意性地从结构打破传统束缚，用"闻香""交融""狂欢""回归"四个篇章，类似交响乐的高低起伏，由浅入深，从味蕾到嗅觉，让食客体验花椒的香气和味道，并用五湖四海的品质食材进行碰撞，向全世界的消费者证明汉源贡椒也有国际化表达方式，每一道菜肴都是结合了川菜味型的一次风味实验。

其中原创的"贡椒风味实验室"，用冷热交替手段萃取植物精油、纯露，更是通过现场演示把植物香气运用到食物中，去还原消费者对大自然，包括植物的芬芳记忆，设计师希望通过椒宴系列将川味传播到全世界，打造首个花椒主题的"六感"宴席。

风雅宋宴

风雅宋宴汲取自《西园雅集》此一历史上经典的文人相聚盛典，美食美酒佐以各项文化艺术活动，最大化重现宋风雅韵，打造出一个蕴意雅致怡情的栖息地。

在肴馔中，顺应古时"春牛，夏长，秋收，冬藏"的养生之道，对于菜品设计极为考究，除请益宋代历史专家和川菜大师外，每道菜都以宋词的理念为背景，并收纳应季食材于每个时令的行囊中，重视原材料，借鉴宋代宴席高超繁复的料理技法，在多种形态、配料和风味的流转中，体现源远流长的宋式古法川菜。

风雅宋宴中，注入了宋代文集项目——"点茶、焚香、插花、挂画"四艺，设计师希望食客进入餐厅，就像翻开一本现代的宋式美学书籍，身临其境，亲自体验文人墨客的雅致格调和宋风之美。

解构花椒的探路者

2019年秋天，周子铃被邀请参加汉源县政府的花椒大会，被一种清新馥郁的香气所吸引——若有若无的混合着柑橘、柚子、柳橙、柠檬、苹果等气味，甚至有玫瑰与木质的香味，与市面上的花椒闻起来截然不同，是那种令人愉悦的气味。周子铃"解构花椒"的想法就此产生了。

惊喜于这次偶然间的发现，周子铃开始思考如何将新鲜贡椒采摘时的香气保留下来，这种香气可以充分利用在制作美食中。她便探访了当地椒农、花椒研究专家、化学专家，去了解花椒的历史和种植过程。这个实验得到了化学专家的支持，为她的餐厅"银锅"专门定制了一套完整的冷热萃取设备。作为一种专业的实验仪器，不仅能传导热量、更能在特定火候的配合下激发风味，经过了长达数月的细细推敲，周子铃发现了最适合的温度湿度比例，萃取得到高饱和度的花椒精油和纯露，小小一滴，便可满屋生香。

这份成果后来以各种形态入菜，融合多种食材制作料理。其中不乏世界各地的优质食材，南沙群岛的凤尾海螺、海岛和牛、新西兰花胶等，也有四川传统的川菜水煮牛肉、川式软烧金钱斑；抑或是西式的甜点、中式的甜汤，在保证品质的同时，更加突出椒香，成就了现在的"贡椒风味实验室"。最具代表性的一道菜是四川水煮牛肉，传统的味道可能重在麻辣，刺激味蕾，而使贡椒萃取的精油入菜时，这种椒香和麻辣交织融合，趋于柔和平衡，神奇地弥合了舌感和麻辣的冲突，达到了味觉感受上的平衡与和谐。为了达到感官的整体艺术，在宴会前会让宾客轻嗅花椒香囊，喷少许花椒香水在手腕处，同时调动味觉、嗅觉和触觉，这些元素串联成一个完整的感官体验，实现了理想中沉浸式的极致体验。

与食物设计 100 的对话

周子铃

"我希望开一家有思想和灵魂的餐厅，现在的市场在变，观念在变，人们对美食的认知在变化。所以作餐饮，不仅需要守正，也需要创新，我所设计的菜并不花哨，但视觉冲击力、在桌面的景观是让人感觉耳目一新的，因为它是贴近大自然的。在烹饪上，我们尊重传统、四川的东西。在呈现方式上，更想用一种'微景观'的思路，'小造景'的手法，去做国际化的表达。"

FD100："你的食物设计方法是什么？"

周子铃：我的菜品是国际的，包括我看到的、走过的、喜欢的、心目中的川菜，包含了我对美学的认知、对川菜味型的理解，银锅是非常个性化的。所以到现在，一直没有办法去对餐厅准确描述，一直在矛盾，旁人一直建议我用法式川菜的描述，但我更喜欢用现代川菜去诠释。

FD100："对你来说食物设计最令人兴奋的方面是什么？"

周子铃：椒香宴席，四川花椒就是一块璞玉，具有不可复制的唯一性，但没有让世界更多的人去了解这一特殊的调味料，所以我想开发一款全新的花椒宴席，同时要用国际化的手法来呈现。我亲自去采摘贡椒的时候，发现贡椒香气中混合了柑橘、柚子、柳橙、柠檬、苹果等气味，甚至有玫瑰与木质的香味，具有国际奢侈品的香型特点，所以以此为契机，在 silverpot 银锅建起了面向市场的"汉源花椒（贡椒）风味实验室"；对食物进行了最大胆的搭配和尝试，将食材的味道、口感、质地、样貌完全打散，重新"组合"成不同的合成新菜：结合四季不同食材，又分为"春、夏、秋、冬"四种季节宴会主题，去构造第四种美学——意境美，从嗅觉到味觉到视觉，沉浸式体验花椒的芳香和味道，吸引了许多人前来打卡，不断带给我惊喜。

FD100："你的可持续发展方法是什么？"

周子铃：大自然为我们提供了阳光、水、风、土地等丰富的自然资源，而能源短缺、环境污染、生态恶化等现状十分严峻，我会思考产业与环境的关系，所以我们在选择食材时，有机绿色是首要考量因素，权重甚至超过了品种，比如海鲜选择的都是可持续的海产品，保证所有食品的来源清晰明确，拒绝使用任何野生动物、珍稀动物；除此之外，餐厅的塑料用品使用的是可降解材质、全降解生物塑料，健康环保又安全，这是我开餐厅能践行环保可持续理念的方式。

周子洋

子福慧餐厅

周子洋，从厨12载，擅长粤菜，国内首屈一指的专业国际化美食机构"味觉大师研究院学术委员会"委员，高端餐饮品牌"子福慧"创始人。他曾获得《豆果网》时尚创意美食设计师奖，在CCTV-2厨王争霸中临危不乱拿下中法比赛冠军。并于2014年接连斩获FOOD&WINE——BEST50 Star Chef中国明星厨师、大厨去哪——魔都绅士主厨、橄榄餐厅评论——十大主厨一系列光荣称号。在过去的七年里他创立了高端私宴席"子洋私享"和高端餐饮品牌"子福慧"，他也曾被"中国餐厅大奖"评为年度实力名厨，一系列的成就和荣誉没有改变他的初心，随着岁月的磨炼，他一直坚持着那份匠人精神，逆流而上永不言败。

中国 CHINA

子

"子福慧"极致简约的装修风格处处透露着稳重，充满禅意的元素铺陈着空间，米、灰、黑、白等接近无彩色的色彩搭配透出"静"与"思"的大道至简空间美学，营造出的静谧之感让人忘却外界纷扰，折射出创始团队的人生哲学，放下一切回归本初，享受美食，品味惬意。

福

享受自然赋予我们的美味，是一种福分。主厨周子洋是玩过摇滚的叛逆少年，弹过吉他，还擅长摄影。他曾上过美食类综艺节目，颜值出挑，声带磁性，收割粉丝一大片，却越加低调起来，不乐意抛头露面了。相对于主厨，周子洋更有些艺术家的风范。审美极好，做事情周到而细致。对食材如是，烹饪如是，烹饪食物就好比雕刻一件艺术品，如何将食材赋予活的灵魂是一门艺术。

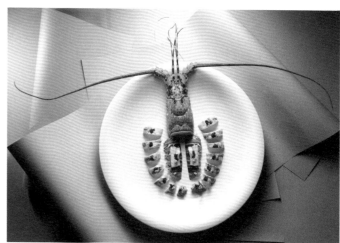

慧

不时不食·慧享鲜味，"子福慧"主打粤菜。粤菜倡导食出本味，向来能够抚慰一切挑剔的味蕾，借助精益求精的烹饪技法，通过美食诠释文化，用文化渲染美食，为食客打造高水准的用餐体验。将味蕾带去山河湖海中，体验美食的纯正风味与高品质佳肴的精致风采。

脆皮雪花牛肉

本菜品选用M9雪花牛肉为主要原材料。本款牛肉，肉质中脂肪和肉的分布均匀，经过数道制作工序，低温慢煮后裹上脆浆炸制而成。这样做能完美激发牛肉的本味鲜嫩，配以周子洋自制的黑醋汁，以及特别搭配的腌制过的小番茄，爽口解腻，摆盘清爽。这道菜是由子福慧自主研发的一道特色菜，上线以来，广受好评。

炭烤两头吉品干鲍

选用两头吉品干鲍，采用独家的炭烤方式，凸显出鲍鱼的本味，风味更加浓郁，软糯弹牙，口味绝佳。

而且鲍鱼对人的肝脏有保养的作用，养肝明目，对人的眼睛也有一定的保养功效。从中医方面来说，鲍鱼可平肝潜阳，而且还能够解除心中的燥热。

而为此特别设计的鼎状盛器是子福慧的一大特色，也体现了子福慧一直以来自成一派的气质。

老酒烧肉咸鸭蛋

本菜品精选黄山黑毛猪肉。黑毛猪的特点，肉质瘦肉率高，肥肉很薄吃起来不会很油腻，而且猪油较普通的猪会更有肉香。制作采用独特的手法，搭配20年陈酿花雕，文火慢煨2小时，再浸泡18小时而成。

搭配特意挑选的高邮咸鸭蛋，下面用日光米垫底，肉质酥而不烂，甜而不腻。菜品保留了本帮特色的"浓油赤酱"，又在口味创新和食材搭配上做了相当大的努力探索。

与食物设计 100 的对话

周子洋

"烹饪食物就好比雕刻一件艺术品，如何将食材赋予活的灵魂是一门艺术。"

FD100："你的食物设计方法是什么？"

周子洋：我在探索食物设计的过程中，会根据食材的不同，选用不同的办法进行设计。就像怎样用温度保证食物的鲜度，并稳定地应用在设计中。食材本身是很敏感的，比如食物的口感和颜色饱和度的搭配，会因为环境温度、空气湿度以及呈现方式和时间等微小因素的变化，导致同样配方的食材呈现不同的感觉。整个设计的制作过程我都是非常惊喜和期待的。

FD100："对你来说食物设计最令人兴奋的方面是什么？"

周子洋：当我把同样的食材，通过不同手法的加工，让食客因为不同的视觉、味觉和嗅觉体验而感到幸福，这样的食物设计和创新带来的情感体验都令我感到激动。而食物设计不仅是探索人的5种感观，还可以把设计融入文化里，融入心里，融入信仰里，在内心深处融汇成独家的片段。食物很多时候是一个人的真实情感表达，比如不管身在何方，我们总会想念家乡的味道，想念小时候妈妈的味道，唤醒内心深处强烈的回忆，产生和食物本身的共鸣……

FD100："你的可持续发展方法是什么？"

周子洋：我认为健康的饮食，来自于可持续发展的生态环境。我会从各个供应链的各个阶段出发，优化供应链，实行低碳环保，坚持绿色可持续发展。可持续发展不只是我公司的未来，更是公司的现在，我们一直坚持垃圾分类，引导光盘行动，杜绝食物浪费，推行环保餐具等，在力所能及的范围内践行环保理念。从我做起，从小事做起，也意味着我能为环保事业真正出一份力。我认为本质是为了解决食品浪费问题，浪费食物"可耻"。关于环保，我觉得每一位餐饮人都应该行动起来，为了未来地球和人类的可持续发展。